建筑工程设计与项目管理

潘智敏　曹雅娴　白香鸽　著

吉林科学技术出版社

图书在版编目（CIP）数据

建筑工程设计与项目管理 / 潘智敏, 曹雅娴, 白香鸽著. -- 长春 : 吉林科学技术出版社, 2018.4（2024. 1重印）
ISBN 978-7-5578-3967-3

Ⅰ. ①建… Ⅱ. ①潘… ②曹… ③白… Ⅲ. ①建筑设计②建筑工程－工程项目管理 Ⅳ. ①TU2②TU71

中国版本图书馆CIP数据核字(2018)第076111号

建筑工程设计与项目管理

著　　潘智敏　曹雅娴　白香鸽
出 版 人　李　梁
责任编辑　孙　默
装帧设计　李　梅
开　　本　787mm×1092mm　1/16
字　　数　290千字
印　　张　18.5
印　　数　1-3000册
版　　次　2019年5月第1版
印　　次　2024年1月第2次印刷

出　　版　吉林出版集团
　　　　　吉林科学技术出版社
发　　行　吉林科学技术出版社
地　　址　长春市人民大街4646号
邮　　编　130021
发行部电话/传真　0431-85635177　85651759　85651628
　　　　　　　　　85677817　85600611　85670016
储运部电话　0431-84612872
编辑部电话　0431-85635186
网　　址　www.jlstp.net
印　　刷　三河市天润建兴印务有限公司

书　　号　ISBN 978-7-5578-3967-3
定　　价　108.00元

前　言

我国经济的快速发展推动了城市建筑的持续创新，随着新型城市化与城镇化的出现，现代建筑设计理念也在发生着质的转变，建筑设计思路更加开阔，设计理念更加创新，设计方向更加多元化。而建筑设计新理念的提出，要求我们要用发展的眼光去看待和接受新的设计理念，变革对建筑设计的认知。而现代建筑设计理念主要是指，借助现代先进的建筑材料、建筑施工技术与现代先进科技，在保证建筑基本使用功能的前提下，从节能、建筑艺术、环保、人文精神等多方面对建筑进行创意性设计，从而达到功能与“艺术”的和谐。现代建筑设计创意性思维本质上涵盖了多方面的创造因素，这些新的理念不仅来自外界因素给予的灵感，也在一定程度上结合了建筑师个人的风格、爱好及其他特性，这些个人因素也是现代建筑设计新理念中不可或缺的部分，它在某种程度上表现了建筑设计的来源与动力，同时也是建筑设计新理念中想象力充分发挥的基本思路。就现代项目管理而言，虽然工程项目管理的引进、推广和应用在我国已经接近30年了，但业内对工程项目管理的内涵认识得还不够深刻，对工程项目管理的作用还没有引起足够的重视，建造师作为工程项目管理的专业人士应该提升自身在该方面的专业素质。此前的建造师再教育让我对工程项目管理的前沿理论和发展的认识又深入了一步，在此本书将介绍建筑工程项目管理的新发展趋势。目前工程管理的核心任务是为工程建设增值，这种增值表现在很多方面，除了传统的工程建设安全、工程质量、投资、进度这些基本目标，还对环保、节能、最终用户的使用功能、工程运营成本、维护等方面做出了更高的要求。所以工程管理的任务是多样化的，这就决定了工程管理的复杂性和充满挑战性。新的要求推动工程管理必须有新的发展。

目　录

第一章

建筑设计的内涵

建筑设计是指建筑物在建造之前，设计者按照建设任务，把施工过程和使用过程中所存在的或可能发生的问题，事先做好通盘的设想，拟定好解决这些问题的办法、方案，用图纸和文件表达出来。随着社会的发展和科学技术的进步，建筑所包含的内容、所要解决的问题越来越复杂，涉及的相关学科越来越多，材料上、技术上的变化越来越迅速，客观上需要更为细致的社会分工，促使建筑设计逐渐形成专业，成为一门独立的分支学科。在本章中作者将从建筑设计的基础知识讲起，阐述建筑设计的文化内涵，以及介绍国内外建筑流派的划分，希望通过本章的介绍能使读者对建筑设计有着更加深入的了解。

第一节　建筑设计概述

在本节中，作者将对建筑设计的简单知识进行介绍，主要包括对建筑设计的意义目的，以及建筑设计中的相关规范、注意事项进行简单的介绍，作者希望通过本小节的介绍，读者能够接受更多的关于建筑设计的基础知识，也希望在本节的学习中，刚入门或者对建筑设计有兴趣的读者能够更好地接受后文的理念知识。

一、建筑设计的意义

建筑设计与城市的关系从从属的角度看，城市是建筑的载体；从物质的角度来说，建筑是城市的主体；从人类活动的角度出发，建筑和城市都是因人类活动儿创造的空间。只不过从数量到功能上，建筑都比城市细小很多。虽然我们所创造的人工世界是如此丰富，各不相同，但就设计而言，它们是有共同规律所寻的。

（一）设计目的的明确性

设计目标十分明确，每个阶段的目标都很明确，但又在一些因素的影响下必须不断地修改变动，因此它在发展上具有不确定性。

（二）设计过程的复杂性

无论是什么设计，都是在一些特定的因素下进行的，有着不同的制约因素，这些因素既矛盾又统一。当我们解决了上一阶段的矛盾后，随着设计的发展，又会产生新的矛盾。于是我们苦苦思索着，逐步深入地解决不断出现的新矛盾。

（三）设计目的的效应性

我们所做的并不是单纯的设计，而是伴随着某些实际的效益。它涉及经济效益、社会效益、环境效益三方面，同时也是我们设计的重要评价标准。

二、建筑设计的新理念

建筑实用、建筑思想、建筑手法，这三个因素是建筑师在建筑创作过程中引导设计的主要依据，它们之间互为因果、相互依存。我们说建筑设计的前提是设计形成的建筑首先要满足使用功能，在此前提下，通过建筑思想的指引，运用相关的建筑设计方法，可以完成具有某种倾向的建筑作品；相反，面对具有某种倾向的建筑作品，分析其设计方法，也可以总结出一定的设计思想来。不论正反两方面看建筑设计，建筑的实用、思想、手法都是贯穿建筑设计始终的。我们知道建筑设计的方法很多，也并不能统一出几种固定的设计手法。正因如此，才形成了多种设计流派和多样的建筑设计。

（一）平面功能（流线）法

建筑平面设计是解决绝大部分建筑功能的一个重要环节。在对建筑物的功能分析时就会对所构想的建筑设计进行具体的分析。虽然建筑是一个三维向量的产物，不应该也不可能单一谈论一个局部，但是对于建筑的今后使用，平面分析还是有必要单独提出和研究的。平面是怎样通过使用流线的分析，设计出合理的建筑功能来？比如我们对公共建筑进行设计的时候，常常要从使用人员的使用流线之间的关系、密集人群的安全设计、个体私密性等问题进行平面功能的组合；应该提供一个开放、安全、稳定、有亲和力的公共空间。而这些处理在大多数情况下建筑师在分析平面功能关系时必须全面考虑。平面功能（流线）法是目前建筑设计人员大量采用的一种设计方法，其主要概念是，先分析用地关系，通过了解建筑物的使用性质，从功能出发进行平面功能的合理组合，同时考虑建筑的空间设计等环节。

（二）构图法

现代建筑的基本体量、空间或其他要素，都可以归纳为简单的几何形体，如矩形、正方形等。建筑设计通过构图要素来分析几何形体之间的关系，从中分析出形体之间的比例、尺度、对比、主从、韵律、均衡、重点等形式美的规律。使用构图法进行建筑设计的一个前提是建筑师是怎样对其所设计的建筑进行定位的。关于探讨几何关系与构图也并不是到现在才有的，早在希腊和罗马时期，研究几何关系就已经相当深入了。

（三）结构法

结构法亦称为结构主义的建筑设计方法，其主旨是通过建筑的结构形式来表达建筑设计。结构与建筑空间是密不可分的，可以通过结构设计的表达来演绎建筑物的性质，现代建筑大师也曾经把建筑结构要素当作装饰要素来处理，但那些结构要素本身依然起着不可代替的作用。结构外露，就像要告诉人们建筑内容是如此丰富，以至于人们看到此类建筑有时甚至会有点儿不知所措。

（四）符号象征法

我们把特定的或约定成俗的符号，使用在建筑表面或建筑内部的特定装饰部位；或者，用这些符号来演绎建筑平面以及空间体量。比如国内经常能看到运用传统大屋顶这一特定符号来说明历史文脉的呼应和延续，虽然部分建筑设计生硬地照搬这一特定的符号并不一定能很好地体现建筑文化的传承，但是纵观国内外的很多建筑作品，符号象征法在建筑设计中还是不断地被采用，该方法大量运用在一些对建筑形象有特殊要求的建筑设计中，如企业可能试图通过建筑设计与企业符号的结合来展示企业的形象等。

三、现代建筑设计总体要求

（一）建筑设计要满足人们的行为体验

1.建筑空间的设计

在建筑设计的过程中，建筑空间的设计是建筑设计的关键性问题，这些空间就是人们生活的房间，由于每一个房间的使用目的不同，因此在设计的过程中要根据其使用功能融入“以人为本”的人文精神。必须充分考虑到空间的大小、空间的形状以及空间的采光通风等基本要求，满足人们最基本的需求，同时建筑设计师还要认真注意使用功能的协调性，在空间的各功能之间发生矛盾的时候，要尽可能进行协调，按照主次矛盾，进行适当的调整。另外，在空间的设计过程中，建筑设计师还可以将不同的功能空间按照需要进行组合，从而设计出有效的群体性空间。在设计时应该充分考虑到不同空间之间的关系以及联系状况、空间的特殊要求，例如公开程度、私密程度等内容。

2.建筑设计的实用性

建筑设计的主要目的是满足人们不同的建筑功能诉求，在建筑设计过程中，建筑师要巧妙处理使用空间以及公共交通空间之间的关系，充分认识到公共交通部分的辅助作用，在满足人们通行要求的基础上，尽最大可能设计出更容易满足人们使用需求的功能空间，从而有效提高整个建筑的平面利用率。

（二）建筑设计要满足人们的感官体验

1.建筑设计要满足人们的生理需求

在建筑设计过程中，建筑设计师首先必须努力打造接近自然的室内环境，满足人们生理上的需求。例如在针对室内环境的设计过程中，建筑设计师首先要将人文精神放在第一位，在努力降低室内污染物的基础上打造人们舒适生活的内部空间。在设计时，设计师可以巧妙设计窗户，利用自然风进行通风的方式提高室内空气质量，另外，在装修的过程中，要尽量选择绿色环保的装修材料，同时还可以采取种植绿色植物、使用空气净化器等方法不断提高室内空气的质量。

2.建筑设计要尽量满足人们的心理需求

建筑师可以使用多种设计手法满足人们的心理需求。比如在建筑形态的设计上，独特的建筑形态能够给人们留下非常深刻的印象，恰当的造型可以给人更加舒适的享受。为此，建筑设计师要全面利用多种设计技巧，努力打造形体简洁、造型优雅的现代建筑。

四、建筑设计基础知识

（一）设计任务书与三阶段设计

1.设计任务书

设计任务书是业主对工程项目设计提出的要求，是工程设计的主要依据。进行可行性研究的工程项目，可以用已经批准的可行性研究报告代替设计任务书。设计任务书一般应包括以下几方面内容：（1）设计项目名称、建设地点。（2）批准设计项目的文号、协议书文号及其有关内容。（3）设计项目的用地情况，包括建设用地范围地形、场地内原有建筑物及构筑物、要求保留的树木及文物古迹的拆除和保留情况等。还应说明场地周围道路及建筑等环境情况。（4）工程所在地区的气象、地理条件，建设场地的工程地质条件。（5）水、电、气、燃料等能源供应情况，公共设施和交通运输条件。（6）用地、环保、卫生、消防、人防、抗震等要求和依据资料。（7）材料供应及施工条件情况。（8）工程设计的规模和项目组成。（9）项目的使用要求或生产工艺要求。（10）项目的设计标准及总投资。（11）建筑造型及建筑室内外装修方面的要求。

2.建筑方案设计

建筑方案设计是依据设计任务书而编制的文件。它由设计说明书、设计图纸、投资估算、透视图四部分组成，一些大型或重要的建筑，根据工程的需要可加做建筑模型。建筑方案设计必须贯彻国家及地方有关工程建设的政策和法令，应符合国家现行的建筑工程建设标准、设计规范和制图标准以及确定投资的有关指标、定额和费用标准规定。建筑方案设计的内容和深度应符合有关规定的要求。建筑方案设计一般应包括总平面、建筑、结构、给水排水、电气、采暖通风及空调、动力和投资估算等专业，除总平面和建筑专业应绘制图纸外，其他专业以设计说明简述设计内容，但当仅以设计说明还难以表达设计意图时，可以用设计简图进行表示。建筑方案设计可以由业主直接委托有资质的设计单位进行设计，也可以采取竞选的方式进行设计。方案设计竞选可以采用公开竞选和邀请竞选两种方式。建筑方案设计竞选应按有关管理办法执行。

3.初步设计

初步设计是根据批准的可行性研究报告或设计任务书而编制的初步设计文

件。初步设计文件由设计说明书（包括设计总说明和各专业的设计说明书）、设计图纸、主要设备及材料表和工程概算书四部分内容组成。

初步设计文件的编排顺序为：（1）封面；（2）扉页；（3）初步设计文件目录；（4）设计说明书；（5）图纸；（6）主要设备及材料表；（7）工程概算书。在初步设计阶段，各专业应对本专业内容的设计方案或重大技术问题的解决方案进行综合技术经济分析，论证技术上的适用性、可靠性和经济上的合理性，并将其主要内容写进本专业初步设计说明书中。设计总负责人对工程项目的总体设计在设计总说明中予以论述。为编制初步设计文件，应进行必要的内部作业，有关的计算书、计算机辅助设计的计算资料、方案比较资料、内部作业草图、编制概算所依据的补充资料等，均须妥善保存。

初步设计文件深度应满足审批要求：（1）应符合已审定的设计方案；（2）能据以确定土地征用范围；（3）能据以准备主要设备及材料；（4）应提供工程设计概算，作为审批确定项目投资的依据；（5）能据以进行施工图设计；（6）能据以进行施工准备。

4.施工图设计

施工图设计是根据已批准的初步设计或设计方案而编制的可供进行施工和安装的设计文件。施工图设计内容以图纸为主，应包括封面、图纸目录、设计说明（或首页）、图纸、工程预算等。设计文件要求齐全、完整，内容、深度应符合规定，文字说明、图纸要准确清晰，整个设计文件应经过严格的校审，经各级设计人员签字后，方能提出。施工图设计文件的深度应满足以下要求：（1）能据以编制施工图预算；（2）能据以安排材料、设备订货和非标准设备的制作；（3）能据以进行施工和安装；（4）能据以进行工程验收。

（二）设计周期

根据有关设计深度和设计质量标准所规定的各项基本要求完成设计文件所需要的时间称为设计周期。设计周期是工程项目建设总周期的一部分。根据有关建筑工程设计法规、基本建设程序及有关规定和建筑工程设计文件深度的规定制定设计周期定额。设计周期定额考虑了各项设计任务一般需要投入的力量。对于技术上复杂而又缺乏设计经验的重要工程，经主管部门批准，在初步设计审批后可以增加技术设计阶段。技术设计阶段的设计周期根据工程特点具体议定。设计周期定额一般划分方案设计、初步设计、施工图设计三个阶段，每个阶段的周期可在总设计周期的控制范围内进行调整。

（三）城市设计

20世纪40年代中期，沙里宁曾经明确地提出城市设计的概念，这个概念在60年代开始广泛地被接受。例如纽约在1964年大力推行城市设计，作为一项新的政策以改进城市环境。近10年来，各国都在强调城市设计问题以提高城市的特色形象，改善城市环境，促进人与城市与环境的协调发展。对城市设计的定义有两种提法，一种认为城市设计是一种环境设计，另一种认为城市设计是一种空间布局、空间设计或各物质要素的空间关系设计。此外，对城市设计的理解还有如下的表述方式：城市设计也是一种社会干预和行政管理手段。城市设计是造型设计，但不是个体建筑造型，而是把城市的多种要素排列得有秩序，所谓城市设计也就是建立秩序，使之符合现代社会人们的生活。城市设计的目标是为人们创造舒适、方便、卫生、优美的物质空间环境，也就是通过对一定地域空间内各种物质要素的综合设计，使城市达到各种设施功能相互配合和协调，以及空间形式的统一、完美，综合效益的最优化。城市设计的基本原则：

1.遵循总体规划所制定的指导精神。城市设计是城市规划的组成部分，应在总体规划指导精神下进行工作，这里包括城市性质的制约、城市规模的制约、城市发展方向的制约、城市经济能力的制约。

2.满足人的生产、生活各项活动要求。人的需求有生理需求、安全需求、社会需求、心理需求、自我完善的需求。城市设计应充分考虑人的活动的多样性和复杂性，并把满足这些活动的要求作为出发点和最终检验标准。

3.保持环境特征。每一地区在自然环境、历史传统、地域气候方面都有自己的特色，城市设计应突出特色，以加强识别性，令人兴奋，用特色促进地区发展。它包括：（1）自然环境如地理位置、地形地貌、气候；（2）人工环境如建筑形式、建筑色彩、建筑风格等；（3）人文环境如历史传统、民俗民习、社会风尚。

4.提供多样性服务的可能。

5.按功能要求和美学原则组织各项物质要素。城市设计是各种物质要素的综合设计。重点应考虑平面布局的清晰、空间展开的序列，以及形体、色彩、质感的处理。

综上五个方面，城市设计的根本原则可归纳为“协调”“多样”和“特色”。城市的形象问题与空间布局问题是近代城市发展的重要内容，也是近代城市设计的重要研究内容，各国都在逐步完善它的设计理论和设计实践。

从总的发展看有如下四个方面的趋向。

1.从着眼于视觉艺术环境扩展到整个社会环境的研究。

2.从热衷于大规模大尺度的规划到开始从事“小而活”的规划，更面向人们生活。

3.从热衷于“自觉”设计到重视“不自觉”设计的研究和在实践中加强引导。“自觉”设计是设计师刻求而成。而“不自觉”设计是从人们的需要出发逐渐发展而加以认定，相对完善，并随时间的推移，长久积淀而成，如徽州民居的形成。

4.从园林绿化、美化环境到对城市生态环境的重视和保护。城市设计最根本的问题就是人与建筑与环境之间的关系研究，其中人是核心，建筑师和规划师都应关注这一问题。

我们应重新认识建筑物之间、建筑与城市之间、城市与大自然之间、历史与现实之间的相互关系，应针对具体地域明确城市设计的具体目标和具体内容。我们应看到目前城市规划和建筑设计之间缺少中间环节，城市设计作为一项中间环节如何开展，如何与规划设计、与建筑设计接轨，如何评估，成果如何表达都在积极的研究和实践中。城市设计的发展促进建筑师必须涉及城市规划和城市设计的领域，也促进规划师做城市规划必须有着眼于整体设计的建筑师参加。城市设计涉及多学科领域，应努力运用各学科的科研成果，运用多种工具和多种手段，深化城市设计。城市设计的工作对象是城市构成的所有物质要素，包括建筑物、道路、广场、绿化、建筑小品、人工环境、自然环境等。城市设计的服务对象是人的物质要求和精神需求。

（四）管线综合

在建筑总平面设计的同时，根据有关规范和规定，综合解决各专业工程技术管线布置及其相互间的矛盾，要从全面出发，使各种管线布置合理、经济，最后将各种管线统一布置在管线综合平面图上。根据各种管线的介质、特点和不同的要求，合理安排各种管线敷设顺序。地下管线宜敷设在车行道以外地段，特殊困难情况应采取加固措施，方可在车行道下布置检修较少的给水管或排水管。地下管线应避免将饮用水管与生活、生产污水排水管或含碱腐蚀、有毒物料管线同沟敷设，如并列敷设应保证一定的安全间距。尽可能把性质类似、埋深接近的管线排列在一起。

地下管线发生交叉时，应符合下列条件要求：1.离建筑物的水平排序，由近及远宜为：电力管线或电信管线、煤气管、热力管、给水管、雨水管、污水管。2.各类管线的垂直排序，由浅入深宜为：电信管线、热力管、小于10kV电力电缆、大于10kV电力电缆、煤气管、给水管、雨水管、污水管。地下管道均可以敷设在绿化地带内，但不宜在乔木下。管线敷设发生矛盾时应本着临时性管道让永久性管道、管径小的让管径大的、可以弯曲的避让不可弯曲或难弯曲的、新设计的让原有的、有压力的让自流的、施工量小的让施工量大的原则进行处理。

（五）建筑形态构成

建筑形态是一种人工创造的物质形态。建筑形态构成是在基本建筑形态构成理论基础上探求建筑形态构成的特点和规律。为便于分析，把建筑形态同功能、技术、经济等因素分离开来，作为纯造型现象，抽象分解为基本形态要素（点、线、面、体——空），探讨和研究其视觉特性和规律。建筑形态构成的要素主要分为点、线、面、体四大要素。点有一定形状和大小，如体与面上的点状物、顶点、线之交点、体与棱的交点、制高点、区域之中心点等。点的不同组合排列方式产生不同的表情。点在构图中有积聚性、求心性、控制性、导向性等作用。线分实存线和虚存线。实存线有位置、方向和一定宽度，但以长度为主要特征；虚存线指由视觉——心理意识的线，如两点之间的虚线及其所暗示的垂直于此虚线的中轴线、点列所组成的线及结构轴线等。线在构图中有表明面与体的轮廓，使形象清晰，对面进行分割，改变其比例、限制、划分有通透感的空间等作用。面分实存面和虚存面。实存面的特征是有一定厚度和形状，有规则几何图形和任意图形；虚存面是由视觉——心理意识到的面，如点的双向运动及线的重复所产生的面感。面在构图中有限定体的界限，以遮挡、渗透、穿插关系分割空间，以自身的比例划分产生良好的美学效果，以自身表面的色彩、质感处理产生视觉上的不同重量感等作用。面的空间限定感最强，是主要的空间限定因素。

体也有实体和虚体之分。实体有长、宽、高，三个量度。性质上分为线状体、面状体、块状体；形状上分为有规则的几何体和不规则的自由体，各产生不同的视觉感受，如方向感、重量感、虚实感等。虚体（空间）自身不可见，由实体围合而成，具有形状、大小及方向感，因其限定方式不同，而产生封闭、半封闭、开敞、通透、流通等不同的空间感受。

（六）建筑形式

建筑形式是指建筑的内部空间和外部体形。外部体形是建筑内部空间的反映，建筑空间又取决于建筑功能的需要，因此，建筑形式与建筑功能有直接联系。建造房屋的目的是为了使用，即所谓建筑功能。使用功能不同可以产生不同的建筑空间，因此也就形成了各种各样的建筑形式，从这一观点来说，建筑功能决定了建筑形式。然而对同一功能要求也可以用多种形式来满足，也就是说有多种方案来适应一种建筑功能的使用要求，因此建筑形式也并非一成不变，它可以反过来对功能起到更新、发展的作用。建筑形式往往不是简单的建筑功能的反映，人们还从建筑艺术和审美观点的角度去对建筑形式进行创造。随着科学技术的发展，材料和施工技术的发展也会影响建筑形式的发展。高层建筑和大跨度建筑就是建筑技术发展的反映，也赋予了新的建筑形式。因此科学技术对建筑形式也会带来很大的影响。从建筑历史发展来看，建筑形式往往是不断变化的，例如从封闭到开敞、从简单到复杂、从粗犷到纤细、从对称到非对称、从有规律到无规律等等，而且这一现象还会出现反复、周期性的变化。从辩证法的观点来看，这也是事物发展的一般规律。建筑形式的不断发展和变化也是社会政治、经济、文化发展的反映，一种建筑思潮的出现并非孤立的，它往往是社会发展的反映和人们物质精神生活的需要，反映了建筑发展阶段螺旋式上升这一规律。统一与多样是艺术形式应具备的基本原则。建筑形式也同样有美的要求，也应遵循统一与多样这一形式美的法则。当然，建筑艺术与其他艺术（绘画、书法、音乐等）有原则区别，建筑艺术必须以物质为基础，受技术、经济条件的制约，如果脱离开功能、技术、经济条件，建筑艺术就成为无源之水、无本之木了。统一与多样就是在统一中求变化，在变化中求统一。任何造型艺术在体形上可以分解成若干部分，这些部分之间既有区别，又有内在联系；各部分组合应有和谐的秩序，既有变化又有统一，不能杂乱无章，这样才会使人感到美；只有统一没有变化，会使人感到单调、枯燥、千篇一律，不能唤起人的美感。只有变化没有统一，会使人感到无秩序、杂乱，同样也不会使人认为是美的。只有统一变化，方能使人在精神上得到美的享受，这是人们在实践中得出来的美学规律。如何达到建筑的统一与变化，可以用多种创作手法来实现，如主从与对比、均衡与稳定、对比与微差、韵律与节奏、比例与尺度等，这些处理手法都可以达到统一变化的目的。

第二节　建筑设计的文化内涵

建筑是一门艺术，同其他艺术形式一样，源于生活积累的共识，使得人们对建筑艺术的美学判断具有普遍的规律性。建筑构思中，建筑的形式应真实地反映建筑的功能与空间、结构与构造、材料与技术等。要大力加强建筑设计与人文精神的相互关系研究，认真协调建筑与人、与自然之间的关系，将建筑设计建立在需求和体验之上，将建筑设计和人文精神融为一体，打造自然和谐现代建筑，而且提高人们生活的质量。在本节中作者将就建筑设计的文化内涵进行相关介绍，希望在本节中，读者能够体悟到建筑设计深层次上是对文化的诠释。

一、建筑本体与其文化内涵

（一）建筑本体在人的理解和体验中的存在

首先，物质形态的建筑本体直接赋予人们形成感受和认知的媒介。如拉斯姆森在其《建筑体验》中分析了建筑环境元素（实体、空间、平面、比例、尺度、质感、色彩、节奏、光线和音响）在视觉、听觉、触觉等方面对人们环境经历的微妙而深刻的影响，直接从人们对具体环境的体验中讨论建筑的价值、意义及其与他生活的密切关系。他认为，建筑是生活法则和艺术原则共同产生的人类杰作。一方面，建筑环境应当是人们生活需要的产品，并且还包括人们与周围世界的积极联系、人们之间的积极交往和有利于具体生活方式的延续和发展，这是人们介入或者深度介入环境的基本条件和保证；另一方面，建筑环境又应当是艺术品，具有感染、鼓舞和激动人心的力量，具有增强人们的活动强度、丰富人们的生活经历和揭示人们存在真理的功能，只有作为艺术品的建筑环境，才能够充分满足人们的生活需要，使他们深度介入环境之中，并且从中感受到生活的价值和意义。因此，建筑的形式、结构和细节处理绝不是无足轻重的，而是与人们的生活质量密切相关的。

肯尼斯·弗兰姆普顿在《建构文化研究》（*Studies on Tectonic Culture*）一书中从地形学、建构科学以及身体的隐喻等方面来理解建筑。他认为：一方面，人的身体对地面及周围环境的感知、对空间的感知形成了人对建筑及其环境的认识；另一方面，他主张从建构的角度而非表面化的方式来理解建筑。他将建构定义为“诗意的建造”，认为“建筑具有本质上的建构性，所以它的一部分内在表现力与它的结构具体形式是分不开的”“建筑的根本在于建造，在于建筑师应用材料并将之构筑成整体的建筑物的创作过程和方法”“建构应对建筑的结构和构造进行表现，甚至是直接的表现，这才是符合建构文化的”。弗兰姆普顿的研究要点在于赋“建构”以意义，呼吁一种更具人文价值的生活方式。以弗兰姆普顿的观点来看，建构是“本体性的”（存在论的），“建构”概念的重点不仅是结构、构造、营造甚至节点细部等技术因素，更是其对于建筑——作为文化载体这一层面上——所起的作用，即它所蕴含的文化性。以建构理论来分析，对于建筑形式进行建构的重要原则就是通过材料使用的逻辑性和结构与构造的真实表现，在物质形态的建筑本体中发掘出人文的内涵。

另外，建筑作品既体现为一定的物质结构形态，同时它还是超物质性的。建筑作品是属于一定的历史背景的，作品中所蕴含的意义是和文化语境相关的。传统精神、现实生活、意识形态与先后出现的建筑作品共同构成创作本身及其历史。文化语境构成的意义场，现实地约定了意义生成的方式与途径。在此基础上，建筑师表现出创新的智慧，营造活动得以现实地完成，也生成了作品存在的意义。所以，建筑本体的人文内涵也不仅表现为对人的生理和心理体验的关怀，还表现为对人的场所认同感和文化认同感的关注。

由建筑本体所引起的人们对具体环境的体验、人们活动强度的增加、人们生活经历的丰富、对历史传统和现代创新精神的表现以及对人们存在真理的揭示，形成了建筑本体的文化内涵。真正的建筑创作应该回到建筑本身，从空间、材料、建构等本体因素入手，将自身置于日常生活的具体体验之中，置身于场地的文化脉络中，对生活中的偶发事件和空间特殊现象的观察和体验中，在对建筑环境的历史与现实的深入思考中，去发现设计和创作赖以为本的概念，寻求对人们精神生活而言十分真实的表达方式。

（二）建筑本体的美学含义

在人们的眼中，建筑总是审美的，它与美学有关。或许是因为“美学”（Aesthetics）译名的缘故，人们有时对它的理解似乎总难突破视觉和形式“美”的范畴。关于建筑美学，尽管人们谈论得很多，但大多数并未超越视觉感受的层面。认为建筑的形式美，所带给人们视觉上的愉悦感受就是建筑的美学含义所在。

首先我们要明白建筑艺术是要为人提供生存的环境和空间，要满足人们物质与精神之需要，其最终目的在于使人们获得丰富、深入的生活体验并在这种体验中“以全部感觉在对象世界中肯定自己”。因此建筑的形式之美的确不是根本的东西。但另一方面，建筑又不是以抽象的概念和方式去满足人的需要，它恰恰是通过可以感知的具体的形式作用和影响人们的行为、思维，从而影响人们的生活与存在，因此，建筑的意义又离不开形式之美。这正是建筑美学的复杂性和矛盾性之所在。

有人说，建筑是凝固的音乐。有人甚至认为，好的建筑是永恒的舞蹈，它能够超越时空的局限，以优美的线条和姿态跳跃着飞翔着。人们看建筑，透过砖木的、石质的或是钢筋水泥的结构，总觉得它是一种生命的呈现。它不仅有情感的传递，甚至有思想的凝聚，它总在静默中顽强地说明着和展示着文化的传统和现状。因而它不是一种独立、自在的存在，它是在与人的现实关系中存在的，是在人的理解和体验中的存在。建筑的美学含义与价值在于它提供人们理解人生意义、展现生命存在及生命活动的场所和天地。因而，建筑之美本质上不是形式之美，而是人文之美、人伦之美。建筑的形式之美虽然是有形可见的，并且在很大程度上可以把握，但这种形式美并不一定保证建筑同人的精神和心灵的沟通与共鸣。也就是说形式美不管多么重要，它都只是手段而不是目的，而只有人文之美、人伦之美才是建筑的真正追求。

在《未来的建筑》一书中，波利索夫斯基曾这样写道：“我曾经游历过萨克森地区。那是一些中世纪的城市，在每一个这种城市里，我都受到了有着高高瓦屋顶的狭窄房子的欢迎，受到聚集在主要广场上的人群的欢迎。在中心高耸着市政厅大楼，在它的有花纹的烟囱上，仙鹤给自己筑起了巢，安闲地靠烟囱取暖，它也拍打着巨大的翅膀来欢迎我。狭窄的和高高的房屋偎依在一起。黑色的涂上焦油的墙架有力的线条，穿过它们光明的立面，组成某种类似图案的东西。我往下而行，走在窄窄的弯曲的街道上。拐角上有一所不大的两层楼房，它还是17世纪建造的。时间使它的上面布满了皱纹——裂缝。进口处有两面放在石头支柱上的大磨盘，这就是桌子。在房屋的墙里，有二层楼那么高，嵌着一个酒桶，酒桶作为建筑装饰配件！这种事件我还没有看见过，在侧面的整个墙上，用古老的哥特式字体这样写道："梅森姑娘与梅森酒优于莱茵姑娘和莱茵酒……"酒店已关门。我在这里留下了我的一小块心。不，不是留在梅森姑娘那里，而是留在民间建筑上，留在那儿的儿童般单纯的而又像苏格拉底那样智慧的民间建筑上。

二、当代建筑中的文化内涵

（一）建筑本体表达文化内涵的设计理念

早在20世纪30年代，芬兰著名建筑师阿尔托就主张建筑走"民族化"和"人情化"的道路，美国建筑师赖特曾提倡建筑的"有机性"。但是在当时都还只不过是一种流派，并未能左右现代建筑沿国际式道路发展，然而如今情况不同了，一条又一条小小的溪流已汇成浩浩江河，成为不可抗拒的潮流。经济全球化浪潮所产生的负面影响引起了人们对所谓文化趋同论的反思，一代又一代建筑师们凭着对特定文化深刻的理解、凭着对材料与技术的深刻咀嚼以及对自然景观、地域特点做出更细致的发挥，而形成了新的建筑表达方式。

这种建筑吸收了民族、民俗的风格，它不等于传统建筑的仿古、复旧，它依然是现代建筑的组成部分，在功能上在构造上都遵循现代的标准和需要。它并不局限于传统的框框内，而是建筑师们凭借深邃的思想和精湛的职业水准来强调传统与现代的动机，同时又得到为现代服务的功能性目的，这是对传统建筑的重新诠释——既达到了现代建筑与传统风格的完美组合，又将一个具有持久生命的古老传统引向了未来。

正如苏联建筑师M.B.波索欣在他的《建筑·环境与城市建设》的扉页上写

的："当代建筑师的一项主要任务是要使自己的作品不与自然环境和文物古迹发生冲突。"也就是要在尊重本地区的自然环境的同时继承西方传统，这也是建筑体现文化内涵所必须做到的，一方面当代建筑师们要沿着建筑师的意念走下去，另一方面也要强调人的普遍生命体验形式，必须去触发建筑创作的激情，不少建筑师这两方面都在了不懈的努力。

如墨西哥建筑师利哥雷塔设计的潘兴广场。这块2公顷的用地太大以至于无法将它视为单一的对称空间来设计，因此将其分割成两个广场，并由一道东西向的走道串接起来。受到西班牙景观传统对水以及色彩丰富感受的影响，这个新的广场由一些不相干的元素，手舞足蹈般地竖立在广场上，并由硬铺地景观将这些元素统合在一起，而创造出穿透与交错的空间序列。高耸的钟楼，像是传统墨西哥教堂钟塔的大胆且抽象的版本，是整个广场的构图中心。浓烈的紫色、粉色以及黄色，将各种元素融合在一起而丰富了户外空间。由于其大胆的造型以及创新的景观手法，使得潘兴广场成为市民的都市绿洲，将都市中最需要的绿带引进了洛杉矶市。利哥雷塔的设计根植于墨西哥，却赢得了世界的掌声。

而荷兰建筑师阿瑞兹在马斯特利赫特艺术与建筑学院的扩建设计中，充分体现出对环境脉络的尊重、对原有建筑的尊重，其目的就是要让人们读到历史，他认为这一点非常重要。他的设计穿越了广场，虽将广场打散，却也使得广场规划更加完整。使得建筑与环境、新与旧之间达到了完美的统一效果。奇普菲尔德的河流与划船博物馆设计，体形与空间的灵活转换、均匀整齐的砖表皮，令人想起密斯早期的"流动空间"。他们扎根于文化的土壤，撷取了当地地理景观与气候的个人经验，而不依赖模仿，创造出了超越地表特征的依附而开拓出更能引起共鸣的建筑。他们在充分了解混凝土结构特点以及视觉多变性的基础之上，将混凝土与特定场所和文化相结合，而形成其独特的建筑形式，他们的建筑很敏锐地呼应了它们所在的环境，所表达出的不朽的象征又不受它们周围环境的影响。他们的建筑结实而不会空洞，具有建筑构造理性的语汇，从利哥雷塔大胆表现墨西哥丰富的前哥伦布时期遗产，到奇普菲尔德对泰晤士河敏锐的诠释，再到阿瑞兹以冷酷的手法处理都市文脉，充分表现出每一位建筑师都以强烈的个人视野为人类创造出独特的建筑。它们是文化土壤下孕育出的成果，为着不朽的以及超越场所的局限而存在，它们不断提醒人们要对建筑做永无止境的追求。

（二）文化内涵的建筑设计理念发展趋势

建筑从产生之日起，就和特定的文化发生了不可分割的联系，文化性是它的本体属性之一。在工业社会以前漫长的历史时期中，人类的建筑和聚落与所在地域的自然生态和社会生态维持着朴素的和谐，正是这种和谐造就了世界各地灿烂的建筑文化。14世纪以后，西方的文艺复兴和启蒙运动树立起人文主义精神，人类在意识和行为上开始从自然中脱离出来。地理大发现、近代科技的发展以及工业化的进程使得人类生产和生活能力获得了极大的解放，人的存在不再依赖有限的地域环境。在进入21世纪的今天，以“地球主宰者自居的人类”，无视自然界对人的优先存在、自然界的承受能力以及各种原始协调的关系，完全根据自身的需要、愿望去掠夺、索取自然界，甚至无视自然规律的存在及其对人类的制约。在短期利益的驱使下，随心所欲地开发和消耗自然资源，导致作为人类生存环境的自然界存在状态的根本改变，原来适合人类生存发展的环境条件的恶化。人口膨胀、环境污染、资源短缺、生态系统失调等使人类的现实生存和未来的发展陷入困境。

而以现代技术为基础，依托工业化和标准化的生产模式，现代建筑的国际风格在全球蔓延，他们不顾地区的自然气候、地理特征、历史文化和以地方材料为基础的有效使用的传统技术，建筑与自然之间、建筑与社会之间维系了几千年的朴素关系被截然割裂。由雷同的发展模式和单一的价值取向缔造的“全球文明”，对文化起着不可挽回的磨蚀作用。当代城市与建筑不重视人的现实生活需要，严重地不尊重人的生存价值，造成城市的人文环境恶化、文化特征和内聚力丧失。在20世纪相当长的时间里，世界各地的城市和建筑在相同的目标和手段的控制下，变得越来越相像，现代城市和社区丧失了以往各个历史时期的伟大场所赋予人们的归宿感和认同感，环顾四周，人们不知身置何处。在自然生态遭到破坏的同时社会生态也遭到了严重的破坏。

面临危机的同时同样也面对选择。1972年6月联合国在瑞典的斯德哥尔摩召开了人类环境会议，大会通过了《人类环境宣言》，提出“我们应该做什么，才能保持地球不仅成为现在适合人类生活的场所，而且将来也适合子孙后代居住”。1987年世界环境与发展委员会向联合国提交了《我们共同的未来》研究报告，提出“使人类事物与自然规律相协调”的观点，对可持续发展理论的形成起到了关键性的推动作用。1992年在巴西的里约热内卢召开的联合国环境与发展大会上通过了《里约热内卢环境与发展宣言》和《21世纪议程》，对可持续发展的思想进一步系统化，并决定把可持续理论变成人们的行为纲领，形成了人类走向未来的发展战略。可持续发展定义为“既满足当代人的需要，又不对后代人满足其需要的能力构成危害的发展”，其基本观点是：以人类的长远的、持续性存在和发展为中心，实现“生态—经济—社会”三维复合系统的协调发展。可持续发展是人类面对危机时所做的正确选择。

20世纪90年代，可持续发展概念的提出在建筑界引起了巨大的反响，1993年国际建协（UIA）第18次大会发表的《芝加哥宣言》指出：建筑及其建成环境在人类对自然环境的影响方面扮演着重要的角色；符合可持续发展原理的设计需要对资源和能源的使用效率、对健康的影响、对材料的选择方面进行综合思考。我们今天的社会正在严重地破坏环境，这样是不能持久的，因此需要改变思想，以探求自然生态作为设计的重要依据。可持续发展的建筑，其概念的核心是进步和发展，它强调发展不应以牺牲自然生态平衡、耗费自然资源污染自然环境为代价。可持续发展的建筑设计，寻求人居环境与自然环境和谐共生。

这种思想得到越来越广泛的认同，已成为规划师、设计师创作的思想源泉，深深地根植于意识当中，并创作出了许多优秀的作品。埃及著名建筑师哈桑·法赛致力于埃及住宅的研究与建设，他探索传统建造方式的根源，追寻蕴藏在传统地域建筑中的文化根基，发掘出传统的精华，在新的建设中加以创造性地运用。发挥与发展，创造出了诸如新高马村等极富地域特色与时代特征的优秀作品，被誉为“在东方与西方、高技术与低技术、贫与富、质朴与精巧、城市与乡村、过去与现在之间架起了非凡的桥梁”。其作品是对传统文化的贡献，也是对20世纪建筑的宝贵贡献，并为此获得了1983年国际建协精致奖章。又如印度著名建筑师查尔斯·柯里亚很重视气候条件对建筑的影响，它发现许多传统建筑为适应印度炎热气候，巧妙结合自然环境，创造出了具有宜人空间和强烈地域特征的建筑形态。他提出了“形式追随气候”的思想，认为建筑师要研究“生活模式”，研究当地文化、地理条件，并创造出适合于当地条件、使用者所需要的、对气候有“调节功能”的建筑形式。他设计的安达曼海湾旅馆就吸收了传统建筑中形式追随气候的经验。由于柯里亚在发展地域建筑方面的卓越贡献，1985年获得英国皇家建筑师学会金奖。马来西亚建筑师杨经文以“热带摩天楼”创新设计著称，受马来西亚热带地方建筑的启发，杨经文避免任何对当地形式的模仿，而是吸收气候控制有关经验，采用传统技术，以适合现代的需要和建筑类型。如在马来西亚设计的UMNO政党总部大厦是一座生态气候摩天楼，位于带露台的店屋建筑中间。西方解决高密度城市景观的方式，通常是保留开放空间的运用，比如广场和公园。而杨经文则致力于对适合当地植被的开放空间和自然特色的开发，他建议建筑师充分运用生长迅速的、繁茂的热带植物，用于每一个平台和屋顶空间，以创造一个连续的城市绿化，有助于建筑遮阳、吸收温室气体和提升人的精神，作为对传统的公园和广场的补充。在其最新的城市设计项目中，杨经文的建筑群体表现出一种高低式的、大大小小的塔楼集合，自由地悬挂着遮阳张拉天篷，或用螺旋形的平台或走廊连接起来，随意地打通建筑中的某些楼层，通过完全开放的楼层暴露出内部的结构框架。杨经文探索建筑与气候的关系越深入，它的建筑就越显示出反映热带自然的奇特个性。

（三）文化的“坚持”和“融合”

建筑文化是指一个民族的历史、文化背景以及所属地区的地域特征等在群体或个体建成环境中的反映。而此“文化”是由“内核”文化与“外缘”文化构成的。“内核”文化是指一种文化长期以来形成的本质的东西，它是古老的、纯正的发育完善而自生根的文化，而外缘文化是新形成的文化，或对外来文化的吸收包容，它是年轻的，发育尚不完全，也非自生根的文化。内核文化具有强大的持续传承能力，当我们超越一个地区建筑的表象内容去追寻隐匿在其背后的渊源所在时，就会发现其本质的东西、精髓的东西是一脉相承的。建筑文化也会随着历史的发展、人类的进步而前进、更新，其发展更新有两条途径：一是靠“内核”的裂变或聚变而产生巨大能量推动自身的更新变化，由于其动力来自内核本质结构之中，因此其变化是主动的、有秩序的，它与自身文化的关系也是一致的、和谐的；另一种途径是靠“外缘”文化的影响，“外缘”文化的作用一开始可能是生硬的、被动的、无秩序的，但通过长期对内核文化的冲撞和渗透，推动“内核”文化发生相适应的转化。从历史唯物主义的观点来看这两条途径往往是同时存在，共同推动人类文化的发展、进步，实现实质性的升华。

在当今这个文化多元化的时代，吸收、包容外来文化的精华使其恰到好处地融会于自身地域文化的“外缘”，继而逐步向“内核”转化更是文化发展进步的重要途径。这种对相异文化有选择的借鉴吸收将创造出更富有时代意义的新建筑。近年来由于西方工业革命的进程，使建筑材料发生了巨大的变革，钢筋混凝土替代了天然的石材，推动西方建筑进入了现代建筑时期。但钢筋混凝土石材其力学性能和表现力是一致的，它们所表现出的是凝重感和内外分明的二元体空间特征，因此西方现代建筑的产生和发展是由其建筑文化内核自身的聚变而产生的，也就很自然地包容、孕育着其固有的“内核文化”。

以石材为主建造的西方建筑表现出淳厚、雄壮的凝重特征。而以木结构为主要代表材料的东方建筑呈现出通透灵巧的轻盈文化特征，对东方建筑文化而言，舶来品的钢筋混凝土等现代建筑材料完全属于“外缘”，最初的引进和运用显得生硬，被动而无序照搬照抄也屡见不鲜，一度曾阻碍和困惑了自身文化的更新和发展。现代建筑进入日本初期，建筑创作和理论界就存在“如何使现代建筑在日本的现实中生根”即如何实现外缘向内核的转化的问题。面对全盘引入的文化，起初是那样生疏和束手无策，只是在钢筋混凝土建筑上加上坡屋顶称其为帝冠样式。后来勇于探索的建筑师用现代建筑理论为过滤器重新审视日本传统的文化内核本质特征，发现其空间的流动性、简明的意匠构造和表现的一致性、使用材料与自然融合等都与现代建筑不谋而合，从而肯定了日本建筑的价值，为文化外缘向“外缘”转化奠定民族自信心。继而日本建筑师广采博收，从整个历史长河中找素材，多元地全方位地挖掘文化“内核”与“外缘”的联系，如提倡从空间来把握传统文化，从中提炼出“空间的无限定性”的概念，将“外缘”与“内核”的联系和转化成为可能。

现代建筑使用的物质材料主要是混凝土。它可以容易自然地表现以石材为主的西方建筑“凝重”的文化特征，但通过钢筋混凝土来刻画表现木构架的造型形式难以从本质上表现日本建筑特有的轻盈的文化特征。日本建筑师通过钢、木、混凝土的复合型现代建筑材料，综合运用结构形式的表现尤其是对细部构造的大量研究，将日本的建筑文化特征表现得淋漓尽致，从根本上解决了传统文化与新技术、新材料之间的冲突，成功地实现了文化的“外缘”向“内核”的转化。

同属东方文化范畴的日本，其建筑文化“外缘”向“内核”文化的成功转化值得我们研究和借鉴。华夏文化经过五千年的历史沉积，内核质量亦趋庞大，表现出了巨大的独立性、纯正性和遗传性。在为悠远的历史文化而自豪的同时，这种“内核”文化又显得负荷过重、进程缓慢，对外来文化的反应能力及接纳能力相对不足，因此为摆脱其自身文化“内核”过于负重的不利因素，站到吸收“外缘”文化的有利地位，接纳人类所共同拥有的现代文明精华并将其消化吸收、革新，使之融入中国建筑文化的“内核”之中并加速实现这一转化，是我们这一代建筑师将要不懈努力的。

总之，建筑的发展从来没有也不可能与文化性、地域性的自然环境脱离，正是这种因素为建筑的发展奠定了逻辑基础。面向未来的建筑应在自然生态上实现可持续发展，实现人类“诗意的栖居”。

第三节 国内外建筑流派的划分

国内外建筑经过多年的发展与完善，曾经和现代形成了不同的建筑流派，不同流派的形成有着特定的历史背景，了解不同的建筑风格是对建筑设计的深层次要求，是建筑设计文化内涵的内在需求，在本节中，作者将带领广大读者就国内外建筑流派的划分进行详细的介绍。

一、建筑风格的划分

（一）按国家（民族）和地区分

可分为：中国风格、日本及新加坡风格、英国风格、法国风格、美国风格等。常用一个地区概括，如：欧陆风格、欧美风格、地中海式风格、澳洲风格、非洲风格、拉丁美洲风格等。

（二）按建筑物的类型分

可分为：住宅建筑风格、别墅建筑风格、写字楼建筑风格、商业建筑风格、宗族建筑风格、其他公共（如学校、博物馆、政府办公大楼）建筑风格等。

（三）按照历史发展流派分

1.古希腊建筑风格，约公元前800—300年。

2.古罗马建筑风格，约公元前300—365年，罗马建筑风格正是欧洲建筑艺术的重要渊源。

3.欧洲中世纪建筑风格，公元400—1400年，封建领主经济占统治地位，城堡式建筑盛行。

4.文艺复兴建筑风格，1420—1550年，建筑从经验走向科学化，不断冲破学院式、城堡式的封闭。以上四类可称为古典主义建筑风格。

5.新古典主义建筑风格。这一风格曾三度出现，最早一次是1750—1880年，他是欧洲古典主义的最后一个阶段，其特点是体量宏伟，柱式运用严谨，而且很少用装饰。另一次出现在1900—1920年，带有一定的复古特征。第三次出现在1982年，其主要特征是把古典主义和现代主义结合起来，并加入新形式，这一风格在当今世界各国颇为流行。

6.现代评论风格，1960—1975年。缘自西方60年代兴起的“现代艺术运动”它是运用新材料、新技术，建造适应现代生活的建筑，外观宏伟壮观，很少使用装饰。

7.后现代主义风格，亦称“后现代派”，1980年开始出现。这一风格的建筑在建筑设计中重新引进了装饰花纹和色彩，以折中的方式借鉴不同的时期具有历史意义的局部，但不复古。

（四）按建筑方式来分

1.哥特式建筑风格。盛行于中世纪1050—1550年，以宗教建筑为多，最主要的特点是高耸的尖塔、超人的尺度和繁缛的装饰，形成统一向上的旋律。

2.巴洛克建筑风格。1600—1760年，它是几乎最为讲究华丽、装饰的一种建筑风格，即使过于烦琐也要刻意追求。

3.洛可可建筑风格。1750—1790年，主要起源于法国，代表了巴洛克风格的最后阶段，主要特点是大量运用半抽象题材的装饰。

4.木条式建筑风格。一种纯美洲民居风格，主要特点是水平式、木架骨的结构。

5.园林风格。从20世纪70年代开始流行，这种风格在深圳常当作概念炒作，其特点是通过环境规划和景观设计，栽植花草树木，提高绿化，并围绕建筑营造园林景观。

6.概念式风格。90年代开始在国际上流行，其实是一种模型建筑，它更多地来激发人的想象，力求摆脱对建筑本身的限制和约束，而创造出一种个性化色彩很强的建筑风格。

二、典型建筑

（一）古代埃及建筑

1.历史分期及其代表性建筑类型

（1）古王国时期（前27～前22世纪），本时期的代表性建筑是陵墓。最初是仿照住宅的“玛斯塔巴”（Mastab）式，即略有收分的长方形台子。多层金字塔以在萨卡拉的昭塞尔为代表。方锥形金字塔以在基寨的三大金字塔——库夫（Khufu）、哈夫拉（Khafra）、孟卡乌拉（Menkaura）为代表，金字塔主要由临河的下庙、神道、上庙（祭祀厅堂）及方锥形塔墓组成。哈夫拉金字塔前有著名的狮身人面像。

（2）中王国时期（前21～前18世纪），首都迁到上埃及的底比斯，在深窄峡谷的峭壁上开凿出石窟陵墓，如曼都赫特普三世墓。

（3）新王国时期（前17～前11世纪），太阳神庙代替陵墓成为主要建筑类型。著名的太阳神庙，如：卡拉克——卢克索的阿蒙（Amon）神庙。庙宇的两个艺术特点：其一是牌楼门及其门前的神道及广场，是群众性仪式处，力求富丽堂皇而隆重，以适应戏剧性的仪式；其二是多柱厅神殿内少数人膜拜皇帝之所，力求幽暗而威严，以适应仪典的神秘性。神庙的艺术重点已从外部形象转到了内部空间，从雄伟阔大而概括的纪念性转到内部空间的神秘性与压抑感。

2.风格特点

高超的石材加工制作技术创造出巨大体量，简洁几何形体，纵深空间布局；追求雄伟、庄严、神秘、震撼人心的艺术效果。

（二）古代西亚建筑

1.范围及时期

约在公元前3500—前4世纪。包括早期的阿卡德——苏马连文化，以后依次建立的奴隶制国家为古巴比伦王国（公元前19—前16世纪）、亚述帝国（公元前8—前7世纪）、新巴比伦王国（公元前626—前539年）和波斯帝国（公元前6—前4世纪）。

2.建筑技术成就

两河流域缺石少木，故从夯土墙开始，至土坯砖、烧砖的筑墙技术，并以沥青、陶钉石板贴面及琉璃砖保护墙面，使材料、结构、构造与造型有机结合，创造以土作为基本材料的结构体系和墙体饰面装饰办法。

3.代表性建筑

（1）山岳台，又译为观象台、庙塔。古代西亚人崇拜山岳、天体、观测星象而建的多层塔式建筑，如在乌尔的山岳台高约21米。

（2）亚述帝国的萨艮王宫，由210个房间围绕30个院落组成，防御性强。由四座碉楼夹着三个拱门的宫城门为两河下游的典型形式。门洞处人首翼牛雕刻富有特色。

（3）后巴比伦王国的新巴比伦城及其城北的伊什达城门，用彩色琉璃装饰。采用在大面积墙面上均匀排列、重复动物图像的装饰构图。王宫内建有“空中花园”。

（4）波斯帝国的帕赛玻里斯王宫，两个仪典大厅、后宫、财库之间以“三门厅”为联系。仪典大厅石柱长细比很大，石柱雕刻精细，艺术水平很高，但有损构造逻辑。

（三）古代罗马建筑

1.建筑成就

古罗马建筑直接继承并大大推进了古希腊建筑成就，开拓了新的建筑领域，丰富了建筑艺术手法，在建筑形制、艺术和技术方面的广泛成就，达到了奴隶制时代建筑的最高峰。

2.建筑技术

建筑材料除砖、木、石外使用了火山灰制的天然混凝土，并发明了相应的支模、混凝土浇灌及大理石饰面技术。

结构方面在伊特鲁里亚和希腊的基础上发展了梁柱与拱券结构技术。拱券结构是罗马最大成就之一。种类有：筒拱、交叉拱、十字拱、穹隆（半球）。创造出一整套复杂的拱顶体系。罗马建筑的布局方式、空间组合、艺术形式都与拱券结构技术、复杂的拱顶体系密不可分。

3.建筑艺术

（1）继承古希腊柱式并发展为五种柱式：塔司干柱式、罗马多立克柱式、罗马爱奥尼柱式、科林斯柱式、混合柱式。

（2）解决了拱券结构的笨重墙墩与柱式艺术风格的矛盾，创造了券柱式。

（3）解决了柱式与多层建筑的矛盾，发展了叠柱式，创造了水平立面划分构图形式。

（4）适应高大建筑体量构图，创造了巨柱式的垂直式构图形式。

（5）创造了拱券与柱列的组合，将券脚立在柱式檐部上的连续券。

（6）解决了柱式线脚与巨大建筑体积的矛盾，用一组线脚或复合线脚代替简单的线脚。

4.建筑空间创造

利用筒拱、交叉拱、十字拱、穹隆和拱券平衡技术，创造出拱券覆盖的单一空间、单向纵深空间、序列式组合空间等多种建筑形式。

5.重要建筑类型

（1）神庙。万神庙又叫潘泰翁，是单一空间、集中式构图建筑的代表，也是罗马穹顶技术的最高代表。其平面与剖面内径都是43.3m，顶部有直径8.9m的圆洞。

（2）军事纪念物。凯旋门：为炫耀侵略战争胜利而建，第度凯旋门为单拱门，塞维鲁斯和君士坦丁为三拱门凯旋门。纪念柱：歌颂皇帝战功的纪念物，如图拉真纪念柱。

（3）剧场。在希腊半圆形露天剧场的基础上，对剧场的功能、结构和艺术形式都有很大的提高。如罗马的马采鲁斯剧场。

（4）罗马大斗兽场。在结构、功能和形式上三者和谐统一，是现代体育场建筑的原型。

（5）公共浴场。卡拉卡拉浴场、戴克利提乌姆浴场。内空间流转贯通丰富多变，开创了内部空间序列的艺术手法。

（6）巴西利卡（Basilica）。具有多种功能的大厅性公建，如图拉真巴西利卡。

（7）居住建筑。一类是四合院式或明厅式，内庭与围柱院组合式如庞贝城中的潘萨府邸；另一类是城市中的公寓式。

（8）宫殿。罗马的阿德良离宫、斯巴拉多的戴克利提乌姆宫。

6.城市广场

共和时期的广场是城市的社会、政治、经济活动中心，周围各类公建、庙宇自发性建造，形成开放式广场，代表性广场为罗马的罗曼奴姆广场。帝国时期的广场以一个庙宇为主体，形成封闭性广场，轴线对称，有的呈多层纵深布局，如罗马的图拉真广场。

7.风格特征

其大型公建风格雄浑、凝重、宏伟，形式多样，构图和谐统一。

8.建筑师与建筑著作

维特鲁威（Vitruvius）的《建筑十书》是现存欧洲最完备的建筑专著，书中提出了“坚固、适用、美观”的建筑原则，奠定了欧洲建筑科学的基本体系。

（四）拜占庭建筑

1.时代

公元330年罗马皇帝迁都于帝国东部的拜占庭，名君士坦丁堡。公元395年罗马帝国分裂为东西两部分。东罗马帝国又称为拜占庭帝国，也是东正教的中心。拜占庭帝国存在于公元330—1453年，公元4—6世纪为建筑繁荣期。

2.成就

发展了古罗马的穹顶结构和集中式形制，创造了穹顶支撑在四个或更多的独立柱上的结构方法和穹顶统率下的集中式形制建筑、彩色镶嵌和粉画装饰艺术。

3.结构方式

帆拱、鼓座、穹顶相结合的做法。

4.代表实例

君士坦丁堡的圣索菲亚大教堂。

5.希腊十字式教堂的特点

教堂平面为十字形，与中央穹顶平衡的四面筒形拱等长；或四臂用穹顶代替筒拱，外观为以中央为主的五个穹顶，如威尼斯的圣马克教堂。

6.东欧等东正教国家的教堂

采用改进了的拜占庭式风格。一般教堂规模都较小，其特点：外部造型多为饱满的穹顶高举在拉长的鼓座之上，统率整体形成中心垂直轴线，形成集中式构图。

（五）西欧中世纪建筑

1.早期基督教建筑

西罗马帝国至灭亡后的300多年时间的西欧封建混战时期的教堂建筑。典型的教堂形制是由罗马的巴西利卡发展而来的。

（1）拉丁十字巴西利卡。在罗马巴西利卡的东端建半圆形圣坛，用半穹顶覆盖，其前为祭坛，坛前是歌坛。由于仪式日益复杂，在坛前增建一道横向空间，形成十字形的平面，纵向比横向长得多，即为拉丁十字平面。其形式象征着基督受难，适合仪式需要，成为天主教堂的正统形制。

（2）代表实例。罗马的圣保罗教堂。

（3）风格特点。体形较简单，墙体厚重，砌筑较粗糙，灰缝厚，教堂不求装饰，沉重封闭，缺乏生气。

（4）形制。巴西利卡长轴东西向，入口朝西，祭坛在东边。巴西利卡前有内柱廊式院子，中央有洗池（后发展为洗礼堂），巴西利卡纵横厅交叉处上建采光塔。为召唤信徒礼拜建有钟塔兼瞭望用。

2.罗马风（Romanesque）建筑

10—12世纪欧洲基督教地区的一种建筑风格，又叫罗曼建筑、似罗马、罗马式。

（1）造型特征。承袭早期的基督教建筑，平面仍为拉丁十字，西面有一两座钟楼。

（2）实例：比萨主教堂群、德国乌尔姆斯主教堂、法国昂古来姆主教堂。

3.哥特式（Gothic）建筑

11世纪下半叶起源于法国、12—15世纪流行于欧洲的一种建筑风格。

（1）结构特点

框架式骨架券做拱顶承重构件，其余填充维护部分减薄，使拱顶减轻；独立的飞扶壁在中厅十字拱的起脚处抵住其侧推力，和骨架券共同组成框架式结构，侧廊拱顶高度降低，使中厅高侧窗加大；使用二圆心的尖拱、尖券，侧推力减小，使不同跨度拱可一样高。

（2）内部特点

中厅一般不宽但很长，两侧支柱的间距不大，形成自入口导向祭坛的强烈动势。中厅高度很高，两侧束柱柱头弱化消退，垂直线控制室内划分，尖尖的拱券在拱顶相交，如同自地下生长出来的挺拔枝秆，形成很强的向上升腾的动势。两个动势体现对神的崇敬和对天国向往的暗示。

（3）外部特点

外部的扶壁、塔、墙面都是垂直向上的垂直划分，全部局部和细节顶部为尖顶，整个外形充满着向天空的升腾感。

（4）装饰特点

几乎没有墙面可做壁画或雕塑，祭坛是装饰重点。两柱间的大窗做成彩色玻璃，极富装饰效果。

（5）代表性建筑

法国：巴黎圣母院、亚眠主教堂、兰斯主教堂。

英国：索尔兹伯里主教堂，水平划分突出，比较舒缓。

德国：科隆主教堂、乌尔姆主教堂，立面水平线弱，垂直线密而突出，显得森冷峻峭。

意大利：米兰大教堂、比萨主教堂，有较多的传统因素。

西班牙：伯格斯主教堂，由于大量伊斯兰建筑手法掺入到哥特建筑中而形成穆丹迦风格。

（6）风格特点

完全脱离了古罗马的影响。内部空间高旷、单纯，具有导向祭坛的动势和垂直向上的升腾感。15世纪以后，法国发展为“辉煌式”哥特建筑，英国发展为“垂直式”哥特建筑。

（7）中世纪的世俗建筑

威尼斯总督宫：立面极富创造性。欧洲中世纪最美的建筑物之一。半露木构建筑：市民建筑，木构涂彩色，以表现轻快的性格。

（六）中古伊斯兰建筑

1.范围

公元7—13世纪的阿拉伯帝国的建筑，14世纪以后的奥斯曼帝国建筑，16—18世纪的波斯萨非王朝、印度、中亚等国家建筑。

2.结构技术

使用多种拱券，采用大小穹顶覆盖主要空间。纪念性建筑为求高耸，在其下加筑一个高高的鼓座，起统率整体的作用。

3.主要建筑类型

清真寺、陵墓、宫殿。

4.建筑的一般特征

清真寺与住宅形制类似，普遍使用拱券结构。装饰纹样受《古兰经》的限制。

5.清真寺的主要形制

封闭式庭院，周围有柱廊，院落中有洗池，朝向麦加方向做成礼拜殿。西亚的清真寺大都采用横向的巴西利卡形制。

6.各地的代表性建筑实例

耶路撒冷的圣石庙，集中式圆顶建筑；大马士革的大礼拜寺，早期最大清真寺；西班牙的科尔多瓦大清真寺，是伊斯兰最大的清真寺之一；印度的泰姬陵，号称“印度的珍珠”，是世界建筑精品之一。

第二章

中国建筑史

中国传统文化是中华文明演化而汇集成的一种反映民族特质和风貌的民族文化，是民族历史上各种思想文化、观念形态的总体表征，是指居住在中国地域内的中华民族及其祖先所创造的、为中华民族世世代代所继承发展的、具有鲜明民族特色的、历史悠久、内涵博大精深、传统优良的文化。它是中华民族几千年文明的结晶。上章我们就建筑设计的内涵进行了详细的介绍，在本章我们重点介绍我国传统建筑的发展历程，从建筑中体悟中华文化之美。

第一节　中国古代建筑发展历程

中国建筑在光辉灿烂的华夏文明的影响下，已形成了其独有的风格与特色。以中华传统文化为灵魂，与这个特有的山水水墨画紧密联系，追求自然主义，建筑与自然环境相协调，而形成了完美的自然风景图。从一砖一瓦到建筑群的每一个角落的设计都表现了中国人对艺术与环境独特的理解。本节我们将介绍中国古代传统建筑发展的历程，以及阶段的划分，希望通过本节的介绍，广大的读者能了解关于古代建筑的相关知识。

一、中国传统建筑的艺术特点

就建筑的定义上看，古籍《黄帝宅经》中有一句十分特别的话云："夫宅者乃阴阳之枢纽、人伦之轨模。"意思是建筑是介于天地间阴阳之气交汇聚集之处，是人类社会家庭生活准则的空间存在模式。前半句说出了君主的自然属性，后半句说的则是建筑的社会属性。可见中华民族传统建筑高深的文化内涵而异于西方艺术风格的简单幼稚。

中国建筑也正是在这种悠久深厚的传统文化的指导下不断发展，创设起来的。而就不同的历史时期也具有不同的表现形式："当我们看到了万里长城就想到了秦始皇统一中国，想到中华民族的伟大气概、高度智慧和无穷力量，看到以天安门为构图中心的国徽，就想到了中国现在不但是一个新型的人民当家做主的中华人民共和国，而且是一个有着悠久的历史、光荣的文化传统的国家。”这些都形象地说明了中华人民高度的智慧力量。从传说中的有巢氏构木为巢，到今天北京故宫、天坛、热河、避暑山庄建筑群、江南地区各名家私家园林，无论是简单的遮风避雨，还是辉煌的皇家宫苑，都深深地渗透着中华民族特有的传统文明。

“几千年来，中国建筑体系便是以木构为框架的结构体系，外墙只是维护结构，木构架负担了整个建筑的荷重。”据考古科学家考证“早期的木结构建筑就是由土墙和草屋顶结合而成，这种很相似的传统型建筑延续了上千年，砖石被用于建筑像城堡之类的永久性建筑”。可见中国建筑是以木框架式结构为主。据考证我国是最早使用木框架式结构建筑的国家。不仅是因为木结构建筑在人力物力和时间上比砖石建筑节省得多，而且比较实用，还有一个原因就是中国的传统观念认为“木为活，石为死”。所以在宫殿住宅的建筑中都是以木材作为材料，而在陵墓的建筑中多用石料。而且在长期的创造发展中中国在技术上逐渐掌握了木构建筑大型建筑物的方法，所以在中国的传统建筑中木框架是其独有的风格。据分析木构架结构可分为两种形式：梁架式与穿斗式。

梁架式结构是框架式结构式建筑的一种成熟的结构形式。横向的梁搭在竖向的柱上，支撑起上部的屋顶。李允钚在其著作《华夏意匠——中国古典建筑设计原理分析》一书中论述了中国梁架形式的形成时说：“简单的方法就是把不承重的连梁改成支撑重量的大梁。只是省去了立柱，立柱以上的原来形式不变，相信这就是中国式梁架形式的由来。”由于其结构合理、经济耐用适合于北方的房屋屋顶比较沉的特点，而广泛被应用，而且一直延续到今天的现代建筑中。我国现存最早的梁架式结构建筑为山西五台山佛光寺大殿，建于公元782年的唐代，为典型的传统式梁柱建筑结构。

另一种形式为穿斗式。“穿斗式建筑的柱子不用梁，而是用穿枋把立柱连起来”，可见穿斗式结构比较简单，所以承重量也比较小，多出现在我国的南方。柱子比较密，没有梁架式形成的内部空间开阔。但把这种结构用在房屋两侧的山墙上，则具有良好的抗风性。穿斗式建筑可以采用比梁架式小的用料，材料更容易获得且比较节省木材。这对中国这个自然资源相对缺乏的历史大国来说是比较适合的，因此被经常运用并发展起来。

另外，中国建筑屋角翼角的上翘也更有特色：宽大或者纤细地向上挑起。下面由斗拱支撑表现到明清时期最为突出，无论是宫苑还是江南民居，都表现了突出翼角的不同特色，尤其是园林建筑中亭子翼角的不同，经常被分为南、北及岭南三种风格。

南方气候温暖屋面较轻，各部构件的用料比较纤细，亭的外形显得活泼玲珑，屋角起翘比较高且陡。江南的屋角反翘式样通常分为嫩戗发戗和水戗发戗两种。

嫩戗发戗的构造比较复杂，老戗的下端伸出于檐柱之外，在它的尽头上向外斜镶合嫩戗，用菱角木、箋木、扁檐木等把嫩戗与老戗固牢，这样就使屋檐升起较大形成展翅欲飞的趋势。

水戗发戗没有嫩戗，木构件本身不起翘，仅戗脊端部利用铁件及泥灰形成翘角。屋檐也基本上是平直的，因此构造比较简便。

北方气候寒冷，屋面较重，构件也相应粗壮。屋角起翘低而缓，其官式建筑从宋到清是不高翘的。一般是仔角梁贴伏在老角梁被上，前段稍稍昂起，翼角的出椽也是斜出并逐渐向角梁处抬高，以构成平面上及立面上的曲势，与屋面的曲线一起形成了中国建筑所特有的造型美。

处于南北风格之间的岭南建筑造型，轮廓柔和稳定，比较朴实，翼角没有北方的沉重也不如江南的纤巧，是介于两者之间的做法，这样而形成南北地域风格的差别。有时，尤其是在皇家园林建筑中，把江南特色的风景建筑移到北方，“乾隆集锦江南著名建筑于承德和北京，集中体现在圆明园和避暑山庄，集合了我国各地建筑艺术特色造成了别具一格的塞北江南的美丽风光。但这决对不是抄袭，不同于全盘移植的现象”。今天我们看到的小金山、烟雨楼、文津阁等与南国特色建筑有格局上的相通，但却依然是北国风光。其尺度、比例、建筑与山石用材及色彩装饰也并不相同。所以地域风格的不同，只有在当地独有的特色文化社会背景下才能真正显示其独有的纯正的魅力。

“建筑传统的门与窗也有讲究。窗有漏窗与空窗之分，形成虚实明暗对比，丰富多彩”，漏窗上设有花格，可以分隔景区，使空间似隔非隔，景物若隐若现。富于层次变化，通过漏窗看到各种对景使人目不暇接，而又不致一览无余，能收到虚中有实、实中有虚隔而不断的艺术效果。漏窗本身的图案在不同的光线照射下可产生各种富有变化的阴影，使平直呆板的墙面显得活泼生动。在民宅中，漏窗本身的花格上通常被裱上窗户纸，贴上窗花等装饰，古朴而又典雅。空窗主要在园林建筑中用得比较多，除能采光外，经常作为取景框，使游人在游赏过程中不断获得新的画面，窗前常置石峰、竹丛、芭蕉之类形成一幅幅小品画面，使空间相互渗透，可产生增加景深、扩大空间的效果。

门多为木制，上亦有与窗格相似的框架，裱上传统的窗户纸，白的或者是碎花图案，也可以直接漏空形成与窗相似的艺术效果。可见中华民族对门窗的理解为通过其通透的部分接触自然界，丰富视野，扩大空间，而获得艺术美感的独有特色。而西方的大教堂也有窗子，那些镶嵌着彩色玻璃的窗子，不是为了使人接触外面自然界，而是为了渲染教堂内部的神秘气氛，充分体现了中国建筑的人本主义。在中国宏大的寺庙建筑中也体现着相通的风格。台基往往采用带雕饰栏杆的大理石结构。长长的水平方向的瓦屋顶，其屋檐自然向上翘起，总体上还是采用传统的梁柱结构，并以模树矩形“间”为根据，而庞大的曲线型屋顶则有复杂的木斗拱及梁来支撑。这种木屋架自然而又和谐，同时适合多重屋顶的形状。总体上其本身就构成了风景景观中特殊的一笔，与自然环境融为一体，并且注意自然主义的特点，用园林庭院进行点缀，表现了宁静、幽雅的独有的意趣和氛围。

所以从总体上看，中国传统建筑的风格为：以砖石为建筑物的台基，以木构架作为上部主体。以瓦覆盖的人字形屋顶，以及宽大或纤细而上翘的屋角使建筑成为自然界的一道独特的风景线。体现了中国人特有的置身于自然、获美于自然、创造于自然、享受于自然的独特的道德情操和审美观，以及建筑中渗透着的浓厚的传统文化，及人本主义精神成为中国传统建筑风格的特色。

近现代以来，随着中国历次对外战争的失败、国势衰微和西学东渐，国人对传统文化多有质疑，有褒之者，有贬之者，反反复复，因情势不同而异。

什么是传统文化，传统文化到底是好还是不好，好好在那里，不好又不好在何处，这些问题需要我们冷静思考，不能因情势不同而做墙上草任意褒贬，使国人无所适从。所谓传统文化，广义上看应包括中国有史以来的所有文化，自从盘古开天地，三皇五帝到于今；狭义上主要指汉武帝罢黜百家、独尊儒术以来的中国儒释道文化，特别是宋明以降的程朱理学。中国传统文化实际上从汉武帝始分为前后两个不同的阶段，前期诸子并存、百家争鸣，后期一儒统天下，虽然也有释道参与其中，个别时候甚至盖过儒术，但总体上是儒家独步天下，无有能与争雄。前期，应该说是积极的，各种思想学术观点相互交流碰撞，在春秋战国时期缘于当时的社会形势达到极盛，开创了中国文化发展的高峰，比肩于欧洲之古罗马和希腊文化。后期，儒家思想成为中国封建社会的主导意识形态，封建国家以政权强行推崇，虽然在当时和后来起到了巩固封建统治、强化中央集权的作用，但从总体上看文化学术被束缚，人们思想被禁锢，儒家学说自身也在皇权的笼罩下不断式微、没落、保守、落后，成为阻碍中国社会发展的官方学术。就儒家文化本身来讲，也有个发展阶段问题，汉武帝之前大致为先秦儒学，武帝至宋为汉魏经学，宋以后为程朱理学。先秦儒学只是当时的一个著名学派，在当时诸子百家并立的情况下，为中国社会文化的繁荣起到了积极作用，后来的两个发展阶段不断官方化、程式化，终于成为钳制人们思想、制约社会发展的教条，于明清之际登峰造极。国人现今所言之传统文化，一般即指汉武帝后的以儒家文化为核心的中国文化，特别是程朱理学。

从中国传统文化和儒家文化的发展脉络，我们不难看出，总体上中国传统文化相较于世界近现代文化，三纲五常、仁义道德的空洞说教相较于自由、民主、人权的现代价值观，已经是一种落后文化、腐朽文化，尽管这种文化在其总体落后中仍有其合理的成分和精华部分，但作为一种文化主体，它显然已不能再适应我们近现代社会的发展，更不能适应当今信息时代的需要，用以指导我们的思想和行动。这个问题实际上早在戊戌变法、辛亥革命和五四运动时即已解决，甚至在明清之交黄宗羲、李挚、顾炎武等人即已洞明此事，却为何在近现代特别是在今天仍有人在此问题上步严复、张勋之后尘不断寻衅？一则由于中国由传统社会向近现代社会的转轨一波三折、反反复复，使国人对新文化的先进性产生了疑问；二则由于一些人的教条主义思维作怪，看问题简单片面，一旦社会发展遭遇挫折，不是克服困难向前进，而是向后寻找解决问题的灵丹妙药，迷恋于过时的文明、昔日的辉煌，袁世凯、张勋如此，吴佩孚、蒋介石如此，建国后一些没有远见的领导人和现代的一些伪学者亦是如此。

任何一种落后文化都有其积极的成分，任何一种先进的文化也有其消极的地方，我们说先进落后是指总体而言，而不是一概而论，有人不是也讲过古为今用、洋为中用和去其糟粕、取其精华吗？难道我们能因为传统文化有些合理的成分就视为金科玉律吗？难道我们能因为现代文化有其消极的地方就弃之不用吗？难道我们能因为东南亚和西方一些国家的学者鼓吹和提倡我们的一些传统文化就认为这种文化从总体上仍然有生命力吗？中国传统文化虽有其精髓，有些地方将会闪耀其千古不变的光辉，但这并不能掩盖它作为一种文化主体的没落性，狭义的中国传统文化从根本上看是一种封建意识形态，必须革而除之。现而今我们讲弘扬优秀传统文化，恰恰在现实中继承的是一些封建糟粕，而中华民族真正优秀的传统文化反而没有继承到，致使国人的思想越来越狭隘，国民道德素质愈来愈低下，反而是港澳台和海外华人华侨对祖国优秀传统文化能够发扬光大。近年来海外尤其是东南亚热炒中国传统文化，实际炒的就是中国传统优秀文化，而不是所有的传统中国文化，更不是现今我们一些人所言之传统文化；即便是中华传统优秀文化要真正发挥其应有作用，也有赖于东南亚诸国的民主化改革，同样是儒家的一些优秀文化成分在我国古代和近现代就很难发挥其作用，此橘生淮南则为橘、橘生淮北则为枳也！不识庐山真面目，只缘身在此山中；不畏浮云遮望眼，只缘身在最高层。奉劝我们的一些政要和学者登高望远，勿做井底之思。

二、中国建筑发展的五个阶段

中国建筑艺术作为中国传统文化的分支，它是世界建筑史上延续时间最长、分布地域最广、有着特殊风格和建构体系的造型艺术。古老的中国建筑体系大约发端于距今8000年前的新石器时期。其发展大体可分为创始、成型、成熟、程式化、解体五个阶段。

（一）创始阶段

这一时代包括中国原始社会新石器时代中、晚期和整个奴隶社会的夏、商、周。以定居为基础的新石器时代，是我国古代建筑艺术的萌生时期。由于自然条件的不同，黄河流域及北方地区流行穴居、半穴居及地面建筑，长江流域及南方地区流行地面建筑及干栏式建筑。在商代，已经有了较成熟的夯土技术，建造了规模相当大的宫室和陵墓。西周及春秋时期，统治阶级营造很多以宫市为中心的城市。原来简单的木构架，经商周以来的不断改进，已成为中国建筑的主要结构方式。瓦的出现与使用，解决了屋顶防水问题，是中国古建筑的一个重要进步。商代末年，商纣王大兴土木。周朝的建筑较之殷商更为发达，尤其技术进步很大，开始用瓦盖屋顶。此时建筑以版筑法为主，其屋顶如翼，木柱架构，庭院平整，已具一定法则。在陕西岐山凤稚村发现了西周早期宫殿遗址，在扶风召陈村有西周中晚期的建筑遗址。“上古穴居而野处，后世圣人易之以宫室，上栋下宇，以避风雨。”人类从穴居到发明三尺高的茅屋再到建筑高大宫室，从原始本能的遮风避雨到崇尚、表现高大雄伟的壮美之感，艺术的进步也是随着人类生产力的不断提高和经济的发展而不断进步的。

（二）成型阶段

这一阶段处于封建社会初期，从春秋直到南北朝。其中春秋、战国是这一阶段的序曲；秦、汉是主题，是中国古代建筑发展史的第一个高峰；三国、两晋是第一高峰的余脉；南北朝是下一阶段，即成熟阶段的序曲。

在这一阶段中国古代建筑体系已经定型。在构造上，穿斗架、叠梁式构架、高台建筑、重楼建筑和干栏式建筑等相继确立了自身体系，并成了日后2000多年中国古代木构建筑的主体构造形式。在类型上，城市的格局、宫殿建筑和礼制建筑的形制、佛塔、石窟寺、住宅、门阙、望楼等都已齐备。

战国时期，城市规模比以前扩大，高台建筑更为发达，并出现了砖和彩画。秦汉时期，木构架结构技术已日渐完善，其主要结构方法抬梁式和穿斗式已发展成熟，高台建筑仍然盛行，多层建筑逐步增加。石料的使用逐步增多，东汉时出现了全部石造的建筑物，如石祠和石墓。

秦始皇统一六国后，开始了中国建筑史上首次规模宏大的工程，这便是上林苑、阿房宫。此外，又派蒙恬率领30万人“筑长城，固地形，用制险塞”。从中我们可以看到秦作为一个统一的大帝国在中国建筑历史上所表现出来的气派。中国建筑从一开始就追求一种宏伟的壮美。

汉代建筑规模更大，到汉武帝之时更是大兴宫殿、广辟苑囿，较著名的建筑工程有长乐宫、未央宫等。汉宫殿突出雄伟、威严的气势，后苑和附属建筑却又表现出雅致、玲珑的柔和之美，这与秦相比显然又有了很大的艺术进步。

魏晋南北朝佛教盛行，给中国建筑艺术蒙上一层神秘的色彩。寺庙建筑大盛，值得一提的是，北朝不仅寺庙建筑众多而且依山开凿石窟，造佛像刻佛经，今天我们仍可见的云冈、龙门石窟都是中国及世界建筑史上的奇观。

（三）成熟阶段

这是中国古代建筑达到顶峰的时代，也是中国古代各民族间建筑第二次大融合的年代。这一历史阶段又可分为前、后半期。前半期包括隋、唐两个朝代，后半期包括五代、宋、辽、金各朝。隋唐建筑气势雄伟、粗犷简洁、色彩朴实；而以两宋为代表的建筑风格趋于精巧华丽、纤缛繁复、色彩“绚丽如织绣”。

这一历史时期的建筑成就表现在建筑类型更为完善，规模极其恢宏；在建筑设计和施工中广泛使用图样和模型；建筑师从知识分子和工匠中分化出来成为专门职业；建筑技术上又有新发展并趋于成熟——组合梁柱的运用、材分模数制的确立、铺作层的形成。此外，这一期还留下了为数众多的伟大建筑。唐朝的城市布局和建筑风格规模宏大，气魄雄浑。隋唐兴建的长安城是中国古代最宏大的城市，唐代增建的大明宫，特别是其中的含元殿，气势恢宏而高大雄壮，充分体现了大唐盛世的时代精神。此外，隋唐时期还兴建了一系列建筑，以佛塔为主，如玄奘塔、香积寺塔、大雁塔等。在建筑材料方面，砖的应用逐步增多，砖墓、砖塔的数量增加；琉璃的烧制比南北朝进步，使用范围也更为广泛。

在建筑技术方面，也取得很大进展，木构架的做法已经相当正确地运用了材料性能，出现了以“材”为木构架设计的标准，从而使构件的比例形式逐步趋向定型化，并出现了专门掌握绳墨绘制图样和施工的都料匠人。建筑与雕刻装饰进一步融合、提高，创造出了统一和谐的风格。这一时期遗存下来的殿堂、陵墓、石窟、塔、桥及城市宫殿的遗址，无论布局或造型都具有较高的艺术和技术水平，雕塑和壁画尤为精美，是中国封建社会前期建筑的高峰。由此中国传统建筑文化发展到高潮。

（四）程式化阶段

这一阶段指元、明、清（1840年前）。然而这一历史阶段里重要的建筑活动和变革有：元大都、明、清北京城的兴建，这是中国古代封建帝都建设的总结与终结；木构造技术的变革——拼合梁柱的大量使用、斗拱作用的衰退、模数制的进一步完成促使设计标准化、定型化以及砖石建筑的普及；施工机构的双轨制及设计工作的专业化；个体建筑形制的凝固，总体设计的发达。

这一时期建筑遗存十分丰富，重要的有明清北京城、故宫和一些大型的皇家园林、众多的私家园林及许多著名的寺观建筑。

（五）解体阶段

在中国几千年的古代封建社会里，虽然政治上有二十余朝皇帝的更替，文化上有多次的对外交流，但是，中国文化基本上是连续的一元文化。中国的建筑，在中国整个环境总影响之下，虽各个时代有时代的特征，其基本的方法及原则却始终一贯。

以1840年鸦片战争为标志，中国步入了半封建半殖民地的近代社会，大量外国文化、建筑、技术涌入，被动地揭开了中国历史上第三次对外来文化的吸收时期，同时，也揭开了中国近代建筑史沉重的帷幕。这股外来势力动摇了中国传统的价值观，也动摇了中国传统建筑体系的根基。在强大的外来冲击、挑战下，固有的体系显得很不适应而开始解体。以此为开端的中国近代建筑的历史进程，也由此被动地在西方建筑文化的冲击、激发与推动之下展开了。其间，一方面是中国传统建筑文化的继续，一方面是西方外来建筑文化的传播，这两种建筑活动的互相作用（碰撞、交叉和融合），使中国近代建筑的历史呈现出中与西、古与今、新与旧多种体系并存、碰撞与交融的错综复杂状态。

中国传统文化博大精深，也正是这样博大精深的文化才孕育出了不朽的中华民族。其建筑艺术的发展始终伴随着人们世世代代，从有到无、从简到繁一步步发展至今。中国近代建筑正是这种不断发展的多元文化下的历史见证。

第二节　中国近代建筑发展历程

一、中国近代建筑的历史地位

中国近代建筑始于1840年鸦片战争之后，随着中国的半殖民地半封建社会开始了近代化的征程。虽然起源于19世纪中期，但是仍然比世界晚了整整200年的时间。中国建筑正处于近代发展的时候西方国家已经发展到近代后期。这个时期的中国建筑，应该打破中国原有的封建社会枷锁的钳制，改变当时发展迟缓的状态，向着多元化方向转化。

但是，中国近代建筑的发展一定是曲折的、缓慢的，其影响的主要因素就是中国特有的社会背景、半殖民半封建的社会性质。中国各地区的转型不仅是在时间上存在着差异，同时在空间上也存在着不同，这就导致了中国近代建筑产生在二元化社会的框架下。这样中国近代建筑的发展也就很自然地被印上了二元化社会性质的痕迹。

中国近代建筑的发展在很大程度上吸取了西方早进入近代时期国家的经典经验，明显地表现为凭借先行成果的后发优势。很多西方先进的建筑理念与风格直接地、整体地从这些发达国家引入到中国社会，填充了我国当时的建筑领域，丰富了近代建筑的样式。20世纪30年代左右，革新建筑体系在建筑类型上已经非常齐全，如公共建筑、居住建筑和工业建筑等。

顽固守旧的建筑体系则是对原有的建筑传统的一种延续和保护。直到清王朝1911年彻底结束的时候，传统的民间建筑仍在继续，只是一些坛庙、衙署的建筑不再进行。其中，有许多具有代表性的建筑作品，蕴含着极为丰富的历史文化底蕴，与革新建筑体系一样都给中国人民留下了一份非常珍惜、富有价值的建筑文化遗产。总的来说，中国近代建筑的发展整体处在一个转型期，相当于楼梯中间缓步台的作用，起到一个承上启下、融会中西、新老交替的中介作用。既有新类型新风范的建筑日益崛起，也有老风格类型建筑的默默存在，中国近代建筑既有中西文化的激烈碰撞，同时也存在着相互融合的一面。

二、中国近代建筑发展阶段

（一）19世纪中叶到19世纪末

随着清王朝的结束，皇宫、园圃等建筑也陆续减少，我国著名的古代园林文化遗产——颐和园以及具有保存价值的古代园林进行了修缮之外，各地基本停止了对老式建筑的修缮工作。在许多地区外国殖民者聚集地，出现了许多教会建筑，主要是两层楼的砖木混合结构，样式基本保留着西方殖民者的文化风格。总的来说，在这个时期，中国近代建筑刚刚孕育而生，在建筑类型和数量上都有着局限，但是，这也标志着中国建筑开始突破原有的老式风格，向着新建筑类型迈进，伴随着西方文化的进入，酝酿着近代建筑体系的萌芽。

（二）19世纪末到20世纪30年代末

19世纪末，中国政府由于软弱无能，被列强肆意瓜分，成为它们任意买卖的市场，随之而来的外国列强纷纷在中国的土地上建立自己的租借地，建筑自己的管区。表现在建筑上，为了满足列强的需要，如工厂、火车站、银行等建筑大大增多，并且建筑规模也逐渐扩大，其中很多建筑都是由列强国家的专业建筑设计师亲自来设计，整体建筑水平有明显的改善，其中最具有代表性的建筑为1923年的上海汇丰银行和1927年的上海海关大厦。当时我国政府，也意识到了政治改革的必要性，其中新式建筑也被纳入了当时改革的内容，建筑新形式的建筑也就成了当时中国各界的需要，就是在这个时期，涌现出大批赴海外学习建筑的留学生，其中也有我们建国时期的著名建筑家——梁思成、林徽因等。在这样的历史背景下，我国近代建筑的类型有了翻天覆地的变化，不仅在类型上，在数量上也有明显的提高。公共建筑、居民建筑、工业建筑等类型基本完备，新建筑材料的生产与丰富也有了明显的变化，如玻璃、水泥等。同时，我国自己的建筑团队也相继壮大，施工技术有了明显的改善。

（三）20世纪30年代末到40年代末

在建国之前，由于在中国的土地上进行了多年的对内对外战争，中国近代建筑进程受到了严重的阻碍和破坏，建筑活动与建筑数量大幅度减少，但是，通过西方建筑类型在中国土地上数目增多，以及一些留学海外回国的建筑师的影响，中国建筑领域对新类型建筑理念的认识大大加深，我国著名建筑家梁思成先生于1947年，在清华大学创立了体形环境的设计体系，为中国现代建筑的广泛传播奠定了坚实的基础。

三、中国近代建筑形式与理念

（一）西方样式建筑

西方样式建筑在中国建筑中占有很大的比重，至今在国内的许多城市都会看到西方样式的建筑，如我们沈阳一些高校建筑，其中一部分仍然保留着原有的风貌。究其根源，一是被动地接受，另一个则是我国社会的需要。从风格上来看，中国近代样式建筑具有殖民地式和外廊式特点，主要是英国殖民者将欧洲殖民者建筑样式传入到我国以及东南亚一带。早期进入到我国境内的殖民者，大多数都有从东南亚居住的经历，所以也就很自然地把这种建筑样式带到了中国，如当时上海的德国领事馆、台湾高雄的英国领事馆都具有这样的特点。

（二）中国传统建筑设计

宫殿式建筑：这种建筑类型保留着中国古典建筑的体量权衡和整体轮廓，对台基、屋身、屋顶具有严格的划分，通常我们称之为三分结构，建筑的整体尽力保持梁柱的开间形象和比例关系，整个建筑没有打破我国古典建筑的设计，所有的细节仍然保有传统的造型构件和装饰。混合式建筑：这类建筑不完全拘泥于我国古典建筑风格，将中西风格有机结合在一起。现代式建筑：20世纪30年代我国建筑以一种向国际样式过渡的装饰艺术风格涌现。

第三节 中国建筑史对世界的启发

一、中国建筑与世界接轨的必要性

人类文化可概括为东西方两大文明体系，两者在认识宇宙和自身上存在迥然不同的差异，但又是相互补充的。差异即对立，两者关系正如太极图之相反相成，而构成人类之圆满。回顾人类的历史，东西方文明各自对人类的发展做出了自己的贡献，两者交替领导着世界文明的潮流。中国作为东方文明的主要渊薮，在古代曾对世界的进步做出了重大的贡献。自近代产业革命以来，西方文明有了突飞猛进的发展，直至今日仍作为世界文明的先导，尤其是在物质文明方面，更使全人类受惠匪浅。然而辩证法则表明，这也使人类为之付出了惨重的代价。西方文明所创造的巨大生产力，在其人本位的机械论宇宙观指导下，对地球资源肆无忌惮地搜取与对环境的任意改造，而今已尝到大自然报复的苦果。在辞旧迎新、世纪更迭的前夜，一些先知的科学家以高智慧的反省，认识到西方文明的缺欠，预见到急需已沉寂了将近三个世纪之久的东方文明的补充，纷纷指出21世纪将是“东方的世纪”“亚洲的世纪”，甚至有人说是“中国的世纪”。

源于中国的“天人合一”即自然与人相统一的哲理，确是普度人类现代失调与污秽环境的苦海，以达到健康净土彼岸的慈航方舟。我们主张东西方文化的融合，为此有必要极力促进东方文明的发展。人为与天然的有机统一，是中国建筑学的精髓。这正是我们为保持生态平衡、建设可持续发展人居环境所急需的法宝。在新的时代里，唯祈致力于相关学科工作的全球同人，达成联合起来弘扬中国建筑学的共识。

一切学科的研究，首先是历史的研究，从历史的发展中认识学科的本质及其前景，建筑学也是一样。我们所说的建筑学，是现代发展了的广义建筑学，亦即人为环境学，这正可以中国传统“营造”一词来概括。“历史”是一个连续发展的、动态的范畴，我们所说的“历史”包括古代史、近代史和现代史。温故而知新，研究建筑学的过去和现在，其目的是为了未来。广义建筑学涵盖了环境艺术与环境工程，其重点在于从人类学、考古学、民族学、社会学、建筑学(狭义)、美术史学等多种有关人文学科的角度去认识人为环境。它是一门系统性综合学科，包括国土计划、区域与城乡规划设计、风景区与园林规划设计以及建筑与室内设计。它虽有庞杂的工程技术问题，但其基本属性是作为人类社会历史活动的载体，因之它是社会文化的重要内涵。所以，广义建筑学是立足于社会历史文化的高度，探讨人类生存空间的建设问题。其目的在于解决当今世界的环境危机，本着“众生平等”的精神，找出未来全球生物各得其所、可持续发展的共存空间的合理建设方针与方法。所以历史地研究广义建筑学，特别是中国广义建筑学，是具有重要现实意义的。

第三章

国内外典型建筑设计案例

在本章中我们将通过四个典型的建筑设计案例，对绿色建筑、古典建筑、现代建筑以及废弃建筑改造进行介绍，针对当前比较热点的建筑设计概念，通过案例的分析，使得读者可以更加清晰直观地了解这些建筑设计的内涵，也希望读者可以通过这一章节的介绍，能从中学习到更多的建筑理念。

第一节　基于绿色建筑的案例分析

建筑能耗是社会能耗的占比大户，其约占社会能耗的30%。目前我国单位建筑面积能耗相当于同纬度发达国家的 2 ~ 3 倍。我国建筑节能方面的系统性研究实践相对于发达国家起步较晚，近年来，随着我国大力倡导节能减排和创建资源节约型社会的努力，建筑节能作为节能工作的重点，目前我国已经建立了中国生态住宅技术评估体系、绿色奥运建筑评估体系，并编制了《绿色建筑评价标准》及《中新天津生态城绿色建筑评价标准》等绿色建筑评价标准，使我国绿色建筑的评价体系逐步走向成熟。随着我国城市化进程的持续推进，资源消耗、能源供应、环境问题矛盾日益突出。城市建筑越来越多，大型建筑物及设备日趋现代化和复杂化，建筑物建造和使用过程中要消耗大量的能源资源，对环境产生重大影响。同时，保护环境和节能降耗的观念已日渐深入人心，绿色低碳建筑和建筑节能技术顺应社会和时代的要求。在本节中，我们将就杭州新电力调度大楼案例来对绿色建筑进行讲解。

一、项目概况

杭州电力生产调度大楼位于老城区，大楼办公场地狭小，周边为城市主干道，交通非常拥挤，停车场地严重不足，车辆进出不便，电力调度通信等机房严重不足，弱电管线设施陈旧，无法适应快速发展的杭州电网生产调度和“三集五大”管理的需要，成为制约优质服务的瓶颈。为贯彻国网公司“三集五大”的战略决策，建设“一强三优”供电企业，实现杭州电网“两个转变”，经国家电网公司和浙江省供电公司批复同意建设杭州新电力生产调度大楼。

新大楼选址位于杭州市钱江新城。钱江新城位于钱塘江北岸的城市地理中心位置，是杭州未来的行政、信息、文化中心，它的建设将使杭州城市格局由“三面云山一面城”变为“一江春水穿城过”，引领杭州从“西湖时代”走进“钱塘江时代”。钱江新城建设是杭州市实施“城市东扩、旅游西进，沿江开发、跨江发展”大都市发展战略的先导工程，杭州市委和市政府机关都将迁入钱江新城的市民中心。钱江新城规划具有低密度、高容积率和高绿化率的特点，将集中杭州的现代化建筑群，体现自然与人和谐统一的生态环境。钱江新城核心区块即中央商务区，以市民中心为核心，向江形成中轴线，两侧将建设杭州大剧院等标志性建筑。杭州新电力生产调度大楼选址位于钱江新城核心区，东北面紧邻市政府新行政中心（市民中心），项目用地与规划完全纳入钱江新城控制性详细规划和城市设计方案，规划要求电力大楼为点式高层，建筑面积为地下 3 万平方米和地上 4 万平方米，容积率为3.54，建筑高度100米，其建筑体量和规模与市民中心相匹配，将其定位为市民中心的“绿叶”建筑。如何建设大楼使之成为钱江新城真正的“绿叶”，符合钱江新城自然与人和谐统一规划理念，这也是大楼设计建设中不可回避的问题。

目前我国的建筑能耗占全社会终端能耗的20%~30%。随着我国经济建设的高速发展，建筑能耗还将以较快速度增长，而且相较于同纬度的发达国家，我国单位建筑能耗普遍偏大，是发达国家的 2 ~ 3 倍。国家电网公司作为国有特大型能源企业，始终高度重视节能工作，积极履行社会责任，始终将推动建筑节能作为重点工作，要求加强公共建筑节能监管体系建设，推动节能改造与运行管理。国家电网大力开展国网系统内生产大楼、变电站、营业厅等的绿色建筑节能改造，深入开发国网公司内部的节能潜力。杭州供电公司新大楼属于新建建筑，与老大楼相比，本项目从设计建设之初就引入绿色建筑节能的理念。新大楼作为绿色建筑建设典型示范项目，按照绿色建筑认证的要求进行能耗评估，建筑节能技术优化，全面提升能源利用效率，降低建筑能耗，切实有效地推进国家电网内部建筑节能工作。

二、调度大楼绿色建筑设计方案优化

根据对新大楼的绿色建筑初步评估，确定了以二星标识为目标，对大楼原有设计进行调整。在初步评估过程中存在较多加分项，“节地与室外环境”的加分主要来源于大楼垂直绿化，因大楼内垂直绿化在大楼内装设计图纸中，现阶段图纸只是对垂直绿化的实施地点、绿化率及垂直绿化植被进行说明，故在大楼初评估阶段未计入得分，等待内装图纸及室外景观图纸设计完成后一同进行评定。为了达到绿色建筑二星标准，对大楼进行实际改造内容集中在“节能与能源利用、节水与水资源利用”及“室内环境”的评估上，计划为大楼增设分项计量、非传统水源的利用、空调系统优化、高效光源的利用等绿色建筑节能措施。下文将选取 6 项绿色建筑节能技术及绿色施工方案进行详细说明。

（一）节能与能源利用优化改造

绿色建筑评价标识对大楼能耗提出严格的要求，对大楼的主要用能设备都做出明确的要求，同时也要求大楼设有分级能耗计量平台。在对新大楼的评估中不难发现大楼存在大量高要求的精密空调，其对空调设备要求极高。原设计中设备选型能耗较大，未能达到绿色建筑二星要求，故对大楼空调系统进行优化设计。大楼原设计中未设计安装分级平台，在本次优化设计中加入了各个楼层分项目计量系统。

1.能耗监测平台计量化设计

两版绿标评估中都涉及对大楼主要用能系统的实时监控，都要求为建筑物建立能耗监测平台。建筑能耗大体可分为电和水，以往建筑用能只设总电表和总水表该两类计量设备。为了更好地分析大楼用能数据，提高大楼节能减排，建筑节能中引入了分项计量的概念。《绿色建筑评级标准》中第5.13项规定：“公共建筑各部分能耗的独立分项计量对于了解和掌握各项能耗水平和能耗结构是否合理，及时发现存在的问题并提出改进措施等具有积极的意义。但对于改建和扩建的公共建筑，有可能受到建筑原有状况和实际条件的限制，增加了分项计量实施的难度。因此本条对于改建和扩建的公共建筑作为一般项，目的是为了鼓励在建筑改建和扩建时尽量考虑能耗分项计量的实施，如对原有线路进行改造等。”

根据前期对新大楼相关设计配电、供水图纸的查阅得知，目前大楼前期施工未涉及建立一套完整的能源管理系统体系，未能实现对大楼用电能耗分项、分类计量管理。建立一套完整的能耗监测管理平台，可以实现对大楼内配电系统、供水系统分类分项管理，使能源管理更便利；进行能源消耗数据收集、存储与分析诊断，可指导BA系统内空调、照明等系统设备运行策略的调整，实现建筑节能目标。分项计量的建筑为能耗信息平台提供了坚实的基础及信息支持，为未来建立地区性以至于全国性的能耗监测平台提供有力技术支持。能耗平台监控建筑物运行状况、节能量等信息。分项计量能源管理系统侧重于能源消耗数据收集、存储与分析诊断，BA系统则侧重于对末端设备的管理与控制，通过分项计量系统能耗数据的分析和诊断，可指导BA系统内空调等系统设备运行策略的调整，实现建筑节能目标。分项计量能源管理系统的建立，完成与上级能源管理系统平台的对接，实现建筑能耗远程统一化管理。通过分项计量系统可将大楼的耗能数据与上级能耗监测平台互联。

最下层为遍布在建筑各处的各种终端计量仪器仪表，它们通过RS-485总线与网络接入层的数据采集器相联。网络接入层是整个数据采集与传输子系统的关键部分，它通过数据采集器将各种专有协议的仪器仪表转化为通用的TCP/IP网络通信协议，然后通过各建筑已有的以太网网络接入Internet广域网网络，并最终传输至位于数据中心的数据采集与网络传输子服务器。数据处理服务器对数据进行预处理，进行数据过滤、筛选和修复等操作，保证数据的完整性和准确性。根据与建筑基本情况、配电系统、设备系统、人流量等有关的调研信息对原始能耗数据进行计算得到基础能耗数据、分项能耗数据、分户能耗数据，以Web服务的方式提供给用户，供用户进行实时监控、数据分析、管理诊断、报表输出等操作。分项计量系统建设主要包括三大部分，监测终端、监测系统硬件及监控系统软件。监测终端主要是为大楼各个楼层各个区域按装电表和水表，电表和水表都具有远传功能，可以稳定地上传电表和水表读数到监测系统硬件（PC电脑），通过能持监测管理系统软件，能够对能耗数据分类分项进行处理，并做出相应能耗诊断。建立后的能耗监测管理系统，可实现对大楼内配电系统、供水系统分类分项管理，可指导BA系统内空调、照明等系统设备运行策略的调整，实现建筑节能目标。在原有设计的基础上，为新电力生产调度大楼水、电、空调计量增加一套能耗监测系统，采用总线与TCP/IP相结合的方式进行组网。在四层主楼弱电井设置能耗监测网络交换机，各能量表区域管理器、水表区域管理器、电表区域管理器通过六类四对非屏蔽双绞线引至能耗监测网络交换机，能耗监测网络交换机通过6芯室内多模光缆至安防汇聚网络交换机，能耗监测工作站设在夹层消控监控BMS机房内，实现联网监测。空调监测针对冷热源机房、各楼层空调箱、风机盘管总管上的冷热供水管上设置空调能耗表，共设置空调能耗表105只，通过超声波监测供水流量与供回水温差的计算，计算出能量消耗，实现对各层的能量计量。各层空调能耗表通过总线连接（共设置5条线路）至能量表区域管理器，能量表区域管理器有TCP/IP接口，通过六类线至能耗监测网络交换机。大楼配电系统在各层用电总箱、主楼照明箱、商用电热水器配电箱、厨房、餐厅配电箱、消防及监控中心配电箱、网络机房、裙房空调配电箱、主楼消防总箱、电梯配电箱上设置数显电表，共设置数显电表113只，5条总线，各层数显电表通过总线连接至电量表区域管理器，电量表区域管理器带TCP/IP接口，通过六类线至能耗监测网络交换机。冷热源机房电表设在变电所（包括冰蓄冷机组、冷冻水循环系统、冷却水循环系统、冷却塔、热源机组及其循环系统等的用电计量），由强电专业人员通过总线接入其变电所监视工作站，本设计负责变电所监视工作站通过安防专网与能耗监测工作站联网，对其数据进行读取分析，纳入能耗监测平台。大楼用水主要集中在冷热系统补水、厨房用水、冲厕用水及灌溉用水。通过对给排水图纸的优化设计，在室内冷冻机房补水管、锅炉房用水管、蒸汽冷凝水降温补水管、厨房给水管、冷却塔补水管、空中花园给水管、新风机房清洁给水管、各层卫生间给水管设置网络水表，增设网络水表65只；室外总进水管、室外总绿化水表，增设网络水表2只，各层网络水表通过总线连接至水量表区域管理器，水量表区域管理器带TCP/IP接口，通过六类线至能耗监测网络交换机。通过上述方案为大楼配电系统安装传感电表及供水系统安装网络水表，实现大楼内部能耗数据的汇总，监控大楼各个楼层实时用能情况，记录大楼每一阶段的能耗数据为大楼后期运营管理提供数据支持。

2.空调系统优化设计

空调能耗是建筑的主要能耗，单体建筑中空调能耗占比约为建筑总能耗的60%。空调节能技术主要分为两类，控水和控风量。从上世纪90年起，空调节能技术不断地探索研究实践，控水和控风量都得到市场的认可。新大楼空调系统因工艺需求不同，为了满足大楼功能区域的空调需求，大楼共设计冰蓄冷系统、电蓄热系统、室内精密空调及VRV空调系统。空调系统用能优化采用前端控水技术和末端控风技术。大楼冷源采用双工况螺杆式冷水机组两台，每台机组装机冷量为1406kW。热源采用承压电热水锅炉两台，每台额定供热量1000kW，蓄热系统采用8台蓄热水罐，蓄热量12544kW/ h 。通过对空调机房的管路加装温度传感器以及空调优化管理控制系统实现空调主机效能优化达到节能效果。对于末端送风设备则是通过控制送风温度水阀的开度、房间温度的风机频率及房间湿度加湿器的开关或冷水阀的开度，达到舒适与节能的目的。其中房间温度、房间湿度的确定如下：在需要控制的房间内设置 4 组温湿度传感器，采用三倍冗余控制。例如有三个传感器 A 、B 和 C ，先两两一对计算减法，如：A–B、B–C、C–A，然后选出所得绝对差值最小的一对。对绝对差值最小的这对数据求平均值，平均值即算作该区域的温湿度值一县房间读数被确定，未被用于求平均值的传感器将被剔除出去。如果未被选择的传感器绝对差值超过 5 %，那么系统将会提醒重新对末端进行校核。房间温湿度值将被每30秒计算一次，温湿度传感器的位置需严加考虑（与暖通专业共同确定），保证记录的数值能够代表每个特定区域的平均值。并可根据室内外空气差调节新风与回风比例，采用变新风运行；过渡季节采用全新风运行。末端送风设备通过RS485总线，对各机组的室内送风机组通信接口进行连接，并接网控器转成TCP/IP接口与BA工作站联网，实现大楼空调系统的节能群控。结合楼宇群控系统对大楼工艺空调两部冷源主机进行监控及控制。自控系统主要监控冷冻主机、冷却水变频系统、冷却水及冷却塔系统。根据工艺机房对空调系统的需求编制空调机组的开关策略，为空调系统主机、冷却水管、回水管及出风口处加装温度传感器、湿度传感器、空气压差传感器、压力传感器、流量计及变送器WSI。对大楼空调系统的冷却水温度、回水温度及回水压力进行监控，实时把控大楼空调系统的运行情况。

（二）节水与水资源利用优化改造

绿色建筑标识中对建筑是否使用非传统水源十分看重，在节水与水资源利用这一大项中多条涉及非传统水源利用。杭州市钱江新城没有市政中水系统，故考虑为大楼增设雨水回收系统，将回收的雨水作为大楼的非传统水源。

《绿色建筑评价标准》第6.2.10项规定："合理利用非传统水源，规定雨水和再生水等非传统水源在储存、输配等过程中要有足够的消毒杀菌能力，且水质不会被污染，以保障水质安全；供水系统应设有备用水源、溢流装置及相关切换设施等，以保障水量安全。雨水、再生水在整个处理、储存、输配等环节中要采取安全防护和监测控制措施，要符合《污水再生利用工程设计规范》及《建筑中水设计规范》的相关规定和要求，保证雨水、再生水在处理、储存、输配和使用过程中的卫生安全，不对人体健康和周围环境产生影响。对采用海水的，海水由于盐分含量较高，还要考虑到对管材和设备的防腐问题，以及后排放问题。公共建筑建设有景观水体的，采用雨水、再生水，在水景规划及设计时要考虑到水质的保障问题，将水景设计和水质安全保障措施结合起来考虑。”《绿色建筑评价标准》中节水部分重点提倡措施非传统水源的利用。在国外大型共建案例中因当地水资源及费用巧问题，普遍采用雨水回收系统。而在国内较少应用此系统，其主要原因在于我国生活用水费用较低，此类系统初期投资巨大，回收周期较长。这大大制约了再生水源利用系统的开发利用，《绿色建筑评价标准》的出台有效推动了再生水源利用的发展。大楼原有设计未对非传统水源利用进行设计，我国建筑对非传统水源的利用相较国外发达国家是十分滞后的。主要原因来源于两个方面，一是我国用水价格比国外水价便宜，二是非传统水源的处理费用较高，这些都是阻碍非传统水源技术推广发展的主要原因。近年来，我国的能源形势日益紧张，导致我国能源使用费用多次调整。如北京地区已拟定新的阶梯水费，并进行了市民听证会。我国的能源形势短期内无法得到有效的改变，所以能源使用费用大幅调整势在必行，非传统水源技术的实践具有实际意义。非传统水源利用一般是指“不同于传统地表水供水和地下水供水的水源，包括再生水、雨水、海水等”。根据对大楼室外给排水系统及室外管网图纸的评估，决定选用雨水作为非传统水源。雨水处理系统是将雨水作为水源，经过适当处理后做杂用水，经处理后的雨水可用到厕所冲洗、园林灌概、道路保洁、城市喷泉等。

非传统水源系统对用水安全保障措施要求极高，对其如何使用及使用量多少，在2014版《绿色建筑评价标准》中都做出明文规定。非传统水源在储存、输配等过程中应有合理有效的消毒杀菌能力，且水质也达到国家标准《城市污水再生利用景观环境用水水质》、《城市污水再生利用城市杂用水水质》等的规定。体系还要求非传统水源利用的各类设备及各种管线接口应有明显标示，保证其与生活水管的严格区分，防止误用。同时在新版标准中明确规定，在建筑物当地设有市政中水系统引入的情况下，大楼自身是否要增设非传统水源设施，从而避免重复建设带来资金浪费。杭州作为雨水充足地区，有条件建立非传统水源系统。新大楼所在的钱江新城未设有市政非传统水源，新大楼根据绿色建筑评估结果，需增设雨水回收系统处理非传统水源作为室外绿地灌溉用水。

第二节　基于废弃建筑的改造案例分析

在城市发展进程中，废弃建筑的保存改造需要被重视，借鉴优秀案例，因地因时，新旧相融，保留建筑的历史性可以使其特色被延续，可持续的发展不会因为与时俱进就与历史断层，有特色的循环再利用可以将历史的记忆保留又不致与时代不容，发挥其应有的历史价值才是最好的保护。在城市发展过程中，许多旧建筑被拆除，以旧不如新的观念建造大量新的建筑，使得城市没有自身的文化特色，老建筑展示着一个地方的历史历程、当时的文化特点、建筑风格等，许多老建筑有较高的研究价值，需要被保存再利用从而发挥其社会价值，这不仅是建筑遗产，也是社会政治、经济、文化、设计的综合，城市与建筑对于历史的见证。废弃建筑属于不可再生的建筑资源，它们在不同时期、不同历史状态下被遗留，是当地的历史见证，合理地改造其社会功能，利用废弃的周边土地资源，重视其社会价值，变废为宝，顺应时代的发展。可以改善废弃建筑与周边现代化建设的不和谐，也可以体现可持续发展的价值。任何形式的建筑都是有生命周期的，一旦到期便需要新的形式改变，使之再利用。旧的建筑不能满足新的需求时，原样保存不如将其发展成再利用的符合社会需求而存在，利用现代手法改变历史建筑的功能可以解决其自身的生存问题，充分挖掘文化价值，既是提升城市文化个性的方式，也是解决城市废弃资源的方法，置换它的用途是对于新旧相融的最好诠释。在本节中将就徐州沙塘站进行分析。

一、沙塘站的历史背景

沙塘站始建于1915年，原属于陇海铁路线徐州的其中一个站，陇海铁路是从甘肃兰州（陇）通往江苏连云港（海）的铁路干线，全长1759公里，1905年开始动工，1953年全线通车，主要沿线城市有兰州、西安、洛阳、郑州、徐州等。从兰州站至连云港东站途经沙塘站。之后，徐沛地方铁路由于上海市要开发大屯煤田而建。徐沛线于1970年始建，1972年开通，徐沛正线和杨屯专用线（通往大屯电厂）全线接通，建成后的徐沛线全长65.22公里，专用线（6条）总长29.6公里。1978年8月12日，煤炭部应大屯煤矿工程指挥部的请求从沙塘站接轨点起，徐沛地方铁路专线与煤矿区内部的专用铁路线都被确定为自营管理。沙塘站的功能主要是为火车蒸汽机上水、整备、掉头，作为周转段为大屯煤炭装运，在停运之前，是重要的交通枢纽。因为该地的铁路文化底蕴，于是，在改造过程中将以铁路的相关元素为设计点，老建筑的功能置换也将依据徐州的铁路文化展示进行分区规划，将原有的废弃工厂、货运中心、排班室等单体建筑进行整合，改成铁路文化展示区。

二、沙塘站的地理位置

徐州处于江苏、山东、河南、安徽四省交界处，介于东经116° 22′ —118° 40′ 、北纬33° 43′ —34° 58′ 之间，北面有长江三角洲、微山湖，西面连接安徽萧县，南面连接宿迁，东面临靠连云港，水路有京杭大运河，铁路线有陇海铁路和京沪铁路两大铁路干线在此交会，具有“五省通衢”之称。沙塘站位于徐州市铜山县夹河街，改造地是沙塘站的东南方向，地势以平原为主，周边有陇海铁路大桥、京台高速，附近有多条镇道，交通便利，方便抵达，有利于改造地的交通系统设计。沙塘站靠近市区，距离徐州市区有一小时车程，改造地周边有沙塘村、和尚村、徐大庄等村镇，徐州市人口有866.9万人，沙塘站所在铜山区有132万人，人流量多，周边村镇就现有城市规划发展，将被建设成商业居民区，改造地可通过重新规划为市民提供休闲娱乐场所和散步慢行步道。沙塘站周边有程庄小学、东风中学等学校，改造的铁路文化区可供学生学习参观。改造地属于暖温带湿润和半湿润季风气候，其特点是四季分明，降水量较为充沛，光照充足，适于植物生长，可选择具有四季特色的植物种植，夏季光照强烈，可选择树冠较大的树种，以便遮阳。

三、沙塘站的周边环境

沙塘站所属的徐州市预计在2030年形成“一主六片”布局，建设“康居村庄”，发展城市历史文化、自然景观、建筑风貌等方面，突出建筑和空间形态特色。沙塘站周边的村镇属于铜山区，城市规划主要是发展生活居住、公共服务，完善相关公共服务设施和基础设施，提高居住舒适度，以生态空间作为区域之间的过渡带，既提高城市绿化率，也体现着过去与未来的融合。改造地周边有黄河改道后遗留的故黄河遗址，现在建造成故黄河文化景观带，并且改造地与许多景点相距不远，有彭祖庙、彭祖井、彭祖园、九里山古战场遗址、龟山汉墓、淮海战役烈士纪念塔等历史景区，改造地改造后可以成为过渡区域连接而形成景观带，增加城市景观的道路系统的连接。从2011年开始，徐州市将现有重要历史价值的16个景点规划为老徐州历史文化片区，这16个景点（包括老城墙、回龙窝、文庙等）作为老徐州历史文化片区的节点，成功连接成历史景观旅游路线，这些景点有历史文化街区和近现代历史建筑，并对其进行改造工程。其规划注重保护徐州市历史文化遗产，延续城市传统文化的历史发展脉络，形成向外延伸的文化片区路线。沙塘站隶属于徐州站，迎合城市改造，将废弃地改造的重点放在与文化的结合上也是突出城市文化的重要方面。使建筑及其周边环境既保持原有特色又符合现代生活需求，打造良好的城市慢行交通系统。于是，将改造地突出铁路文化特色，加强徐州市的铁路文化宣传，与实地环境氛围结合，营造场所文化。

四、沙塘站废弃现状

沙塘站现已荒废，其遗留的建筑有原值班室、休息室、排班室和消防公司的饲养场、货运中心、水塔、工厂其周边留有几段铁轨和守车，遗留的铁轨保存完好，可以利用设计与线型步道结合。废弃建筑普遍是砖墙，窗户玻璃破碎，但内部框架保存完好，尤其是顶部的结构虽长久未用，但是形式感很好，体现原有的工厂气息，对其选择性保留，将保留部分修复加强，保证安全性。货运中心建筑整体破坏性少，其前后有高低不一的工厂，可采用功能置换策略对外部进行设计，在保留原有尺度的前提下，设计与绿色植物、玻璃材质相结合，改善空间的视觉效果以及空气质量。守车因长久未使用而生锈，但它是铁路文化的特色元素，且保存有10节车厢，有独有的守车特点，应保留加以利用，可以增加空间的休息场所，其特点构成区域小空间，对于休息时的私密性有保障。消防公司的饲养场可以利用原有的空间布局，改造成餐饮区，它的纵向延伸，可以与休闲区域连接，作为文化展区与休闲娱乐区的过渡休息场所。周边绿化植被无人打理，几乎没有绿地，土地资源浪费，只有主干道两边的树木，区域整体布局混乱及绿化环境杂乱无章，可增加绿色区域，种植多种乡土植物。

五、徐州沙塘站改造的设计

沙塘站是徐州市铁路交通的重要中转站，经历了陇海铁路的运输、煤炭专线的运用，而今只能因铁道的整改而荒废，徐州铁路是“米”字枢纽状，有着重要的历史意义，所以，将沙塘站的改造与徐州铁路历史相连，充分发挥其应有的价值体现是改造所要完成的重要方面。沙塘站场地内分布有排班室、工厂、水塔、货运中心及附属建筑，将其整合规划形成面空间；场地中遗留的三股不用的铁轨，保存下来可以形成大范围的带状空间；而其中的相关设施分布不同地方构成点状空间，由此可以将沙塘站此处废弃中转站规划成具有点线面的丰富层次的空间。由于场地的废弃，区域内的植物多样性在减少，多是自然生长的植物，杂乱丛生，所以生态环境的可持续发展是十分重要的，通过乔木、灌木，以及花草的种植能形成多层次的景观视觉效果。重新对废弃地进行改造，变废为宝，利用现有的资源展示铁路文化内容，增加互动休闲绿色等主题。对沙塘站的设计思路：

（一）一个原则

尊重原有的建筑形式特色、空间尺度以及其周边环境。保留建筑的原有尺度，利用其内部结构，以现代手法对其内部进行功能置换；保留建筑周边原有的三股铁轨以及相应的公共设施环境，通过对场地的重新规划对其进行改造。

（二）两个主题区域

对沙塘站此段的改造划分为两个区域，其一是徐州铁路文化展示区，场地中原有的排班室、休息室、货运中心等建筑单体，化零为整，通过增加过渡空间如廊道、绿化景观区将所有的建筑单体进行连接，形成一个建筑整体作为徐州铁路文化展示区，利用相关的铁路文化作为视觉元素设计成引导路线。将建筑空旷的两旁场地设计成休息草坪，可供餐饮娱乐。其二是休闲娱乐区，场地中原有的三股废弃的铁道依据真实性和历史性选择进行保留，使其成为具有铁路原生态历史风味的自行车道与步行道，构成带状的绿色慢行区，铁道上遗留的守车可保留，通过改造提供休息空间，而消防公司留下的饲养区隔开不同小区域可作为餐饮店的饮食区。留下的人工鱼塘可以扩展并增加植被花草规划成垂钓区，由带状的铁道慢行区串联整个休闲娱乐区。

（三）三大特色

故事性——引入故事化的场景，再现徐州铁路文化发展历程，将铁路相关元素设施通过主题脉络得以运用，引人回顾历史。

趣味性——对原有的建筑设施包括环境进行艺术再造，或夸张，或提炼，或重塑，打造文化趣味宣传和生活趣味的营造。

互动性——在徐州铁路文化区利用多媒体设施进行铁路知识的文化互动，使参与者在互动中了解文化知识。在休闲生活文化区沿铁道设置自行车道，小池塘重修用于垂钓等场所体验风土人情。

沙塘站的改造设计方向与城市铁路文化相联系，突出文化艺术表现，将场地改造成与徐州铁路文化相关的集休闲娱乐、教育文化、绿色生态为一体的公共空间，并将遗留的三股铁道保留改造成慢行道和自行车道。

六、主体建筑功能置换

（一）外部保留

沙塘站的老建筑多是砖造建筑，或是刷上白漆与黄漆，或是直接裸露砖体，改造地现有废弃建筑中排班室、休息室等建筑是1层的低矮单体建筑，货运中心和废弃的厂房有2~3层楼高，保留原有尺度和比例，对其外部破坏了的窗户进行修补。

1.整体保留

水塔、烟囱是具有特色的“建筑”，遵循建筑原真性策略，将其整体保留作为标志建筑原貌放在场地中，增加场地的怀旧气息，种植绿色爬藤植物对其进行点缀。守车是原来车长休息检视火车的地方，与一般的客运火车不同，具有浓厚的铁路文化特征，对其外部进行整体保留，不破坏其外观的呈现，使之本身就作为一个小品建筑，从视觉上将参观者带入怀旧的铁路氛围之中。厂房进行整体保留，对其外部墙面进行创新的砖墙设计，呈现镂空状，白天可利用日光，夜间有光影效果。原消防公司的饲养区，对其外部进行整体保留，包括分隔的小空间，改造成餐饮空间，在娱乐休闲区内提供老建筑感觉的饮食氛围。

2.框架结构保留

入口处保留原有大门墙体，运用木质栅栏作为入口，门上有铁路标志，总体营造怀旧氛围，引导进入展示区。进入大门将原有的门卫室保留外部墙体结构改成前言厅，用以介绍整体分布的规划，内部用绿皮车的颜色营造车厢内的感觉，增加车厢窗户的展示窗介绍相关的区域信息。主要的废弃建筑体多是建筑单体，在空间上分布不整体，将排班室、休息室和货运中心多个建筑单体进行整合，化零为整，保留原有的框架比例，设计新的体块对其进行连接，作为过渡空间，引导参观流动方向，整合的建筑单体呈现高低不等的情况，将其改造成斜坡，可以走到建筑顶端俯看周边环境，屋顶改造成斜坡成为屋顶花园进行绿化，可以看到远处的铁路大桥和铁道景观。建筑的外墙采用垂直绿化和玻璃采光，交叉放置的绿色植物和玻璃材质，使建筑立面活泼有变化，增加视觉感，对外部砖墙进行保留框架结构，其余墙体拆除用于设计成砖材质的人物雕塑。玻璃与点状绿化形成斜坡可走上屋顶，作为过渡空间，外部的玻璃面可用于座椅休息，内部采光形成光影效果。工厂外部框架保留，将不用于支撑的墙体拆除，内部空间用于参观者游戏、休息，其钢框架结构直接保留外露，可以营造其原煤炭工业运输的气息，改造后又不至于工业气息感过强。

（二）内部空间重构

排班室、休息室和货运中心整合的建筑拆除其内部结构，利用展示陈列方式将室内空间进行重新规划以供展示徐州铁路的相关文化知识，区域分为三个部分，每个展区主要通过图片实物、档案史料、模拟场景、影片介绍等多种形式展出徐州铁路历史发展历程，遵循建筑整体性策略，整体建筑内部风格和砖造外部相结合，运用灯光、材质凸显历史感，通过过渡空间（如用竹子作为廊道的主要材料连接，竹子是环保材料，且通过竹子产生编制的阴影效果）的联系将区域划分为三部分。首先是文史资料展示区，通过展板展台、地图模型来介绍徐州铁路发展历程，包括徐州米字枢纽示意图、徐州会战的保卫铁路之战、陇海铁路的发展、徐沛地方铁路的辉煌等历史照片，展台实物展示老火车票、旧照片等以回顾历史。然后是铁路设施实物展示区，通过展示火车配件、影视播放、修理场景与火车头的再现，了解火车的运作原理，展区内时序分明、动静结合，通过实物展示让参观者可以近距离地接触铁路设施。最后是互动体验区，通过现代化的设计元素，展现徐州铁路发展的过程，感受火车变道方式、驾驶室的体验，强调观赏性与趣味性，增强知识性与参与性，使参观者在怀念历史的同时展望明天。守车内部改造成休息空间，守车的内部墙面放置徐州老照片，将内部原有的生锈部分通过现代手法进行创新，铺设木纹地面，将原有的破损生锈的椅子移除，增添木制长椅，改造地属于半湿润季风气候，夏季光照强烈，可以供在休闲娱乐区的参观者避阳，守车是一节一节的车厢状空间，也可以提供相对私密和安静的空间。

七、改造后的社会效益

沙塘站的改造与废弃铁道的保存让铁路文化得以传承，对于废弃地的再利用也是可持续发展的重要体现。充分利用废弃的铁路资源，挖掘其文化价值、保留历史记忆是十分重要的，铁道的保留不仅可以增强历史怀旧气氛，同时作为线性开敞空间的视觉效果也突显了空间的延续性和时间的连续性。沙塘站作为曾经的徐沛铁路运输专线，现如今成了杂乱无章的废弃地，导致周边的空间资源遭到很大的浪费。因此，沙塘站的改造对于废弃地的再利用也是空间资源的再利用，此处地段附近有诸多村庄和社区，包括周庄、沙塘村、和尚村、蔡集等，老年人口的增多，供市民休闲锻炼的场所是不可或缺的。而且此地周边有两所学校，铁路文化区的设置可以提供参观学习徐州铁路文化知识，宣扬文化氛围，突显城市形象。展厅中展示各类关于徐州铁路文化的图片资料、文字资料、影像资料和体验区全方位让参观者了解徐州作为铁路枢纽的铁道文化，对提升城市形象有很大益处。

第三节　古典建筑设计案例分析

我国历史悠久，古代先贤们给我们留下了丰富的建筑财富和人文财富。这些残存的零散分布的古建筑代表了中国古代的文化和先辈们独特的技术工艺，是研究中国文化并传承华夏文明的重要依据。民居古建筑更是中国古建筑里最具有代表性的建筑类型之一。民居建筑体现了修建时期的人文特色和建筑技术水平，是对中国文化特色的另一种诠释，是对我国营造工艺的实体诠释。在本节中我们将以重庆近代民居类历史建筑为例讲述古典建筑设计。

一、重庆市自然环境

今天的重庆直辖市位于四川盆地东部、长江上游。全市范围介于东经105° 17′ —110° 11′ 、北纬28° 22′ —32° 13′ 之间，东西长470千米，南北宽450千米，总面积8.2万平方千米，下设40个区县，与湖北、湖南、贵州、四川、陕西省接壤。重庆地处川东平行岭谷区，地形地势复杂，多以丘陵样、低山为主，平坝较少。丘陵多分布在西部和中部，平坝主要分布在长江和嘉陵江两岸及其支流交汇处，山地多在南部和北部。这种地貌使得重庆地区的区域开发呈阶段性，沿河流溯源而上，先中部，再西部和北端，最后是南北部山区。

重庆境内长江支流众多，除嘉陵江、乌江外，尚有涪江、渠江、綦江等等。长江及其支流构成了中国西部最大的内河运输网，重庆为这个水网的枢纽。重庆通过长江大动脉将四川盆地和长江中下游地区及沿海地区紧密联系起来。同时，通过嘉陵江联系盆地北部，通过渠江联系盆地东北，通过涪江联系盆地西北，通过乌江联系盆地东南。沿长江而上，经泸州可到沱江流域，经宜宾可到岷江流域，经乌江和赤水河可到贵州。因此，横贯全境的长江干流及其支流使重庆成为四川盆地内部各地联系的枢纽，也成为四川盆地与陕南、甘南、黔北、滇北和长江中下游经济联系的枢纽。北部重庆地区离海洋较远，属东亚季风区，冬季受偏北季风控制，夏季受偏南季风影响。

重庆地区自然环境在很多方面都成为本地区居住建筑发展的重要要素。例如，重庆市河流密集的境内船舶运输是周边县市收入的重要来源，也是西方文化传播的重要途径。最近一个时期，漕运的发展，城镇之间的贸易活动，并经常接受西方文化，深深地影响了在那里的大型西式建筑，在一种积极的社会环境中接受西方文化。

二、近代社会环境对建筑的影响

中国近代建筑发展大体可以分为两个范畴——传统木结构建筑体系的延续和由西方建筑直接入侵而产生的畸形发展的近代建筑及中后期中西合璧的近代建筑。中国传统建筑与西方建筑是两种截然不同的建筑体系，无论是在加载方式，建筑材料或建筑特色方面都有显著差异。近代早期的中国，虽然传统建筑的数量占绝大多数，但它并不能代表建筑的发展方向。西方建筑风格开始传播到中国，之后又有大量殖民时期风格的建筑与中国乡土建筑逐步接轨，这改变了中国传统的建筑理念。归纳起来，对重庆地区居住建筑产生主要影响因素有以下几个方面：

（一）西方文化入侵对重庆居住建筑的影响

早期西方建筑是伴随着西方殖民者的入侵出现在大量商业港口城市，紧接着又逐步扩展到内陆城市，首先进入中国的西方建筑是殖民时期风格的建筑，中国也出现了一些西方古典主义和其他形式的西方建筑。但是这仅作为个人建筑，没有形成规模。真正大规模的西方现代风格的建筑，建于重庆市成立之后。西方建筑体系，主要是通过教会、贸易及其他方式进入重庆，这是西方文化影响重庆市住宅建筑的主要途径。

重庆开埠后，对外交流活动日趋频繁，外资趋之若鹜，一些国家还在重庆设立了领事馆，重庆市开始大规模建设现代西方建筑。重庆地区沿江洋行主要分布在岸边，主要集中在南岸区附近。洋行和领事馆在重庆地区，大多为殖民地风格。亚洲的殖民地风格的建筑，日本学者称为“外廊样式”。洋行两层楼的殖民地风格的建筑，大多是多层办公及商业用途，二楼是生活空间，如果三层，多用作住宅。大量的洋行及领事馆的修建，在客观上增强了殖民式建筑在重庆的影响，对殖民式建筑在重庆的广泛传播起到了推波助澜的作用。

开埠以后，在重庆，四川及整个南部地区殖民地风格的建筑变得普遍起来，最常见的建筑类型是殖民地的房子，许多军阀和政客在建设自己的房子时也选择殖民地风格的西式建筑，以此来标榜自己的先进技术。洋行建筑对民居的另一个影响，是在部分洋行建筑中促生了民居建筑的一个新的表现形式：集体宿舍。洋行为了方便洋行经营者管理的需要或商业保密，一般将房子的上层用作住宅使用，这种民居形式区别于传统的独立住宅，是把各个独立的单元集中于一座建筑内，由公共交通楼梯及连廊连接每个居住单元，和现代城市住宅的形式相似。现在的重庆渝中区的白象街，以前是重庆繁华的金融街之一，现在现存于白象街的近代建筑中。

（二）重庆居民对外交流对建筑的影响

重庆开埠以来，带来的影响不单单体现在经济和政治领域，同时也改变了人们的想法。西方文化对国内沿海开放城市产生了巨大的影响，这也引起了重庆居民的好奇。在此期间，有大量外来人口进入重庆，同时重庆人也在以一种积极的态度与外界进行沟通，在这种沟通和交流中，重庆的建筑风格也变得多重多样。大量的中国传统风格和西方殖民地风格的建筑在重庆的城市和周边乡镇兴建起来。此外一些大军阀和乡绅因为有条件去了解外面的西方文明，加上良好的经济条件，这部分人，兴建了许多具有西方特色的建筑。不管是什么通信手段之间的20世纪20年代和20世纪30年代后的最初几年，重庆，可谓掀起了一个高潮，建立西方风格的住宅，他们中的一些好品质的住宅建筑原封不动这一天。

重庆人吸收外来文化，不只是吸收他们的住宅和别墅建筑，也吸收了集镇改造建设的文化，最具代表性的就是今天的四川大竹县清河场。它的建设是重庆对外来文化吸收的很好解释。在清河场中，大量欧式风格的门面建筑仍然得以保留，这既能体现当时人们对外来文化的认可，也能够使我们感受到，在当时，重庆居民对外交流是有很大深度的。

三、典型的重庆近代民居

由于其独特的用地条件、气候条件，重庆民居表现出了丰富的多样性。合院民居是我国最为普遍的一种民居建筑类型，重庆地区的合院民居通过吸收中原地区合院民居的基本形制，适应山地环境，形成了具有独特风格的山地台院与天井式民居。天井的形态与院落有一定的相似性，不同的是，天井的空间形态是“井深”大于“井径”，即井深与井径的比例大于1∶1；呈竖筒形。此外近代由于城市的发展与外来建筑文化的侵入，出现了另一种典型的民居——近代城市型民居。

我国传统建筑的一大特点就是具有强烈的“尚中”情结。这种以轴线为基础的院落和建筑空间组织方式运用很广，上至皇家建筑紫禁城，下至乡村小舍，都可以看到轴线的存在。轴线可以均衡两旁的建筑关系，使建筑群或单幢建筑具有重心和均衡感，并突出建筑群或建筑的主要部分。以重庆两路口的状元府为例，它是典型的川东四合院民居，建于三阶台地之上。状元府的平面布局显得方正规整，其存在着一条主轴线将建筑南北贯穿，把倒座、正厅和正房统一到一起。正中轴线上为两进四合院，第二进中间院落各有一个小天井，前院中部的庭院是个整体，后面正屋依照地形建在另一级台地上，后院与前院不同，分成了三个横向并列的院落，分别在中轴线上的主院和左右两边的小天井，这样处理使庭院空间尺度感更为亲切，生活感也强。而重庆磁器口的宝善宫有一条明显的主轴线贯穿其中，整个院落分成三台处理，随台拖厢，结合错、坡等手法，充分争取空间，使得建筑上下三台巧妙连接，浑然一体，丝毫不显局促。

《老子·道德经》所云：“万物负阴而抱阳，冲气以为和。”集中体现基本空间单元即是有中央本体的负阴抱阳的空间图式。院落就是上述这些传统空间观念的重要体现。同时作为中国传统建筑中组织群体空间与建筑单体的一种重要手段的院落被广泛应用。同时还具有内向开放和对外封闭的特点，表现出方形的封闭空间，表现的几何空间形态为内聚形。但是由于受到地域文化的影响，更多的是结合本地的气候、文化习俗、地形，并没有传统建筑严格遵循对称的平面布局模式与南北向中轴线相连的纵深空间意识，到处体现着使用与灵活的特点。一方面可以作为内部空间的延续和有效补充，可以在这里进行多种多样的活动；另一方面，可以为庭院解决相应的采光、日照及通风的要求。在中国传统民居中，规模须扩大时，一般沿着南北方向的轴线上增加天井或院落的数量。

建筑的生命通过其单元的生长来延续。而且，院落还体现着传统中国人的伦常理制，依据尊卑、亲疏、长幼与男女等不同的关系分层级，划定了每个人日常生活相应的活动空间。可以说传统建筑特定的平面布局，是由于通过不断重复和组合的庭院空间。正因为这样由此营造的领域感与相对封闭的空间让人身处其中感受到满足和安全。所以从这些方面来讲，院落是同时具备公共交往双重性和内向性的空间。

第四节　现代建筑设计案例分析

前面一节中我们讲述了古典建筑的特征，在本节中我们将通过对MVRDV事务所的乌得勒支双生住宅项目进行讲解，讲述现代建筑设计的特征，在建筑设计中感受诗情画意的浪漫，体悟现代建筑的诗学特征。

一、MVRDV事务所的乌得勒支双生住宅项目

MVRDV是由荷兰鹿丹的世界著名建筑师组成，是国际上最成功的建筑师小组之一。由MVRDV负责设计的乌得勒支双生住宅项目可以说是闻名国际。乌得勒支双生住宅位于荷兰乌得勒支市一个偏僻的街道上，旁边是一座19世纪的花园。在设计中，为了保留花园的原状态，MVRDV在建筑体量上做了很大的文章——把传统的14米进深的建造方式改为4层7米的进深方式，而且传统方式是单面采光，而改造后的新方式不仅由单面采光提升为双面采光，并且增加了穿堂风的效果。

进深缩小，高度增加，占地面积自然变小，所以更多的基地面积得到解放而成为庭院。同时，在主要立面（面临街道与花园）上大面积的开窗和开门，使整栋建筑显得轻巧和强烈的透明感，外部空间和室内空间的分界线不是很明确，有种暧昧的感觉，人们站在街道上就可以看双宅的后院和天空。在设计过程中，建筑师的用意不是为了探索某种理想的居住模式，而是根据客户的要求量体裁衣，探索非常独特的居住模式。

空间处理方面，就乌得勒支双重住宅而言，室内各部分功能与空间的关系遵循的不是普通的平面原则，而是剖面原则，也就是说，剖面才是MVRDV设计

的起点，对空间的观察“面”北垂直旋转了90度。相对于平面分解方式处理坡面，“层”的概念在设计中几乎被完全消解，楼板不再是按照传统方式铺满，各个房间也因此获得了“房高”上的自由，也就是说，在室内的上下不是从一层上下到另一层，而是从一个高度上下到另一个高度，竖向交通的集中化组织也因此被打散。与常见的联排住宅相比，主立面大面积开窗，除卧室、卫生间等房间是竖向静止空间的封闭盒子外，室内其他部分都是流动空间，且流动空间不限于平面，而是伴随着楼梯在剖面中上下贯通。因此，双生住宅在空间处理方面打破传统方式——从平面出发，而是在剖面上下功夫，使整个住宅的使用功能也大大地增加了其“性价比”。

由剖面可以看出，设计者设计了一条蜿蜒曲折的墙体，划分了两个住户的界限，并形成理想的双赢居住模式。德国馆位于一条宽阔的斜线较窄的一侧，相对偏僻，但也是前往博览会主要景点“西班牙村庄”的路线上，参观者可以到处看到“西班牙村庄”。和普通馆的设计不同，密斯在这个设计中充分体现了他1928年提出的“少即是多”的建筑处理原则。巴塞罗那德国馆占地长约50米，宽约25米，由一个主厅、两间附属用房、两片水池、几道围墙组成。除少量桌椅外，没有其他展品。这样一来，密斯可以将展馆设计成连续的空间，使馆内外没有明确的分界线。巴塞罗那德国馆在建筑形式处理上也突破了传统的砖石建筑的以手工业方式精雕细刻和以装饰效果为主的手法，而主要靠钢铁、玻璃等新建筑材料表现其光洁平直的精确的美、新颖的美，以及材料本身的纹理和质感的美。墙体和顶棚相接，玻璃墙也从地面一直到顶棚，而不像传统处理手法那样需要有过渡或连接部分，因此给人以简洁明快的印象。建筑物采用了不同色彩、不同质感的石灰石、缟玛瑙石、玻璃、地毯等，显出华贵的气派。

在空间处理上，密斯·凡德罗的设计起点是平面，展馆的平面很简单，呈现U形，地板从室内一直延伸到水池，起到了连接室内外殿额作用。德国馆的设计打破了传统的封闭、孤立的室内空间形式，采取的是一种开放的、连续的空间划分方式。主厅是用八根钢柱支撑起来的，墙体不承重，所以室内空间得到解放，可以自由布置。这样一来，分割又连通的空间自然而然就出现了。引导人流作用也增大了，参观者在行进中就可以感受到丰富的空间变化。室内室外也互相穿插贯通，没有截然的分界，形成奇妙的流通空间。整个德国馆空灵通透，从前到后，从这边到那边，完完全全体现了这个建筑本身就是展品的主体。塑造建筑空间，以水平和竖向的布局、透明和不透明材料的运用，以及结构造型等，使建筑进入诗意般的水平。

乌得勒支双生住宅和巴塞罗那德国馆在处理外部空间和室内空间的关系时采用比较“暧昧”的方法。在对空间的限定上也不是很明确，德国馆室内地板与室外水池的连接，乌得勒支大面积通透空灵的开窗，都是很好的说明。两建筑采用的流动空间有异曲同工之妙，都起着引导人流的作用。但是德国馆的流动空间是表现在平面上的，即水平方向，而乌得勒支的流动空间却表现在剖面上，也就是竖直方向。所谓仁者见仁智者见智，同样的处理手法用在不同的空间方向上，也是各有千秋。

乌得勒支双生住宅在空间处理上是本着以用户需求为主的原则，在最小的面积上获得更多的使用空间，因此进深缩短必然要求高度增加，水平面积不能再增加的情况下，只能在竖直空间上做处理。一条蜿蜒曲折的墙体不仅让两个住户都得到理想的居住条件，而且也反映了MVRDV事务所的设计理念——设计不拘一格的建筑。

密斯的巴塞罗那德国馆不是让参观者在单一空间上沿长轴行进，也不是用实体挡在短轴上制造绵延的感觉，他的设计理念是想让来访者从角进入，沿长边行进，折转后向短边前进，形成“周长空间”，让参观者的视觉最大化，参观全面化。

通过对两个建筑的分析，两建筑空间的界定不是那么明确，处在实体与虚拟两种形式之间，在室内与室外之间、封闭与开敞之间、公共活动与个人活动之间，自然与人工之间，形成交错叠盖、模糊不定的空间，达到一种共享的境界。

二、现代建筑空间中的诗学思维

现代建筑中的具有诗学特性的空间，不仅仅对建筑师而言是对建筑空间理解的升华，对于建筑中的人都有着相应的情感启发和灵魂唤起作用。所以，在建筑空间诗学影响之下的建筑空间，同样会反过来影响到诗歌等文学作品的创作。

更有许多建筑师，在诗歌与建筑两个领域都在进行着同时创作。当我们将视野放在普通的日常生活之上时，会发现，建筑空间能够引导人日常的生活方式，诗学的空间能够引导人们诗意地生活。正如坂本一成在《日常的诗学》中所追求的，将诗学深入到人们日常的生活，为生活带来诗意。随着电子信息业的发展，越来越多的人开始抛弃纸质阅读，而诗歌仿佛渐行渐远。但建筑是一直存在于人类生产生活当中的。

举例而言，现在大都市的拥挤文化，使得城市人群在节假日喜欢回到乡村中体验乡村生活，这可以解读为人们对诗学空间的向往。这不是说，拥挤的城市没有诗学，而是说都市中的多数空间正在被实用、高效、理性所占据，而人们在城市中很难找到一个真正的诗意栖居地。建筑的诗学空间能够启发人们生活的诗意。主要从以下几个方面体现：

首先，建筑空间诗学能够引发人们对过往变迁的审视，这一点能够反馈到建筑空间诗学中的时间要素，许多建筑能够带给人们追忆，也有许多建筑带给人们对未来的展望，建筑诗学的空间能够在此时此刻将人的思绪带到彼时彼刻，使人的意志在时空中穿梭。例如我国当代诗人苍城子的诗歌中有这样一段描写：我们谈到落日，一代人的身影渐渐远去，美蜷曲在镜中，衰老纯粹是虚拟的，这世上还有什么事物值得我们去称颂？到坟场散步，和安眠在此的人说说话：“付出了那么多巧的智慧，日子依旧缺乏激情。”这是他在墓地的空间中所阐发的一系列思绪，在一座墓园中，他看到一代人的身影在隐去，这就是空间所具有的特殊作用。我们会在特定的空间中有着特定的思绪，我们会在诗学的空间中，抛开时间的束缚，去看到更广阔的维度。其次，建筑的诗学空间能够引发人对某些体验的感知，如巴拉甘的建筑，使人朝向有限之外的无限去获得精神的体验。

第四章

建筑设计新理念

我国经济的快速发展推动了城市建筑的持续创新，随着新型城市化与城镇化的出现，现代建筑设计理念也在发生着质的转变，建筑设计思路更加开阔，设计理念更加创新，设计方向更加多元化。现代建筑设计理念主要是指，借助现代先进的建筑材料、建筑施工技术与现代先进科技，在保证建筑基本使用功能的前提下，从节能、建筑艺术、环保、人文精神等多方面对建筑进行创意性设计，从而达到功能与“艺术”的和谐。现代建筑设计创意性思维本质上涵盖了多方面的创造因素，这些新的理念不仅来自外界因素给予的灵感，也在一定程度上结合了建筑师个人的风格、爱好及其他特性，这些个人因素也是现代建筑设计新理念中不可或缺的部分，它在某种程度上表现了建筑设计的来源与动力，同时也是建筑设计新理念中想象力充分发挥的基本思路。在本章我们将通过对绿色建筑设计、生态建筑设计、人文建筑设计进行讲解来阐述建筑设计新理念。

第一节　绿色建筑设计

在我国建筑的能源消耗问题上，民居建筑的能源消耗是一个比较严重的问题。在当代社会科技的高速运转之下，人们对民居建筑环境可以在一定程度上进行控制，进而人们在利用能源与自然资源的方式上不加节制。我们追溯能源危机的根源，不难发现在建造建筑物的能源消耗与废弃物的排放问题上，占了整个社会能源消耗比重的40%之多。因为资源与能源并非取之不尽，所以一系列关于“绿色建筑”的理念应运而生，随之进入到我们的生活之中。最初在上个世纪的60年代初期，已经有一部分西方的发达国家在能源危机问题上开始对生态建筑越发重视。特别是其中的绿色建筑理念，通过了长达40年的研究开始走向较高的科技发展水平，从先进的科技材料入手向其他的高技术手段扩散。而我国在20世纪末也开始着手于生态住宅的研究。在本节中我们将通过对绿色民居建筑的介绍，探究绿色建筑设计理念。

一、传统民居及相关绿色建筑设计

（一）早期国内绿色建筑原型调研

穴居和巢居作为最原始的绿色建筑的雏形，是早期人类赖以生存的庇护场所，在原始社会，绿色建筑的取材十分方便并且依附于自然，最早的绿色建筑设计由此开始。例如蝼蚁的洞穴与鸟类的筑巢，均为生态系统中最自然的组成单元。这样简化的生态建筑形态满足了当时人们生存的基本条件，体现了人与自然的和谐共处，反映了绿色建筑理念的本来面貌。

在原始社会，民居建筑的材料主要包括木竹石土四大类，通过早期的建造技术来建设民居建筑，在当时有一部分建筑被称为“绿色民居建筑”，可以视为绿色建筑理念的雏形之一。根据建筑材料我们可以把原始的民居建筑做一个简单的划分，可以分为木构民居、石构民居、土筑民居与竹筑民居四种。各种传统的民居建筑在建设过程之中均要考虑通风、保暖与原料节能型的应用，这样才能建造出理想的生态民居建筑。

（二）依据建筑材料对民居地域性进行分析

原始社会民居建筑的聚落发展之中蕴含着丰富的生态内涵，在长期的进化与选择的过程中，传统的聚落建筑有着独特的生态优越性，并且有着完整的建造系统，在不同的历史发展时期人们使用的建筑材料不同，这种不同与当地的建筑材料的产量息息相关。而建筑材料的使用也与现今社会的科技发展水平密切相关，早期民居建筑在科技不发达的情况下大多采用木材来建造房屋，如今在科技高速发展的基础上有更多的建筑材料种类可供我们选择。通过以上的论述，我们可以发现绿色建筑在不同地域文化的影响下建筑形式存在着差异，由于早期生产力水平较低，人们形成了一种自发性的生态建筑观。随着生产力水平的不断提高，人们的心理逐渐从适应自然转向征服自然，并开始慢慢地忘记追求生态建筑的初衷。在科技水平不断发展的今天，人们又开始提起生态建筑的概念，想起了那些简单实用的处理介入方式和利用自然条件来创作建筑。由于现在人们追求建筑形式的奢靡状态，忽略了能源与资源的节约问题，因此绿色建筑设计被提起是必然的。

二、国外绿色建筑设计方法案例分析

（一）美国大角装中心

美国的科罗拉多山镇位于寒温带，在这里任何的建筑设计都是十分艰巨的任务，一系列的能源资源可再生利用成了这里首要的问题。考虑到再生能源可以使地板、门窗、建筑表皮和电力等一系列系统有效运转，在美国建筑学家的实验过程中对再生能源的实验非常多，通过实验可以降低建筑能源消耗量30%左右，进而减少不必要的损失。美国大角装中心（The Bighorn Home Improvement Center）就是一个典型的设计案例。

本书从以下几个方面对该绿色建筑进行分析：

1.照明：该建筑的门窗为建筑内部提供了大量的自然光源，主要体现在天窗的设计上，该建筑的天窗满足了建筑中大部分的照明要求，在封闭的空间如仓库内部的照明则是采用传统荧光灯的照明方式。这种照明方式是由8个26瓦的电灯组合而成，在光源的利用过程中，采用了大量的自动调节智能装置，通过智能装置与自然采光的结合，极大限度地节约了资源，减少了不必要的浪费。这种照明方式与以往相比节约了大约80%的能源，是我们现在科学研究过程之中应该借鉴的地方。

2.制冷与加热：这是一个高科技的生态建筑设计，在其中并不需要传统意义上的空调系统，可以利用智能地控制天窗来解决室内温度问题，打开天窗在吸收冷空气的同时，也可以释放热气，并且在夏季的时候天窗可以通过直接遮挡太阳折射来降低室内温度。在加热方面充分地利用太阳能等天然光源，并且可以利用循环天然气加热的水来供暖，配合天窗调节阳光的摄入，让光能与热能充分地进入到建筑内部，降低了建筑物内部能源的不必要消耗，延长了建筑的使用寿命。

3.再生资源利用：通过以上的论述可以看出，在能源的消耗方面，这种加热与照明的方式极大地减少了能源的消耗。建筑内部有着独特的太阳能系统，该系统可以提供建筑内部20%左右的电量需求，大约有9千瓦的能量分布于建筑之中。这种电力系统不仅可以减少能源的消耗，而且在电量多于建筑物消耗用电量的时候，可以把多余的电量卖给供电公司作为一笔收入。

4.建筑表皮：在建筑表面中，最主要的部分为上文提到的天窗的设计。并且建筑表皮设有独特的太阳能面板，这种太阳能系统可以提供强大的电能，从而减少了能源的消耗题。

（二）俄亥俄州亚当·约瑟夫·刘易斯环境研究中心

俄亥俄州的亚当·约瑟夫·刘易斯环境研究中心（Adam Joseph Lewis Center）是世界五大环保建筑之一，在俄亥俄州的欧柏林学院（Oberlin College）对建筑环境内部的可持续发展问题进行了深入的研究，其中有不少学者认识到能源对于生态建筑的影响，因此他们创造了一个实验建筑，企图从中寻找新的方法来解决建筑的能源消耗问题，即使该实验建筑在当时消耗了大量的财力，人们认为并不划算，但是对未来建筑领域的发展做出了不可磨灭的贡献。在研究当中他们发现，实验建筑与传统建筑相比可以节约60%左右的能源，并且建筑本身自带的光电系统可以提供整个建筑所消耗电量的50%左右，在整个过程之中学者们合并了能源的有效成分，所有的材料均为耐用无毒的材料。该研究中心是学术界的研究焦点，该建筑加强了科学与艺术之间的融合，由于其特有的价值，该建筑物成为当地社团活动的主要选址。

本书从以下几个方面对该绿色建筑进行分析：

1.能源节约：PV板覆盖了整个建筑的屋顶，呈格子状互相连通，最大限度上保持建筑的供电，其供电量可以达到45千瓦之多。当制造出的能源高于建筑物所消耗的电量时，电量会自己运输回格子当中，以便于下回使用，当制造出的能源低于建筑物所耗的电量时，会输入电量以保持建筑的正常运作。这样的供电系统不仅有良好的运转系统，而且在防火与安全问题上也保持着较高的质量，极大地提高了能源的利用率。

2.材料：由于生态建筑的需要，设计师们在选材方面十分注重环境的保护，他们以减少环境污染为首要目的，选用耐用环保的材料。例如砖做外墙面与混凝土做的内墙面均采用高环保技术材料，而在门窗屋顶的构架上选用可回收重复利用的类似铝金属的材料，瓷砖也巧妙地运用在建筑物的各个地方。为了节省资源，设计师们在选用材料时，大多选择租用而不是购买的方式，便于损坏后的置换、重复使用与回收。

3.景观设计：景观是建筑环境当中十分重要的基础部分，在景观设计的生态系统取样的过程之中，微型阔叶树林是该地区的主要植物。而在建筑外围的50棵苹果树与梨树呈现阶梯状，这些果树有效地隔离了北侧的建筑。而景观内部的排水设施优良，每逢多雨的季节，可以通过大量的排水沟与景观固有的湿地来排出积水，在整个景观的中心设有一个露天广场，在这个广场之中利用太阳能提供热量与光源，景观小品有石椅与假山等置景装饰，为这座生态建筑带来了生机。

4.制冷与加热：由于俄亥俄州的气候冷热分明，在夏季十分炎热干燥，冬季寒冷，并且时而伴有多云，所以建筑师们在设计的过程之中利用地下的恒温来冷却和加热建筑，采用的是封闭循环的热泵系统。通过24个地热井将热水穿梭于建筑内部循环利用，并且配合太阳能供暖装置来加热，从而使冬天不再寒冷。夏天的时候，天窗可以遮挡住南边的太阳光，避免阳光直射入建筑，进而降低热量。而建筑表皮的玻璃方格可以作为减少热量损失的装置，会保留热量并调节热量的释放。通过以上方式既降低了能源的损耗，又为人们营造了良好的生存发展氛围，因此亚当·约瑟夫·刘易斯环境研究中心是一个名副其实的绿色理念下的生态建筑。

三、绿色体系下的民居建筑规划

（一）民居建筑的合理选址

我国的东北地区寒冷干燥，有些地区的供暖月甚至可以达到5个月之久，例如黑龙江北部最寒冷的地区温度甚至达到—40℃左右，因此在选择民居的建筑地址时，当地居民首要考虑的问题为如何抵御寒冷，为了抵御严寒，居民们大多会选择群山环绕的空间，这样的空间相对比较独立，可以较好地抵挡西北风的入侵，从很大的程度上来说具有保温的意义。其次要考虑的是阳光的采纳，阳光对于该地区的建筑来说十分重要，尤其是冬季，在低气温作用的影响下，阳光可以提供足够的热量，此外还有一系列的通风防雪等问题需要考虑。

在东北地区的选址方面除了群山环抱，对于地势的要求也是要相对平坦，平坦的地势可以有利于夏季的排水，并且周围山体提供了清新的空气和优美的风景，以及优质的淡水资源。而在群山环抱的地势之中，我们可以找到丰富的木材资源为生活提供必要的燃料，人们在选择民居地址时往往选择临近于河流的地方，这样不仅有丰富的渔猎资源，而且可以灌溉农田，降低夏季炎热的气温。还有一个容易忽视的因素，在选址方面会选择四周高中间低的地势，这样可以有效地抵挡雷电所带来的灾害。在建筑布局方面我们往往充分地利用太阳能资源，为我们提供冬季所需的热量。门窗相对错开保持良好的空气，想要建造绿色建筑可以利用太阳能来发电，这样在一定程度上可以节约资源。将建筑布局进行系统的优化，从空间上的合理分配可以为居民生活提供便利。

（二）绿色体系下的民居建筑规划

由于特殊的地理位置，东北地区的民居建筑应该选择一些绿色生态的措施来进行民居设计，由于经济发展水平的限制，我们大多选用一些传统技术的方法来进行创作。通过前几个章节的分析，如何建造绿色体系下的民居建筑可以从以下几个方面入手：

1.舒适性：通过对住宅空间的合理人性化设计，让人们在建筑物当中发自内心地感觉舒适，这体现了以人为本的主要思想。为了达到人与建筑、环境的和谐统一，我们不断地探究行为学与人体工程学，将理论知识与生态建筑相结合，创造出舒适的、绿色理念之下的民居建筑。

2.可交往性：由于人类特有的群居性，沟通交流是我们日常生活中必要的手段，人与人之间的交往通常在建筑之中进行，因此在设计民居建筑时需要考虑人们交流的问题，不能把建筑设计成为个人的密闭空间，这样不符合人类的可交往性。

3.生态性：由于现在东北地区环境污染越发地严重，自然资源也越来越少，伴随着人口的快速增长问题，只有把节能减排的生态思想应用到建筑之中，从自身的实际情况出发，才能走上一条可持续发展的道路。

生态绿色环保的民居建筑中，所涉及生态绿色环保技术和设计层面较为重要，通过将经济学、社会学、建筑技术、地理学等多方面相关的学科与生态学相互结合，多方面入手实现绿色民居建筑规划。

四、东北地区民居建筑案例分析

东北地区在我国属于众多民族聚居的区域，由于独特的地理位置，该地区的文化发展与其他地区有所不同，在以往的时间里，各民族在建造自己的住宅时，会根据自己的生活方式结合地形地貌，创造出具有民族特色的民居建筑，经过长时间的开发，这些传统的民居建筑的民族特色越发鲜明。举例来说，吉林延边的朝鲜族民居建筑就是一个具有民族特色的民居，辽宁满族的四合院民居建筑同样如此，这些传统的民居建筑恰到好处地适应了当地的人文与气候，是常规意义的生态建筑。我们可以通过早期人们在东北建造房屋的特点吸取经验，将这些经验与民族传统融合到现在的生态住宅设计当中。在写论文之前，作者通过大量的阅读文献与查找资料，对吉林延边朝鲜族的传统民居建筑做了简要的了解，通过分析该地区的民居建筑，找到其不足并加以生态化的理念，进而建造出具有绿色理念的生态建筑。

从古至今，东北地区的民居建筑均是以院落式为基本形制，无论是满族、汉族还是朝鲜族民居均为如此，其中最典型的代表为东北地区的四合院民居建筑，东北地区的四合院同北京四合院类似，由正房与东西厢房组成，在周围有回廊与置景呼应，所有的房间均是以中心庭院向外扩散而形成居住空间，在构造的过程之中讲究对称性法则，每个房屋均为左右对称，其中正房最大，位于整个建筑的主要区域，厢房布置在两侧的位置。这种空间的布局方式凸显出古代社会的封建等级制度。东北地区的四合院建筑外形接近于长方形，在四周环抱围廊，起到连接作用，连接东西厢房与正房，并且配以景观植物装饰，在行走的过程之中移步换景，增加了空间的层次，这种庭院减少了民居建筑内部的隔阂，加强了人与人之间的联系，体现了以人为本的生态建筑观和民居建筑的可交往性。

与北京四合院相比，东北地区的四合院民居建筑入户的大门设置在南面的中间部位，而北京四合院的大门则是位于南面东侧的角落里面，这样的差别给人们带来了不同的心理感受。此外，北京四合院在入门处有假山装饰，会起到一定程度的遮挡作用，比较注重院落内部的私密性。东北四合院有着明显的不同，从正门中心直接进入正房，没有半点儿遮掩直来直往，整个院落显得大方敞亮，体现了东北地区人民朴实豪爽的性格特点。

五、辽宁地区满族民居建筑“绿色体系”构建

在东北地区除了汉族还有许多其他的民族，每个民族都有着不同的民族文化和独特的信仰，这种独特的信仰使建筑有着不同于其他民族的特色，人们在建造建筑物时往往会加入自身的民族情结，使建筑具有民族特色。东北地区的民居建筑在布局上充分地考虑到采光与通风的问题，协调了家族各个成员之间的交流关系，并且与自然环境相融合，是名副其实的生态建筑。下面通过对东北地区具

有民族特色的民居建筑进行简要分析，探究具有民族特色的绿色理念民居建筑。

满族文化在辽宁地区历史悠久，是一个由原始的渔猎文化向农耕文化转变的民族，生产力的转变促进了经济文化的改变，这种文化的转变过程之中吸收了其他民族如汉民族的文化，但是也保留了自身民族文化的精华。满族的民居建筑最初是一种幕帐式建筑，这种建筑结构简约并且方便迁徙，渔猎文化下的民居建筑在不断地向农耕文化转变，这也充分说明了经济决定建筑的发展，我们也可以根据经济的发展方向来判定未来建筑的发展模式。

从穴居和巢居发展到半穴居和半巢居的满族民居建筑，在建造方式上发生了十分巨大的改变，同时这种改变也伴随着与其他民族文化的融合。在黑龙江和长白山北部的松花江孕育了许多满族的前辈，这些满族人通过采集和渔猎的方式生存，人们严重依赖自然资源，所以建筑往往与河流联系密切。在古代由于生产力水平的低下，穴居与半穴居是当时满族人民的主要建筑方式，随着生产力水平的不断提高，人们的生活条件逐渐变得优越，民居建筑也随之变得先进。之后满族的渔猎文化受到了汉民族农耕文化的冲击，经济生产方式开始变形，建筑在保留自身的文化特性的同时融入了汉民族的优秀建筑理念。而满族的祖先女真族在面对这样的文化冲击的时候，建筑的方式也开始向定居发展。由于采暖设备火炕的发明，人们开始摆脱了以往的穴居式的建筑模式，开始建造固定的地面居所。

现今满族民居建筑的火炕，是由明末清初时的长炕演变和发展而来，随着社会经济技术的提高，长炕逐渐演变为万字形，这种万字炕的受热方式也发生了巨大的变化，已经逐渐转变为锅灶通内炕，此为现代满族民居建筑火炕发展的雏形。这既是人们自己探究出来的成果，同时也是经济作用下的文化融合，两种建筑文化在发展的过程之中不断地进步，这个过程建立在民居建筑对于环境整体压力的适应。满族民居建筑通过对现有不足的弥补，和对外来建筑文化的采纳，通过优化重组来建造出保留固有的民族文化，也吸收了有着其他民族文化优良的建筑方式。通过一系列的评估方式把两种不同的经济文化作为建筑文化发展的背景，在经济基础的作用下上层建筑发展得越来越好，两种不同的建筑文化相互作用，创造出具有新的生命意义的民族建筑。

在东北地区主要有三种类型的满族民居建筑，分别为民居街坊、城镇大型住宅以及乡村居住房屋，城乡经济发展水平不同，其中最具有代表性的为城镇大型住宅，而我们根据现有的民居建筑对东北地区满族民居建筑进行划分，主要划分为四合院与三合院这两种主要的房屋建造方式。我们用满族四合院来做一个简单的分析，这种四合院以中轴对称为主要的建筑方式，北侧为正房，东西两侧为厢房，而在南面的正中为大门，四周的墙体建筑往往较高，用来保护内部居民生活的安全，同时又可以抵御冬风。我们可以简单地把满族四合院同北京四合院做一个比较，北京四合院的门一般设置在角落，同时在入口处设有植物或假山装饰，在入门的时候绕过装饰物才能进入正房，体现注重民居建筑的私密性。

而满族四合院的内院十分敞亮，从入口到正房少有遮挡，并且在中央部位留有较大面积的空地，这样可以最大限度地接受太阳光直射，来增加冬季室内的温度，如果正房的房间系数较多，内院的面积将会变得更大，因为内院是整个四合院建筑之中人们的中心活动区。由于东北地区的地域辽阔，足以满足人们的居住问题，因此在建造民居建筑的过程之中可以尽可能多地占用土地，厢房设在正房的两侧，可以使阳光直射进正房，东北地区冬季寒冷多风，因此房屋的保温工作十分重要。除此之外，零散的布局可以起到一定程度的防火作用，而四合院内部流通的微弱气流可以净化房屋内部的空气，提高空气质量，这可以在某种程度上加强生态建设。在今后满族民居建筑的建设过程之中，我们要从内部系统到外部系统进行充分的优化，加强绿色理念建设，减少生态污染。

六、建筑设计中绿色建筑技术优化结合

绿色建筑主要是以保护环境、节约资源、以人为本和可持续性发展为设计理念的，这也是我国整体建筑行业发展的重要目标。但如何能够更好地发挥设计理念的作用，将理念与实际操作相结合仍然是绿色建筑发展的一大难题。因此，绿色建筑的技术优化和设计整合显得十分必要。

（一）绿色建筑设计的思路和执行策略

绿色建筑在设计过程中，主要针对现场设计及室内环境绿色规划、资源的节约与环保等方面进行绿色设计。设计时，绿色的建筑理念要贯彻设计过程的始终，并且要根据建筑实地的气候因素进行被动设计。具体体现在光照、热工性能、通风遮阳、绿色建材、可再生能源选择等方面。

将绿色理念在设计图纸上呈现是绿色设计的执行意图，也是设计执行的关

键。首先要进行计算机的模拟分析，根据模拟分析情况确立整体的设计思路，从而展开设计。在工程初期阶段，可以建立一支专业人员较多的设计团队，设计人员要以绿色设计为目标，对于不同的设计矛盾可以根据设计目标进行调节。每位设计人员全力协作，参与到设计的整个过程中，对每个设计细节加以完成，才能实现绿色设计的目标。

（二）绿色建筑设计中遵循的基本原则

首先，要保证设计的高效性。充分合理地利用建筑实地周围的自然资源、绿化资源、生态环境资源。在绿色建筑的设计规划阶段，更加侧重对整体建筑生命周期的提高，主要体现在对建筑土地科学合理规划、节约生态资源、使用可回收材料等方面。

其次，要充分掌握设计的地域性要求。我国幅员辽阔、地大物博，很多地区的自然地质条件、环境条件、气候条件、生态资源条件以及社会经济的发展情况、文化发展都有着较大的差异。所以，在绿色建筑设计中要充分考虑到不同地域的特点，因地制宜地进行建筑设计。

最后，要保证设计效果的协调性。从经济发展的角度来看，绿色建筑也属于工程建筑范围内；但在社会生态发展的角度来看，绿色建筑属于社会生态建设的一部分，可以单独作为一项绿色生态系统，对人们的生活产生影响。因此，在绿色建筑的设计过程中，要将整个规划设计结合城市地区及周边生态环境进行综合考量，保证建筑要与城市氛围和周边环境相融合。

（三）绿色建筑设计技术的优化

1.规划期间设计技术的优化

规划期间，主要通过对建筑现场的气候特征研究，结合计算机模拟技术，优化设计朝向和平面布置对建筑风、声、光等方面的影响。当建筑工程报规后，就不能对设计进行整改，所以规划时期一定要有充足的时间。如某地区的建筑设计日照强度的计算，利用总平面的计算进行设计优化，调整整体空间的布局和结构，完善阴影区域位置，保证室内的光照达到最佳效果。建筑通风模拟是在室内布局优化的基础上，进行室外风的环境模拟，更好对通风进行设计。

2.客观因素的设计技术优化

通过对不同地区不同气候特征的绿色建筑进行研究，发现地域结构会影响到建筑的根本特性，例如建筑的性能和构造、空间和结构、资金的投入、室内的环境，以及表现出的经济性、安全性、舒适性等特性。建筑的外在要与建筑实地的气候特征相符，建筑的外貌要与地区的文化特色、地质地貌相适应，建筑的设计性又要满足使用性。例如遵义科技管就是根据地区的土质的热稳定特性，进行创新，建设为半覆土式建筑，这样可以尽最大限度保护好地区的地质地貌，防止过度开挖，也能够对客观的水质体系和植物进行很好的利用。

（四）绿色建筑设计技术的优化结合

首先，规划阶段进行技术的优化整合。规划阶段是建筑设计的重要内容，通过一系列的措施和方法，对建筑施工场地进行充分的掌握，保证建筑技术优势的充分发挥，提高建筑设计的效果，保障建筑设计的科学性，避免在设计过程中出现差错。在绿色建筑技术的应用过程中，根据以往的设计经验，对规划阶段的建筑设计做好初步的优化。首先，要对建筑工程的基础材料进行深入分析，对建筑的光、声、电做到充分熟悉，提高对绿色建筑技术的应用力度，在根源上避免浪费资源材料的现象，并将建筑的成本造价控制在合理范围内。其次，合理控制绿色建筑总平面，将不同设计师的设计内容进行结合，确保设计内容的优化，明确能够对建筑规划造成影响的因素，从而明确不同阶段设计的差异性，严格按照施工设计图纸的内容对建筑平面工程展开设计，使建筑平面设计得到深度优化。最后，平面设计人员要时刻关注施工进程，避免施工效果受到外界因素的影响。

其次，根据气候因素进行建筑技术优化。在经典绿色建筑的经验指导下，要加强对不同气候特征地区的建筑设计进行深入研究，明确建筑设计的基本功能属性。首先，在建筑设计过程中，要考虑到施工材料的性价比和环保性，将整体的施工效果进行优化，增强建筑的稳固性，以便应对极端天气的影响。其次，明确好绿色建筑技术规范，根据规范内容确定绿色建筑设计内容，并不能进行天马行空的想象，提高绿色建筑的气候适应能力，并在设计过程中对保护性建筑进行设计。最后，将绿色建筑的形态设计与节能优化结合，绿色建筑秉持着可持续发展的设计理念，所以不能只解决建筑设计的当下问题，还要将建筑与自然相结合。例如，在重庆绿色建筑设计中心，应用了许多绿色技术进行工程建造，其中主要采用了透水砖、太阳能、绿色再生混凝土等综合材料进行整体的建筑设计。首先在通风设计上采用太阳能技术，在拔风井外部安装平面玻璃，内部采用蓄热材料与绝热隔层相互配合，防止热量传入建筑内部，并向夜晚通风的热压传递能源。由于是南部的日光照进，对井中的空气进行加热，增强其拔风的功效。并通过网络的研究，配合CFD的分析法验证是否能够达到室内通风的需求。

再次，对建筑设计的外观形态与节能技术进行优化整合。绿色建筑的设计与传统一般性建筑的设计存在着本质性的差异。绿色建筑设计主要是在进行实地考察和各项数据测量后，对数据进行合理的量化分析，取代了传统感性认知的设计方式，绿色建筑的设计是在定量化分析的基础上进行的。绿色建筑设计要以形态美观和节能优化为基础，将外观形态与节能技术相结合，通过模拟技术手段对结合效果进行分析，对存在问题的地方要进行及时的处理和重新设计，实现绿色建筑设计的最优效果。因此，绿色建筑设计形态不仅要满足美观的要求，还要体现绿色建筑技术。

最后，对采光遮阳技术进行优化结合。绿色采光遮阳技术设计主要是根据建筑所在地区的气候条件，通过采光的模拟软件进行不同形式的采光技术和遮阳技术模拟分析。根据分析数据总结建筑物受内光环境的影响规律，并设定合理的遮阳设计参数。同时结合对建筑实地的自然通风情况进行分析，并通过CFD软件分析风向对采光和遮阳的影响以及采光遮阳对建筑物室内风向内循环的影响，做出综合的设计策略，为绿色采光遮阳技术的应用提供理论依据。

第二节　生态建筑设计

自工业革命以来，在大量消耗自然资源的基础上，人类文明取得了长足的进步。然而随着地球自然环境和人居环境的恶化，人类终于认识到这种以破坏自然为代价的发展方式是不可取的、不能持久的，如何使人类及其生存的环境得以持续发展已经成为包括建筑界在内的当今各种学科讨论的重要课题。在本节中，我们将探究如何在以环境保护和可持续发展的前提下，进行生态建筑设计。

一、生态建筑的现状

国外经济发达国家如美国、德国、日本等国是较早开展生态环境保护和绿色运动的国家。其生态环境保护早已走出了争论、探讨阶段，也走过了扩大绿化、垃圾分类之类的初级阶段，很早就开始了生态建筑的研究和设计实践。

例如德国，从上个世纪70年代开始，其建筑界、生态保护团体和大学科研机构就通力合作，开始进行生态建筑的研究和实验探索。其建筑节能、节水、太阳能利用、生活污水处理、屋顶绿化等方面的研究和实践已使德国成为生态建筑和建筑新技术的展示地。其开发的各种节能设备、技术已在建筑设计中广泛应用。另外，德国在建筑材料、建筑保温隔热、节能技术运用等方面制定了各项法规，在实践中也已经深入人心，得到建筑各界的支持和遵守。德国已成为生态建筑研究、设计、节能技术开发、节能设备研制、法规条例制定等方面领先的国家。

美国也是生态建筑理论研究和设计实践开展较早的国家之一。1962年卡逊（Rachel Carson）女士的《寂静的春天》（*Silent Spring*）唤醒了人类对地球生态环境的关注。1969年麦克哈格写成的《设计结合自然》（*Design with Nature*）一书，是最早提出在城市规划和环境评价研究中运用生态学和生态设计方法的著作。美国多次举行生态节能建筑的设计竞赛，无论是方案还是设计实践中都产生了大量示范性的生态建筑。在1999年，美国建筑师协会选择了10座本土建筑作为现阶段生态建筑创作的范例，大力推广生态建筑的设计。美国绿色建筑委员会在1995年就提出了一套能源及环境设计先导计划（LEED，Leadership in Energy &Environmental design），在2010年3月发布了它的2.0版本。目前，美国研发了许多计算机软件以供在生态建筑设计和实践中各阶段的可持续发展的量化设计中使用。例如：用GIS对地形、土壤、植被、水文、通风及交通等进行叠加分析，量化选址设计；动态能源数码模型Energy Scheming，DOE可以实现能耗计算与建筑设计的实施互动，等等。

二、生态建筑基本理论

（一）生态学的基本概念

1.生态学

生态学这个概念是德国学者恩斯特·海克尔（Ernst Hacekel）于1866年首先使用的，仅有100多年的历史，海克尔将其定义为“研究生物体同外部环境之间关系的全部科学的称谓”。生态学Ecology（英语）、Okologie（德语）这一词是从希腊文Oikos派生来的，原意为房子、住处或家务。生态学的考察方式是一个很大的进步，它克服了从个体出发的、孤立的思考方法，认识到一切有生命的物体都是某个整体的一部分，探讨的是自然、技术和社会之间的关联。

2.生态系统

所谓生态系统，就是一定空间内生物和非生物成分通过物质的循环、能量的流动和信息的交换而相互作用、相互依存所构成的生态学功能单元。生态系统（Ecosystem）的概念在生态学中有很深的根底。生态系统思想的第一次陈述可以追溯到1877年Forbes和Mobius的著作，他们认为生态学的研究单位应该包括整个植物、动物及其物理环境的错综复杂的复合体。英国植物学家坦斯利（A.g.tansley）于1935年从这个观点提出生态系统这个术语。坦斯利的生态系统，包括在一定空间中一切动物、植物和物理的相互作用。生态系统可以是任何大小的，现代生态学家更倾向于从能流、碳流和营养物循环来理解生态系统。

3.生态平衡

生态平衡的概念认为整个系统是一个动态的过程，随着系统为了生存下去和使其功率达到最大而进行自我调整，以寻求优化。生态系统有其临界状态，正如维斯特所指出，密度的压力或者导致种群大部分毁灭而重新回到低密度，或者跳跃到组织更高层次迫使种群改变特征。工业文明和人工化系统在达到这种境界之后，必然要有性质上的激烈变化，经过与生物圈的结合，跳跃到组织更高的层次，这是唯一生存下去的机会。因此，必须建立一种新的道德观，也就是建立在了解自己和了解人类同其环境之间的关系为基础的生态学的道德观。自然界的物质、资源是有限的，因此成熟的自然生态系统必然表现出对物质、资源的高效率循环利用。对于人居环境而言，应充分地利用再生性资源（如太阳能、潮汐能、风能等）循环地使用不可再生材料，减少对人工能源的依赖。

4.共生

共生是生物对自然条件适应的结果，不同种有机体或小系统间的合作共存和互尊互利，而达到系统有序发展，正如阿尔温·托夫勒在《第三次浪潮》一书中指出："在过去的几年间，由于地球生物圈发生了根本性的潜在的危险变化，出现了一场世界范围的环境保护运动，他迫使我们去重新考虑关于人对自然界的依赖问题，结果非但没有使我们相信人们与大自然处于血淋淋的斗争之中，反而使我们产生了一种新的观点，强调人与自然和睦相处，可以改变以往的对抗状况。"共生要求我们改变与自然对抗的思想，充分利用一切可以运用的因素，以达到和自然界协作共存，共同发展。

（二）生态学的基本原则

关于生态学的基本原则，我国生态学家马世骏总结有以下几项原则：

1.整体有序原则

复合生态系统是由许多子系统组成的系统，各子系统相互联系，在一定条件下，它们相互作用而形成有序并且有一定功能的自组织结构。所谓"序"是指系统有规律的状态。整体有序原则认为系统演替的目标在于功能的完善，而不是组分的增长，一切组分的增长都必须服从整体功能的需求，任何对整体功能无益的结构性增长都是系统所不允许的。

2.循环再生原则

生物圈中的物质是有限的，原料、产品和废物的多重利用及循环再生是生态系统长期生存并不断发展的基本对策。生态系统内部应该形成网状结构和生态工艺流程，其中每一组合既是下一组分的"源"，又是上一组分的"汇"，没有"因"和"果"及"废物"之分。持续发展要求在复合生态系统之内建立和完善这种循环再生机制，使物质在其中循环往复和充分利用，这样可以提高资源的利用率，而且还可以避免生态系统的破坏，使资源利用效率和环境效益同时实现。

3.相生相克原则

这里的相生相克原则是指生态系统中促进和制约的作用关系，这些作用关系构成了生态系统的生态网。在生态系统中，生物通过竞争争取资源，求得生存和发展，通过共生节约资源，以求得持续稳定。相生相克原则提出保证生态系统的稳定性，这就要求人们在利用生物资源时，注意生态系统的整体平衡，而不是局部。

4.反馈平衡原则

生态系统中，任何一个生物发展过程都受到某种限制因子或负反馈机制的制约作用，也得到某种或某些利导因子或正反馈机制的促进作用。在稳定的生态系统中，这种正负反馈机制是相平衡的。反馈平衡原则要求在生态系统调控中，要特别注意限制因子和利导因子的动态因素，充分发挥利导因子的积极作用，设法克服和削弱限制因子的消极作用，同时要注意反馈环境的位置、时间和强度。

5.自我调节原则

在生态系统中，任何生物体都有较强的自我调节和适应环境的能力，它们能根据环境的状况，采取抓住最适机会尽快发展并力求避免危险获得最大保护的策略。自我调节能力的有无和强弱是生态系统与机械系统的主要区别之一。高级生态系统是一种自组织系统，具有自适应和自维持的自我调节机制。

6.层次升迁原则

生态系统中，生物还具有不断扩展其生态位的趋适能力，即不断占用新的资源、环境及空间，以获得更多的发展机会。同时复合生态系统还不同于自然生态系统，占据复合生态系统主导地位的是人，人类可以通过认识调整生态系统内部结构或科学技术手段，摆脱旧的限制因子的制约，改善环境条件，提高资源利用率，扩大环境容量，使复合生态系统由前一个层次上升到一个新的更高的层次。

三、生态学的概念与原则对建筑学的影响

生态学的基本概念与原则为研究生态建筑提供了科学的依据，也是我们科学认识建筑学的新的思维方式和研究方法。

（1）生态建筑的目的是人与自然关系的协调。人是自然的一部分，必须把人和自然的相互作用重新放回到生态系统的有机联系之中来看待。这是对人与自然关系的重新定位。生态建筑不仅要考虑业主和部分人的生存空间，还必须考虑人类整体以及自然整体的生存和生活。

（2）生态建筑和它存在的环境是一个有机的整体。生态学研究表明，生物群落与其环境中的各种生物、非生物因素有着密切的关系，它们通过食物链、食

物网等各类关系联系成为一个有机的整体。很显然，生态学给我们提供了新的研究范式，要求我们把建筑学科研究的对象当作具有复杂性的整体来研究，当成相互作用的关系网络的整体来研究。在研究过程中应把生态建筑和它存在的环境看成一个有机整体，而不能孤立地把对象从环境中作为实体分割出来。建筑只有在与环境的相互关系中才能表现它全部复杂的性质，脱离环境之后，研究也就失去了意义。

（3）生态建筑也是整体生态环境中的一个环节。可以认为，建筑是生态系统的一个“器官”，它在其建设、使用、改修和废弃的过程中通过与周围环境之间的能量的输出与输入，完成其承担的生态角色和功能。这是对传统建筑观念的一次革命，使我们从生态学的角度重新认识了建筑。

（4）建筑所在的生态系统有着一定的自我调节能力。生态系统有着一定的自组织能力——反馈机制，但是这种能力有一定的限度，超过了一定的“阈值”，生态系统就会遭到破坏。这对于建筑学来讲，也就是控制度的问题。我们既不能战战兢兢不敢发展，避免对环境造成破坏；也不能盲目扩张，疯狂攫取。城市的建设、乡村的发展都应该控制在一定“量”之下，控制在生态系统自我调节和承受的范围之内，超过了这个限制，则会对人类的生存环境造成破坏。随着地球人口尤其是我国人口数量的增加，环境的自我调节能力承受的压力越来越大，在“量”的控制问题上我们应当予以更多的重视。

（5）生态建筑应当使整个生态系统处于良性循环的平衡状态。生态系统是与周围环境进行能量的输出与输入的开放系统。能量与物质的良性循环使得整个系统处于动态的平衡，这为绿色建筑学研究提供了一条基本准则和评价标准。古典主义对于建筑的评价是建立在美学基础上的，不同的美学标准决定了建筑的取舍；现代主义对建筑的评价是建立在经济基础上的，经济效率成为评价建筑优劣的重要标准；而生态建筑以生态效率为基础，它的评价是客观的，不以人的意志为转移的，是一种科学的评价体系。生态的良性循环原则是生态建筑的“质”。生态学为生态建筑学提供了科学的基础和原则，使生态建筑的研究有了科学的参照系。越来越多的建筑师和规划师转向“生态学”与“建筑学”相结合的学科发展道路，他们用生态学的原理来研究建筑与自然环境的关系，从而解决人类聚居环境所面临的危机。

四、生态建筑概念

由于近代大工业的发展，在世界范围内使自然生态环境受到严重破坏，造成了一系列惨痛的教训，这些问题给人类敲起了环境的警钟。若是让这种趋势继续发展，自然界很快就会失去供养人类的能力。如何解决生态平衡问题，已逐渐提到议事日程上来了。

在建筑领域，针对日渐恶化的全球性问题，如何处理好建筑与生态环境的相互关系已成为建筑创作与理论研究的当务之急。近年来，各国政府、建筑师围绕这一课题制定了一系列的政策和措施，并要求建筑尊重所在地域的自然气候环境和生态环境，进行生态建筑设计。

生态学是研究有机体之间、有机体与环境之间的相互关系的学说。相互关联的有机体与环境构成了生态系统，世界由大大小小的生态系统组成。生态系统具有自动调节恢复稳定状态的能力。但是，生态系统的调节能力是有限度的，如果超过了这个限度，生态系统就无法调节到生态平衡状态，系统会走向破坏和解体。建筑活动对生态环境有着重大的影响，因此，正确认识环境对建筑活动有着指导性的意义。例如土地的形式如何规划，这一点影响到这一地区的整个生态。它包括对大气、水体、地表、植被、气候和动植物生存环境的改变。事实证明，一小片合理规划设计的土地可以产生巨大的环境效益和社会效益，满足人们美学上、心理上和健康上的要求，使人类能够更好地生存和发展。所有这些都说明生态问题的重要性：要么创造一个良好的生存环境，要么又增加一份环境危机，一切都取决于我们的行动。

生态学（Ecology）和建筑学（Architecture）两词合并成为Arcology即生态建筑学。生态建筑学（Arcology）是20世纪中叶出现的一种意在限制人类的掠夺性开发，以一种顺应自然的友善态度和展望未来的超越精神，合理地协调建筑与人、建筑与生物以及建筑与自然环境的关系的建筑。生态建筑的理论基础直接来源于生态学。生态建筑学的产生是历史的必然，它的任务就是改善人类聚居环境，它的目标就是创造环境、经济、社会的综合效益。

所谓生态建筑，是用生态学原理和方法，以人、建筑、自然和社会协调发展为目标，有节制地利用和改造自然，寻求最适合人类生存和发展的生态建筑环境。将建筑环境作为一个有机的、具有结构和功能的整体系统来看待。因此，人、建筑、自然环境和社会环境所组成的人工生态系统成为生态建筑学的研究对象。

“生态建筑”一词出现还没有太长的历史，却引起广大环境保护主义者、建筑师们的广泛关注。与之相关的概念也有多种说法，如“绿色建筑”“可持续发展建筑”等等，英语中关于生态建筑的词有Ecology Architecture、Green Architecture、Sustainable Architecture等。这些词尽管表面上不尽相同，但它们概念是相似的，只是从不同的角度来描述，侧重点有所不同而已，似乎生态建筑更加贴切。

五、生态建筑设计方法

“未来系统”认为，现在和将来也许都会没有真正的“生态建筑”，所谓的“生态建筑”只能是一个无限趋近的目标。这实际告诉我们，100%的生态建筑是没有的，对生态建筑的探索和研究是没有止境的。生态建筑的设计，没有简单的方法，也没有一个万能的公式，建筑师应当主动承担自己在生态保护方面的责任，在自己思想意识中树立起生态的观念，借鉴国外生态建筑创作的成功经验，努力探索建筑生态化的设计方法，通过不断实践，为我国建筑业生态化与可持续性发展的进程做出自己的贡献。

下面就生态建筑的设计原则及设计方法做一简要介绍。

（一）生态建筑设计原则

德国设备设计工程师克劳斯·丹尼尔斯曾绘制过一个“生物圈”，把生态建筑这一复杂的系统工程形象地表现了出来。“生物圈”分成建筑元素、技术装置和外部环境三部分。建筑元素部分是建筑设计中采用的各种处理手法，技术装置部分包括供热、制冷、供电、供水等设备设计内容；外部环境包括太阳能、空气、土壤、水等自然资源的利用。这三部分之间连上很多线，说明它们之间的联系。丹尼尔斯就“生物圈”做了具体详尽的解释，概括起来，其中心思想是：通过建筑设计（从建筑总体布局到建筑构造处理），以求最大限度地利用自然资源（自然通风、利用地热、雨水、太阳能等），从而达到尽量少使用设备，降低运营能耗的目的。可以说，这就是建筑设计中的全局观念和整体意识。但在设计中，要求各个工种通力合作。对建筑师来说，不仅需要有强烈的环境意识和广博的科学知识，更要有能以整体性思维方法驾驭全局的能力。总之，生态建筑的设计原则是：

1.整体设计原则

我们不能将生态建筑看作一个简单的建筑单体去做设计，而应当在满足业主要求、建筑本身的目的性的前提下将其所在的区域纳入其所在的自然环境、社会环境、经济环境各个方面，尊重传统文化和地域文化特点，自觉促进技术与人文的有机结合，将各种因素统一考虑，权衡比较，从中选择最优的解答，建立不破坏区域环境、技术运用适当、人性化的居住社区和城市环境。按需索取，充分合理地利用不可再生的土地资源及其他各种资源，形成高效、合理的开发强度。

2.高效无污染原则

这个原则有三方面的含义：一是降低建筑对物质与能量的消耗，提高能源利用效率，运用新材料、新结构、智能建筑体系，降低建筑消耗的能量。据建筑所在地区的气候特点，合理利用阳光、风能、雨水、地热等自然能源。合理进行建筑设计，减少不可再生资源的损耗和浪费，提倡能源的重复循环使用。二是建筑材料的无害化、建筑材料利用的高效，即材料的循环使用与重复使用，避免选择的建筑材料含有危害人类身体健康的物质，给自然环境带来危害。三是指舒适、健康的室内环境。

3.灵活多适原则

采用适应变化的设计策略，避免建筑过早废弃，使其能够得到再次利用或多次利用，节省建造新建筑所需的重复建设费用，适应变化的设计策略主要有四种：适应性改变、灵活性设计概念、长寿多适概念和合理废弃概念，在具体设计中应灵活采用。生态建筑将人类社会与自然界之间的平衡互动作为发展的基点，将人作为自然的一员来重新认识和界定自已及其人为环境在世界中的位置。这样，建筑师在从事设计工作时，就为人类肩负了更大的责任。

（二）生态建筑规划设计

从整体角度把握人类生态系统的结构，以生态为基础进行整体规划和生态规划，合理利用土地，有效协调经济、社会和生态之间的关系。根据自然的本质属性，组织各功能分区，使建筑群的能流、物流畅通无阻；从建筑物朝向、间距、形体、绿化配置、能源的循环利用等方面考虑，建筑规划要走中小型化、花园化、智能化为一体的道路，提高绿地面积比例，降低能耗量；建筑整体规划应体现建造场地、植被的一体化；减少对资源的干扰和非点源污染；建筑及装饰材料的选择应考虑对能源消耗和对空气、水污染的影响；全方位考虑建筑绿化、沿街绿化、楼间绿化、楼旁绿化、绿化建筑，形成多品种、多层次、立体的、广泛的绿化环境，改善建筑小气候，使人类贴近自然。

在生态的建筑规划设计中要把具体建筑看成是城市建筑大系统的一部分，与城市建筑大系统相联系，使建筑内部难以消化的废物成为其他元素的资源。

1.规划设计应注意的事项

对于已确定的基地，应遵循一个重要的原则——尽可能尊重和保留有价值的生态要素，维持其完整性，使建筑环境与自然环境融合和共生。我们的建造活动应尽量少地干扰和破坏自然环境，并力图通过建造活动弥补生态环境中已遭破坏或失衡的地方，对于已选择的建筑基地，设计师应当注意以下几点：

（1）尊重地形、地貌

建筑的规划设计和建造中，常会遇到复杂地形、地貌的处理。很多设计方案往往是将其推平，平衡土方，将其变成平坦的表面再进行设计，以不变应万变。对于人手少、任务重、需要短时间完成设计任务以便争取更多项目的设计单位来说，这样固然是一种解决办法，但生态建筑的设计更提倡在深入研究地形、地貌的基础上，充分尊重基地的地形地貌的特征，设计出的建筑物对基地的影响降至最小。

（2）保护现状植被

长久以来，城市与建筑物的建设中，绿化植物都是当作点缀物，总是先砍树、后建房、再配置绿化这种事倍功半的做法。生态学知识告诉我们，原生或次生地方植被破坏后恢复起来很困难，需要消耗更多资源和人工维护。因此，某种程度上，保护比新植绿化意义更大。尤其古木名树是基地生态系统的重要组成部分，应尽可能将它们组织到居住区生态环境的建设中去。

（3）结合水文特征

溪流、河道、湖泊等环境因素都具有良好的生态意义和景观价值。建筑环境设计应很好地结合水文特征，尽量减少对环境原有自然排水的干扰，努力达到节约用水、控制径流、补充地下水、促进水循环并创造良好的小气候环境的目的。结合水文特征的基地设计可从多方面采取措施：一是保护场地内湿地和水体，尽量维护其蓄水能力，改变遇水即填的简单设计方法；二是采取措施留住雨水，进行直接渗透和储留渗透设计；三是尽可能保护场地中可渗透性土壤。

（4）保护土壤资源

在进行建筑环境的基地处理时，要发挥表层土壤资源的作用。表层土壤是经过漫长的地球生物化学过程形成的适于生命生存的表层土，是植物生长所需养分的载体和微生物的生存环境。在自然状态下，经历100～400年的植被覆盖才得以形成1cm厚的表层土。建筑环境建设中的挖填土方、整平、铺装、建筑和径流侵蚀都会破坏或改变宝贵的表层土，因此，在这些过程之前应将填挖区和建筑铺装的表土剥离、储存、在建筑建成后，再清除建筑垃圾，回填优质表土，以利于地段生态环境的维护。

综上所述，适宜的基地处理是形成建筑生态环境的良好起点，应当认真调查，仔细分析，避免盲目地大挖大建和一切推倒重建的方式。同时应注意的是，基地分析是由多个方面组成的，设计时应当从各个角度整体考虑来达到建筑与自然环境的共生。

第三节　人文建筑设计

21世纪的今天，中国已成为世界第二经济大国，经济的高速发展，日益丰裕的物质基础、各国文化交流的频繁等促使我国整个人文环境的不断变化。在这样一个大环境下，建筑作为一个城市文化的名片与人们的生活息息相关，其风格尤其重要。但是，当前中国住宅建筑文化的“不自主性”与传统本土文化的迷失是一个不可否认的事实。特别是在住宅建筑方面，突出的状况是粗制滥造的“包豪斯式”建筑遍布，格调低俗的“仿欧陆风情”成了市场上的新宠。这种外来风格的植入与我国人文环境大相径庭，显得不伦不类。这其实是对本国传统文化和生活方式的一种“后殖民主义”。我们的文化、生活、思维方式、审美观等在一定程度上成了西方文化的附庸。虽然这些建筑风格自身的确具有一定的文化魅力，但是把这种魅力硬拉到中国大地上，并且要让我们去接受它实在是不合时宜的，中国著名建筑史学家梁思成先生曾说过“建筑，不仅是外在形式表象，更是文化深层内核的体现；是文化的记录，是历史，是反映时代的步伐”，所以建筑风格是要和文化背景相匹配的。我们知道中西文化有很大的差别，中西方人民的传统艺术观、社会观、审美内涵、价值取向等都有着天壤之别，西方人比较直白，以我为中心，在实践中、信仰中会流露出与自然的抗衡，而中国人内敛、含蓄讲究中庸思想，主张人与自然的和谐发展。再者我国的人均资源有限，这种高投入的建筑模式在我国是很不合时宜的。因此可以说寻求一种适合我国当代人文环境的建筑风格是每一个建筑设计从业者义不容辞的责任。在本节我们将探究人文建筑设计的理念。

一、辉煌的中国古代建筑体系

（一）古代人文环境分析

1.古代人文环境的形成

启蒙：中国传统人文思想起源于商、周。在商、周之前，人们的思想被信仰所笼罩，受此影响，形成了对祖先崇拜的风气，人们的祭祀对象为天神、地神、人鬼三界。随着人口的增多，家族部落之间的斗争也越发频繁，周民族通过长期的艰苦奋斗，逐渐占据了领导地位，统一了民族。在这个过程中，人们慢慢地开始清醒，认识到了人的重要性，初期的人文思想已逐步产生，人的地位慢慢地上升。

发展：随着社会的大动乱，历史进入春秋战国时期，历史的长河中人的作用越来越明显。各种思想空前活跃，各种有识之士各抒己见，百花齐放。经过岁月的历练，以孔子为代表的儒家思想逐渐形成了一种流派并成为中国古代人文思想的代表，形成了一股宏大的思想文化洪流，有力地塑造了中华民族的文化心理与民族性格。起初的儒家思想初衷是善良和美好的，想通过主张“礼”“仁爱”的思想，建立一个和谐的、安宁的社会关系。由于这种思想正是社会所需求的，很快就深入人心。但到后来儒家思想被统治者所利用，利用孔子所主张的“礼”“仁爱”之心来麻痹平民，企图建立统治者们所谓“仁爱”“和谐”社会，要求平民主动礼让、忍受等思想，后来逐步地完善形成了统治阶级麻痹人民的思想武器，这种不平等的“和谐社会”理念就慢慢地灌输到人民的心里。

成熟：到汉代以后，推行“罢黜百家，独尊儒术”，维护“君君、臣臣、父父、子子”的等级制度，儒家思想被统治者变成了维护社会治安的主要理论精神依据并形成了礼制。这种以理性和秩序为中心的儒家思想逐渐成熟。到明清时代，礼制思想主导着社会的各个方面，随后统治者们又把这种思想作为法律给规范下来，形成了宗法制度，来促进封建社会人民的安定和社会的发展。在礼制的影响下，人们把自己束缚在里面，使每一个人都下意识地自我约束，当和统治阶级有矛盾时总是自责、妥协、退让，成了人们忍受一切的精神安慰，并代代相传形成了一种社会价值取向。

这种价值观的形成，成了统治阶级压迫人民的理论依据，也是人民忍受剥削的精神支柱，对当时的社会安定确实起到了很大的作用。但正是这种思想的形成，阻碍了人的主体意识的发挥，压抑人的创作性，才促成了长久的封建社会。我国传统古代建筑正是在这样的人文环境中诞生，才形成了特有的风格。但是抛开统治阶级利用下的儒家思想至今还影响着我们的民族，儒家思想的初衷正是当今社会我们所倡导的，是我国传统文化的核心，成为我们宝贵的传统文化思想遗产。

2.古代人文环境的构成

在一些外国人的印象中，“孔教”或是“儒学”差不多就是中国文化的代名词，在整个古代人文环境中，儒家思想作为一种意识形态范畴始终处于社会的主导地位引导着人们的思维，约束着人们的行为准则，决定着人们的认知方式、观念、信仰、价值取向等人文要素。可以从“仁”“礼”“中庸”“天人合一”这四个方面来分析儒家思想。

“仁”：要求人们具有仁爱之心，是一切人文理念的核心。“仁”的产生主要是由于社会的变革，人与人之间不断地产生矛盾，引起社会的动乱，孔子提出“仁”希望能在人与人之间建立一种“仁爱”的伦理思想，促进社会的和谐。

“礼”：儒家思想的“礼”起初是在“仁爱”的基础上构建一种社会的人伦原理，它渗透到社会的各个领域，包括君臣、父子、夫妇、兄弟等各种人伦关系。主张人们在整个社会大环境中讲究人伦秩序，是对于构建和谐社会的理想模式。但这种思想后来被统治阶级利用，形成了统治阶级压迫人民、稳定社会的理论依据，如荀子说：“礼者，贵贱有等，长幼有差，贫富轻重皆有称者也。”

“中庸”：儒家学说的“中庸”其实是指人们日常生活中对“度”的把控。主张人们凡事适可而止，要不偏不倚。在日常生活中，主张工作不要太累，以免厌烦不能持之以恒，物质生活不能享用过度，待人不能太苛刻和放任。从人们的思想上避免一些归于极端的思维，也是对社会的一种企稳。

“天人合一”是处理人与自然的关系，人代表社会的思想主体，天代表一切物质环境，其意思就是告诫人们在社会改造的过程中一定要讲究二者的和谐，这和国外主张人定胜天的思想有着明显的区别。天人合一也是主张一种中庸之道，认为人与自然应该是一个整体，相互影响，不应有本质上的矛盾。

总结：儒家思想是在社会变革动乱的大背景下形成，其初衷是为了建立和谐的社会伦理，是中国文化的重要组成部分，时至今日在各种矛盾纷呈的社会环境中儒家思想正是我们国家社会人民所向往的。中国古代建筑体系正是在这种传统儒家大思想背景下形成了独特的风格。

（二）中国传统人文环境影响下的建筑思想

马克思说过，社会意识决定社会物质。人文环境一经产生，便影响到了中国古代社会生活的各个层面。从中国古代建筑的形成和发展来看，古代人文环境对建筑形式起着决定性作用，古代建筑的特色正是时下人文环境的综合体现。具体表现有：

1.“礼”制观念影响下的建筑等级观

“礼”制观念在几千年的封建社会中最为强烈，君臣之礼、家族之礼都有明显的规定，渗透到封建社会的各个角落，包括衣食住行都有严格的等级制度，都具有强烈的政治色彩。那么作为和人们生活最为密切的建筑更有着更严格的等级制度，统治者也充分利用建筑等级来区别居住者的身份级别，这在很多书中都有记载。从唐代开始，统治者就明文规定了建筑所体现的等级制度，《烤工记》中关于城市制度的记载“天之城高七雄，隅高九雄；公之城高五雄，隅高七雄；侯伯之城高三雄，隅高五雄”等等这都是对就建筑等级制度的规范。

故宫就是建筑受封建等级制度影响的最好例证，以一条从南向北的中轴线为主要骨架，轴线的最南端是正南门永定门，北边以钟楼和鼓楼为终点，宫殿和其他建筑都以中轴线为参照排列开来，形成了气势磅礴的建筑序列。首先在规划上就体现了主次的等级制度，在建筑单体上也有很明确的礼制规范，像外朝的太和、中和、保和三大殿纵向排列，象征着三朝制度；乾清宫、交泰殿、坤宁宫的关系又体现了前朝后寝的礼制；从宫城前门的太清门到太和门之间的五座门楼也都体现王门制度；宫城中心的三大殿因作用不同也有明显的等级差别；其他处于从属地位的建筑虽然也相当别致但布局紧凑，建筑密度也比较大，这样更体现了三大殿的威严。

2.“天人合一”的自然观

“天人合一”即是儒家思想的特征，又是道家思想的重要体现，讲究人与自然的“和谐统一”“浑然一体”。这种思想对中国传统古建筑文化影响十分深刻：首先建筑的表现形式要顺应自然，在建筑的布局和规划上应该结合地形，做好建筑与周边环境的融合，特别是绿化，要融入自然、顺应自然。其次强调人与自然应该处于一个有机的整体中，任何建筑都是环境的一部分，像河流、树木、山川一样是自然中的一个元素，达到人与自然、建筑与自然的自然协调。例如在园林建筑中，如果没有自然景观那么就利用人工制造假石、假山，栽培树木，制作水景等手法代替大自然中客观存在的山、林、湖、海，意造出一种自然景观，充分地表现人们对自然的向往。

3.不偏不倚的中庸之道

儒家思想认为，万事万物不可以走极端，应遵循中庸之道，要用“中道”“中行”的思维方式面对问题、处理问题，以达到中和的境界。儒家思想和中国传统文化最特别的特点就是重在把握这种分寸感，恰如好处，力求和谐的价值观。这种人文思想反映在建筑上就是讲究建筑的和谐美，把和谐作为一种美的境界。传统建筑方正的布局也体现了这种美学观点，认为不偏不倚的对称本来就是一种简单的和谐，建筑一方面也要求装饰，但也要讲究适可而止这种淡雅的美学效果。

二、当代人文环境与新中式住宅建筑

（一）新中式住宅建筑设计的前期构思

1.时代性与地域性的对立统一

建筑反映一个城市的文化，我们在发扬传统文化的同时也要跟上时代的变化，虽说现代建筑冲击了我国的传统文化，但也的确给我们带来了现代建筑物质功能上的满足，时间证明了这种物质功能是我们现代生活中不可缺少的一部分，从中我们也体会到了中国传统建筑应对现代生活方式有明显的不足之处，因此我们必须要处理好建筑的时代性和地域性之间的关系。

现在是科技的时代，我们一定要在创作中享受科学技术的发展给我们带来的各方面的便利，我们也应该积极地吸收消化经济全球化的盛宴，与世界接轨。我们现在所提倡的传统建筑文化并不是歪曲儒家文化思想下的礼制封建思想，我们要用现代技术、现代材料来体现中国传统建筑的那种意境和精神。不能单纯地进行传统建筑的外观模仿，要以人为本，切合实际，做符合中国人的居住方式、满足中国人心理结构特征的建筑，以提高建筑的功能为出发点，吸纳西方现代技术精华，按照现代人的生活方式，寻找出中国传统文化之精髓，认真分析建筑的情感内涵、文化品位、生活功能等创造出具有中国特色的建筑。

2.物质功能与精神功能的有机结合

对建筑功能性的体现一直是我们做建筑设计的核心出发点，一幅好的作品，必须具有完美的物质功能和精神功能两大块。尤其是我们在对新中式建筑设计的传承和发展中，物质功能和精神功能的追求永远都要放在首位，建筑材料、建筑色彩以及表现手法都要围绕着这两点进行。建筑大师梁思成说：“可以把一幅画挂起来，也可以收起来，但一座建筑物一旦建起来，就要几十年、几百年站在那里，不由分说地成了居住生活环境的一部分……如此说来，宅院比其他艺术更要追求艺术的美和文化的品位。”由此可见建筑的物质功能是指建筑的实用性、群众性、耐久性。

（1）实用性。就是说建筑的目的是“用”而非“看”，不管是什么样的建筑也要看它的具体使用目的是干什么，它不同于其他艺术，其他艺术可能是只为了追求一种形式美，而建筑的美是建立在使用之上的，功能的好坏决定建筑的成败，因而建筑的审美意义，有赖于实用意义。建筑的实用性影响着人们的精神感受。

（2）群众性。建筑的审美是带“强制性”的，建筑的群众性决定了建筑必须要满足大众人的审美标准，不能因个人的喜好做设计，要有群众基础。

（3）耐久性。建筑作为一种实体呈现在大众视野，在建设的过程中我们为之付出大量的财力和物力，一旦建成，在一定的时间内是不会轻易改变的。往往一些大的建筑体量成为这个城市的名片，因此我们在做设计中要深入市场分析，找准产品的定位，对材料的选择以及结构的处理一定要合理。

新中式建筑应该具有的精神功能是：从前面我们已经分析了新中式建筑出现的原因就是人们对现在市场建筑的文化的缺失而感到空虚，可见建筑的精神功能也是非常重要的。作为新中式建筑，必须要在满足建筑的物质功能基础上体现中国传统建筑的文化精髓，把对“意境的营造”作为新中式建筑的灵魂，把“天人合一”的思想作为新中式建筑的文化渊源，把“虚实相生”作为新中式建筑的韵味体现。用现代材料和技术在建筑上体现中国传统建筑文化精神内涵，来满足人们对传统文化的精神需求。

（二）对中国传统建筑文化精髓的现代传承

首先，中国传统建筑意境主张“天人合一”、私密幽静、含蓄而不张扬。我们在新中式住宅设计的过程中要结合现代住宅的功能性，在此基础上运用现代手法进行传统建筑文化的神韵再造。因此我们必须结合当代人文环境，应该走一条建立在现代主义风格之上的对中国传统文化深层表达的新中式建筑风格，这种手法并不是直接对传统建筑符号的移植与模仿，而是建立在对传统建筑文化内涵的充分理解基础上，将具有代表性的元素符号用现代的手法进行提炼和丰富，抛去原有建筑空间布局上的等级、尊卑等封建思想和结合现代人的生活方式以及当代人文环境，给居住文化注入新的气息，追求蕴含在建筑形体之中的一种中国传统文化的味道。要做到传统内在精神和文化底蕴的传承，力求建筑与周边环境融合，讲究私密性，追求静逸的居住环境，为现代居住者服务。

（三）注重新中式建筑文化健康循环的发展

中国幅员辽阔，人口众多，虽然都是中华儿女但是由于人多地广，各地的人文环境各不相同，因此我们在进行创作过程中一定要重视当地的地脉、人脉、文脉三个方面。不同的区域气候、环境、文化、民俗、信仰各不相同，我们不仅要对中国传统文化进行现代演绎，还要对局部地域文化进行资源整合，要尊重区域文化，我们的设计要和居住者的文化状态、心理状态、需求状态相吻合，要让居住者在使用过程中能找到归属感和精神的寄托。脱离了当地人文环境定会产生负面效果，比如目前就有人对于一些广州的中式建筑完全采用江南民居的风格而持反对态度，又如假设北京故宫坐落在深圳也会显得尴尬，南方的吊脚楼出现在北方也让人很难接受。所以在创作过程中应该有效而紧密地结合当地的“地域文化”与“现代人”新的生活习惯需求，为当地人们创造一种具有地方特色又有现代空间的生活环境。在吸纳当地文化的同时还要挖掘新文化，这样一方面给我们进行设计提供了更多的参考，另一方面也提升了当地文化的竞争力，也丰富了国家文化内容。

第五章

建筑材料

建筑材料是建筑文化表现的重要手段，视觉艺术语言更为深层次的意义在于体现人类的情感，而种种语言形式的体现皆归于一种载体——材料。建筑是人类文明的载体，具有很强的地域特色，体现了强烈的民族性和地域性。在快速发展的今天，现代建筑呈现多元化发展趋向。在纷繁复杂的表象下，人们却始终对传统建筑文化保持着一份特有的感情。作为一名建筑师，该怎样体现出对原有文脉的尊重?除了肌理、尺度之外，对传统文化的继承和体现文脉的方式还有一种，那便是对建筑材料的运用。在本章我们将从传统建材和新型建材出发，深入探究建筑材料。

第一节 传统建筑材料

材料是构成建筑物的主要元素之一，不同材料有不同属性，为人类的创作灵感提供了广阔天地。材料随着时代的变化而变化，在自然属性上又增加了社会属性，人们对它的依赖不仅是物质的，更是精神的。建筑形式总是伴随着新材料、新技术的发明以及人类审美价值的变化而发生着变化。传统建筑材料不能再完全沿袭传统建筑的表现道路。那么，传统材料是否面临着被淘汰、被遗弃的命运？传统材料在现代建筑中是否失去了生命力？在本节我们就将探讨下传统建材。

一、当代传统材料概述

（一）历史背景

建筑是具有社会属性的，是城市肌理和文脉的片段印迹。传统材料是建筑的活化石，它记录了一部建筑史。它有着与生俱来的文脉认同感，给予某种程度的记忆、影响和心理暗示。人是富于感情的动物，而传统材料是最有亲切感的，所以对传统的认同是最直接、最普遍的做法。

（二）现状

随着现代建筑技术和材料的迅速发展，传统建筑材料的表现手法也从传统的沿革中解放出来，在新工艺、新理念的支持下，被重新诠释，形成许多强有力的表现手法。传统建筑材料的艺术感染力，丰富和延续了时间和空间，提高了环境美学的质量，给人以美的享受。现代建筑大师们早就意识到这点，特别是现代地域性建筑注重使用那些融入了地方情感的传统材料和具有独特智慧的现代技术融合，显示出一种对于传统材料、技术的延续性。这种延续性既体现出对当地自然环境和文化的尊重，也是出于对人的关怀。不仅让人们感受到强烈的现代艺术的气息，同时也体验到悠悠的建筑传统文化。

（三）研究对象与意义

传统建筑材料是指传统土木建筑结构所有材料的总称。传统建筑材料主要包括烧制品（砖、瓦类）、砂石、灰（石灰、石膏、菱苦土、水泥）、木材、竹材等。以下，我们将从木、石、砖、竹子等典型传统材料的建筑实例来阐述。

通过比较、分类分析的方法，分析现代建筑师们使用传统材料的实例，来阐述传统建筑材料演绎下现代建筑的魅力，发掘传统建筑材料发展的潜能。希望通过这种方式，引起更多建筑人对于运用传统材料设计现代建筑的问题的兴趣和重视，并依法更广泛、更深入地探讨与研究，真正使传统材料在新时代的建筑设计中焕发新的生命力。

中国传统木构架建筑以其特有的建筑语言，传达着中国的文明史，讲述着神秘而古老的东方文化。大至中国传统的木结构建筑，小至明清家具，木材在中国的应用有着悠久的传统，并确立了中国特有的木文化。木构架建筑，以其特定的时间和空间限定并诠释了其民族和地域文化。“天人本无二，不必言合”的“天人合一”的观念，构成了中国传统文化心理结构和思维定势而融入血脉，于是“木”在阴阳五行中便自然而然地被列为“五行”之首，被奉为一切生命之源，这种材料也真正融于历史反思与社会。

木材是大自然赐予人类的天然、能耗低并且可再生的建筑材料。它是一种有机材料，有着完整的循环周期——从参天大树到原木材料，最后变成腐殖质或是燃料。使用木材不仅符合生态学，而且对人的心理健康也颇有益处。我们都很熟悉木材的如下特质：鲜活的纹理、柔软的手感和舒适的感觉。在今天这个人工痕迹充斥的世界里，木材给了我们亲近大自然的机会，令人精神舒畅。即使形态在变，时间在变，木材的精神不变。在这样一个瞬息万变的世界里，木材给人恒久不变的传承感和安全感。

木材是所有建筑材料中最和谐的，我们对建筑的许多深刻印象来自木材，它的组成对建筑有着深远的影响，记录了远古时代的建筑。木材不仅具有物质功能，还蕴含文化意义、情感价值和心理认同等因素。最佳地使用传统建筑材料不仅涉及它们的技术潜能还关乎其内在的感官特性。现代技术的高度发展客观上要求产生高情感的东西与之相平衡，传统建筑材料的新兴表现思想渗透着众多美学与技术思想的追求，从深层上体现了机械自然观向天人合一的自然观的转化。

所谓传统材料是指在过去的时代根据过去的生活条件、过去的资源发展出来的，例如青砖，在当时有广谱性，各地的、各种功能的建筑都会使用。但现在它已不符合环保的要求，取代砖窑的是小水泥厂，我现在用水泥作为基本材料。

传统材料中如果是没断代的，我们还会用，例如那种因地制宜制造的、工艺和资源的来源具有广普性的我们会用，但如果取用困难、造价更高的，就不用。尤其是代表“印象中的中国”而不是当下中国的就不用，例如不用青瓦而用水泥瓦，不用青砖而用混凝土的砌块。至于木材，当然可以用传统的工艺，但更愿意用当下的工艺，正在发展中的工艺。

在政治、经济、文化全面融通的当今世界，世界文化和传统文化不可避免地交织在一起。我们要以发展的眼光看待当地的传统材料。对于传统材料与工艺，拒绝吸收外来信息、资源，无异于阻碍自己的生存与发展。因此，现代地域性建筑必须扬弃地域传统材料与技术，打破狭隘的空间概念，吸取时代精华，注重创新，才能顺应时代潮流的发展要求。当今工艺技术的高度发展，给传统材料的发展提供了一个新的平台。新材料、新技术、新工艺的结合摆脱了传统材料自身的局限性，扩展了应用范围和表现方式。

二、与新材料的结合

建筑师对传统材料应用的探索不仅仅只停留在对技术的维护使之适应现在社会，并且积极、精确、乐观构筑新工艺与传统材料之间的关系。

传统材料不仅仅作为单一的材料而存在，通过与新材料的结合，赋予了传统材料现代艺术气息。我们可以根据不同传统材料间的特性与新材料结合，扬长避短，体现了现代建筑强烈的传统情感，弥补了传统材料的局限。

在当今技术的支持下，钢节点的采用很好地解决了木结构在节点处强度薄弱的问题，而钢木的结合也成为现代木构的一个主要特征。位于美国阿肯尼亚州的刺冠礼拜教堂以其精致的造型曾被评为美国世界十大建筑。位于一片树林之中的教堂，采用钢木结构。木构件通过井字状的钢节点，将竖向的支撑构件设计得极为精巧，支撑构件和斜向的连接件加以连接，仿佛木构件只是简单地靠在一起，而木柱同周围的树木融为一体，整栋建筑是如此迷人轻盈。

传统材料与新材料的结合，是在现代主义的功能化和理性化中加入了民族主义、浪漫主义的成分。由建筑师列维斯卡设计的曼尼斯托教堂和教区中心位于芬兰中南部的库奥皮奥市，因地处北欧，采用北欧特有的红砖材料和大面积的玻璃结合，将传统材料和现代材料结合，既保留了现代主义建筑的功能性、非历史性风格的面貌，又让对芬兰人格外珍贵和重要的阳光走入空间内。整个作品继承了阿尔托人情化的诗意建筑语言，并受到德·斯太尔抽象画派几何构成的影响，表现了芬兰建筑的活力。

这些新旧材料交替的建筑是时间与历史走过的痕迹，是新旧时代更替的象征，暗含着勃勃的生机。

三、与新技术的结合

人们认为新技术的开发，使得新材料不断地涌现，而传统的材料就面临着被摒弃淘汰的命运。但是人们忘了“技术是一把双韧剑”，它同样也可以成为传统材料进化的工具。每一次技术革命都带来了建筑形式的重大变化，它们的结合撞击出了绚烂的火花。

新技术与传统材料的结合，赋予了传统材料新的生命，改善了传统材料的性能，打破了传统材料的局限，开拓了传统材料的使用领域。传统材料不再是传统文化的符号，更是现代建筑塑造强烈艺术表现力的手法之一。

德国汉诺威博览会办公楼的立面上使用了空心陶质面砖系统。这种空心陶质面砖是一种用于建筑外装修的悬挂式空心陶质面砖，通过龙骨和连接构件固定于建筑的构造外墙上。在面砖和构造外墙之间可以附加保温材料，龙骨构架起来形成的通风夹层可以防止保温材料受潮，确保了外墙的保温性能。空心构造减少单位面积的重量，小尺寸便于安装和运输，如果发生破损可以局部进行更换不影响立面效果。它不仅提高了其保温和美观效果，而且由于面砖表面纹理水平接缝的作用而有效缓解了因高层建筑周边的高速气流而形成的立面雨水上行的问题。

传统材料与新技术的结合，赋予它新的节能性能，是对传统材料的延续与发展的表现。在芝贝欧文化中心设计中，伦佐·皮亚诺系统研究当地棚屋的建造技术，提取出“编制”的构筑模式，他将封闭的屋顶面向天空敞开，外侧的木肋弯曲向上延伸收束，高低起伏变化，并最终获得了抽象的“容器”（cases）意象。它的外形取决于计算流体力学CFD（Computational Fluid Dynamics）的模拟气流分析和风洞试验，并达到了自然同通风和减少风荷载的目的。最妙的是，木条编成贝壳状的棚屋，针对不同的风度和风向，通过调节百叶与不同方向百叶的配合来控制室内气流，从而实现完全被动式的自然通风。每当风从百叶的缝隙中穿过时，都会发出瑟瑟的音符，这是一曲传统材料与新技术完美结合的协奏曲。

四、与新加工工艺的结合

材料自身不能一成不变，只有传统材料的进化和新陈代谢才能适应社会的需要。新的加工工艺让材料的质感、重量等性能产生了变化，使得传统材料的色彩、光泽、纹理更能在现代建筑设计中占有一席之地。

运用传统材料作为外饰面似乎与20世纪的主流文化相矛盾，人们开始关注材料的厚度，而且倾向于越来越薄的外饰面。阿道夫·鲁斯把形体丰富的石材用现代机械切割技术加工成面纱的感觉，与传统作为承重的石材相比更具有自由性和轻薄感。密斯·凡·德·罗在巴塞罗那展览馆中证明了薄石表面的可能性，它那介于真实表面和反射表面之间的空间（水池、抛光的玛瑙石、大理石、浮动的玻璃以及层层叠叠的石灰石隔板），使人想起19世纪梦幻般的室内空间。同时，展览馆是精心建造的。密斯运用石结构在光、反射和墙表面之间，在玻璃的透明性和石材的不透明性之间进行各种变换。在密斯的作品中，石材的颜色、比例以及表面的效果都呈现出一种令人着迷的感觉，同时也展示了一种全新的方法。石材也加强了这种薄薄的、自由布局的隔板的节奏感。

建筑材料的运用首先表现了建筑师的个性追求。当代建筑设计师思想多元并存，技术手段丰富多样。建筑师的构想方法、造型手法以及对工艺、材料的喜好都直接反映在建筑材料的处理中。传统建筑材料的运用应力图与城市的形象和文化内涵的总体构思相适应，不再单纯满足于使用和认知功能，而是积极参与到环境创造中去，走上多元化、多层次的态势格局，现代建筑才能更多元化、更个性化、更人性化，使建筑塑造成为不仅仅是一个肉体的庇护所，也是人类灵魂的归宿。

同时当代的技术和文化为传统材料在建筑创作上提供了广阔的空间，为认识传统材料解开了束缚。传统材料应该与时俱进，在现代新工艺和新理念的支持下不断地进化、改变，以自己独特的方式演绎着现代建筑，展示着它不朽的魅力；在不断加入新元素的过程中，适应社会的变化，开拓了它的使用领域，体现生态系统中自然、社会、经济因素共同作用下建筑系统本身的主动性和发展性，并且强调了环境的作用和在建筑上的可持续发展思维。

本书的目的在于启示建筑师们要在设计的革新中发觉利用技术条件，总结各创作要素之间的关系，进行创造性的表达；因地制宜地开发传统材料，各尽其才，使传统建筑走出一条自己的发展道路。

五、传统材料在不同领域中的创意运用

新技术的出现刺激了新观念的诞生，而新观念同时推进了新技术的发展。设计师的创作性思维和当今出现的新建筑形式在不断刷新人们对材料的认识，人们的审美也在不断地发生变化，这时也不断地刺激着新观念的诞生。而传统材料要生存下去，不仅要靠自身的进化，而且要打开自身的使用领域和在不同领域中创新运用。

（一）在建筑表面的创新运用

首先是传统材料怎样用新的方式表达，怎样在现代建筑材料的使用中开辟道路，那就是新观念的引入。

石筐技术是由金属丝围成的笼子，里面再放上石材形成一个大的建筑模块，以前的石筐是用柳条围成的，而且经常被置于河道两侧来抵御河水的冲刷，建筑师们逐渐了解了这种结构可以利用当地的小石块，将原来被弃置不用的小石块利用起来，外面用金属丝围成建筑模块更加坚固美观。赫尔佐格和德梅隆在美

国加州多米诺斯酿酒厂项目创造性地使用石筐材料：建筑外观为两层的当地玄武石，根据墙体所围合空间的需要，金属铁笼的网眼有大中小三种规格。大尺度的能让光线和风进入室内，中等尺度的用在外墙底部以防止响尾蛇从填充的石缝中爬入，小尺度的用在酒窖和库房周围，形成密室的蔽体。远远望去，该建筑更像是一件20世纪60年代大地艺术（Land art）作品。在此，赫尔佐格和德默隆以独特的想法和建筑语言，准确地注解了酿造的含义。这是个聪明、有意义的外墙。

传统材料的创作极限已经不再是技术工艺的原因，而是设计者的想象力与创造力。在新技术工艺的支持下，使得新理念的形成成为可能，同时新理念的形成又刺激了新工艺的产生。

引人注目的瑞士St.Pius教堂是建筑师Franz Fueg设计的。他创造性地通过石材将光引入了市内。他在外围墙首次使用28m厚的大理石。这些大尺寸、灰颜色的元素使建筑外立面看上去很深远，而在室内，大理石表面非常光滑并发光，透明的晶体结构将柔和的光传递到阴暗的教堂里面。建筑的四面墙体基本上是相同的，几乎没有开窗，但自然光却能到达室内，使室内的感觉随着当地的天气气候变化而变化。在这里，光透过透明的石材照亮了每一部分，在室内材料表面与偶尔射进来的光之间产生了变化陆离的效果。

（二）在室内的创新运用

建筑师们不仅在建筑的外观设计上，而且还在建筑的室内对传统材料进行创新性的使用。石材、木材、砖等传统材料也正用现代的语汇在室内设计独占一角，而值得一提的是竹材的运用。

过去由于竹子的防火、抗老化、防渗漏等性能较差，只能运用于较小型的建筑中，而在当代建筑师的再开发利用中，竹材焕发了新的生命力。最近别出心裁的建筑师将竹材应用于大型建筑的室内装修中。德国的奥林匹克体育中心使用了中国的竹地板，竹材还被西班牙的建筑师用于马德里的机场吊顶，其防火、防腐的技术难题被中国的技术人员一一解决，在此竹材都符合该国的建材防火要求。

（三）在室外景观中的创新运用

在室外景观中也常常可以看到传统材料的创新运用。譬如花坛、休闲椅、铺地等细节，传统材料时常可以看见的。

中国南京大屠杀遇难同胞纪念馆的创作更多地运用了现代心理学，它将传统材料作为重要的传递感情的载体，通过移情方式达到了目的。在通往纪念馆的广场上几乎铺满了白色的卵石，宛如死难同胞的枯骨，寸草不生，象征死亡，与周边一线青草表达出生与死的鲜明对比，一片惨烈悲愤之情弥漫全场。

六、传统材料的生态主动性

在新工艺、新理念的支持下，我们还是要坚持传统材料在现代建筑中的可持续性和生态主动性。现代生态材料提倡“4R”（Renew、Recycle、Reuse、Reduce）原则，即可更新、可循环、可再用、减少能耗与污染；其次，必须使用地方自然资源，体现本土观念。而许多传统材料本身就具有很多生态的特性。那么，在新理念、新工艺支持下，传统材料怎样才能走出一条可持续发展和生态主动性的道路来呢？

在2005年的日本爱知世博会上，不少展馆的设计均表达鲜明的生态理念，其中最有代表性当推日本馆。长久手日本馆的建筑物（长90m、宽70m、高19m）全部用环保材料——竹子编成的笼子覆盖，远看去好像是一只茧横躺在地上。在这里竹子起了遮挡夏日阳光、降低馆内温度、减轻空调负荷的作用。日本馆除了以罩竹茧的方式来调节室温以外，还采用了墙面绿化的技术，就是把种植了植物的盆栽于竹筒里侧过来堆砌，形成一道绿意盎然的土墙，这也是一种竹材料新的建筑利用方法。由于竹子的成长速度很快，导致日本的竹子数量过多，因此竹子作为建筑材料成为对付竹害的有效方法之一。并且世博会结束后就可以拆除，恢复原有的环境景观，充分运用了竹子的特性，是传统材料运用的生态性的典范之一，充分符合了生态材料的“4R”原则。

2000年的世博会突出了绿色的主题，尤其是瑞士馆。它没有显示技术力量和介绍最新机器，而是打破了通常展示空间的概念，一切都是那么原始。它将锯好的木材，以最简单的方式架成木材壁，做成纵横交叉的迷宫。在迷宫通道和中庭中，木结构空隙中萦绕着由瑞士传统乐器演奏的音乐，再加上透进来的阳光，参观者的话语和脚步声，把人们带到纯音色世界。设计师卒姆托幽默地说：“展期为153天，正好是从瑞士刚刚采伐的落叶松需要干燥的时间。”在固定木材时没有使用角铁之类的建筑部件，所以博览会结束之后，那些木材便可以重新利用。显然，他想通过这个建筑装置，体现对历史价值的回归。难怪人们称赞他作品的力量正好是“人、自然、技术”这三者的合力。只有充分认识传统材料的性能、质地、潜力等，才能因材开发研究，加以扬弃和进化，发挥传统材料的生态主动性。

七、竹材在建筑中的意义

竹，作为一种天然的材料，与其他众多的建筑材料相比，具有廉价、强度高、吸水率低、耐久性好以及保温性佳等优点，能够很好地满足经济、结构等方面的要求。此外，它还能给人以视觉上的美感和易于亲近的感觉，这些都是许多人造建材所不具备的。竹材对于可持续发展和环境保护也别具意义，它没有污染，活的竹子还能吸收二氧化碳，从而可以起到调节微气候的作用。

不仅如此，在东方，“竹”所特有的文化上的意义更是不容忽视的。正是因为有这些特殊的品性，使得竹开始越来越多地为现在的建筑师所关注。当然，建筑师们自身为了突破既有的形式和方法，也希望从不同的角度尝试新的材料和新的建造方式，因而竹材在建筑中的运用自然成为一种新的“消费现象”。

显而易见，目前我们对竹材的研究和应用还是很有限的，远未达到全面、系统的程度。因此，竹材在现代建筑中的开发与利用将仍然具有很大的潜力与市场。

日本建筑师隈研吾在建筑师走廊中设计的另一栋别墅——竹屋，以钢和混凝土框架为混合结构，十字钢柱被抹成圆柱并包以竹皮。南北侧的外墙面和局部的室内界面覆盖了一层没有结构意义的竹墙。在三面围合的水院内，又做一竹亭居于水池正中。竹亭以钢框架和中空玻璃组成，并在各个界面上覆以竹竿编制成的界面，竹墙掩盖了真实的结构，而其自身则以表皮的身份存在，同时也加强了空间的质感。

严迅奇为柏林文化节设计了一个供表演和展览用的类似亭子的临时性建筑物。这个用竹子建造起来的亭子位于柏林文化中心门前的水池上，与文化中心相映成趣：一个漂浮、一个凝重 ；一个通透，一个密实 ，充分体现了传统与现代、东方与西方的对话和融合。整个亭子是采用传统绑扎的方法将竹竿相互固定的，用三角形稳定性的原理，以直线构成曲面，使得整个建筑既稳固又轻盈通透，而且富有动感。而在水关长城建筑师走廊的别墅设计中，严迅奇在其设计的所谓怪院子的入口上方也用细竹竿以铜丝绑扎，形成了一种三维曲面的遮阳构造。

竹材在建筑中的另一类利用方式，是以某种意向或概念的形式融入到建筑里面，它所侧重的是传达一种视觉的信息，而竹子本身不属于建筑本体。

竹制模板具有成本低、寿命长、吸水率低、强度高于木模板，重量又轻于钢模板，并且有利于环保等优点。传统上竹模板通常是作为浇筑混凝土时的模板来使用，而其由竹条纵横叠合形成的独特的肌理和色彩质感，被现在的建筑师们直接作为建筑的面材来使用。

日本建筑师坂茂在建筑师走廊的别墅设计中，便是将家具与建筑体系相结合，开发出了竹胶合板的家具住宅系统，即利用组合式建材与隔热家具为主要结构体和建筑外墙，现场拼装成为一个竹的“家具屋”。以类似的方式来运用竹胶合板的还有建筑师马清运。在其马达思班事务所的室内设计中，普通的竹胶合板经过打磨后去除了表面的黑漆，露出原有的浅褐色纹理，在刷以清漆之后被用作壁柜、工作台、会议桌以及局部地面的铺装。通过选择由不同宽度的竹片压制而成的模板的使用，使得整个室内空间统一而富有变化。

西蒙·维列，哥伦比亚建筑师，擅长竹构建筑。由于盛产竹子并且多震，竹房子一直是几百年来哥伦比亚传统的建筑形式。上世纪70年代以来，西蒙陆续改良了这项传统技术，更好地完成了金属连接构件、混凝土与天然的竹子之间的构造协调，让竹建筑更加牢固和美观。在西蒙的理念里，竹房子集合了生态、环保、低成本和低技术的一系列优点，于是，西蒙的竹房子也不断把越来越多的机会给予家乡的贫民。作为一名建筑师，西蒙用个性化的技术实现了自身建筑伦理观的表达，生态、自然、亲和。不仅如此，西蒙维列还尝试在住宅中采用混凝土来浇灌竹墙。运用这种类似做法的还有张永和先生在水关长城建筑师走廊中建造的别墅二分宅，他在两片主要的夯土墙中也加入了竹筋来替换钢筋以加强墙体的结构强度。

八、青砖在建筑中的运用

古有“秦砖汉瓦”一词，现代考古也证明了自秦汉起青砖即作为建筑材料出现在人们生活中。历经两千多年，它始终深得人们偏爱，并与我们的生活息息相关。能有如此悠远的魅力，是源于青砖自身独特的色彩、质感和尺度，传统的青砖由于是手工烧制，受泥土中不同金属成分的影响，各砖块颜色不尽相同，因而形成不同层级的青灰色体系，色彩丰富而自然。砖块表面凹凸不平，给人坚实厚重的原生感觉，具有朴实的美。青砖的大小正好适合手的抓取，而它的标准化使其成为建筑的模数，与人体尺度相联系，给人亲切的感受。青砖的运用极为广泛，尤其在近代以后，无论是北京四合院还是江南私家园林建筑，到处都有青砖的身影，很多作品留存至今。而长时间地与之共处，使人们对青砖有了难以割舍的特殊情感。

现代建筑中青砖当然更不需要作为承重部件，砖的运用可以更加自由化。建造低层次、小尺度建筑时，在钢筋混凝土框架体系的支撑下，可以根据不同的功能或立面需要，将模数化的青砖变换砌筑，创造不同于传统意义上的青砖建筑。中国美术学院校园整体改造工程——建筑师借助青砖，通过新的工程技术，充分体现建筑与人之间良好的尺度关系。杭州湖滨地区——青砖作为具有历史气息的传统建筑材料，容易与既有的特定环境发生关系——表达新建筑在环境和文化中的含义。上海“新天地”——青砖依托传统的石库门建筑形式，在城市新一轮改造中既再现于完全不同于以往的青砖建筑中，又延续了该地块的历史特征。

第二节　新型建筑材料

建筑行业日益成为我国经济发展的支柱产业，近年来，随着建筑行业的蓬勃兴起，节能环保的意识、可持续发展等观念不断融入建筑行业。新型建筑环保材料在现代建筑中逐渐得到普遍应用，一方面促进建筑行业的进一步发展，另一方面为建筑企业市场竞争力提升提供保障。本节将根据新型建筑材料在施工中的应用现状，阐述研究新型建筑材料施工应用的重要意义和发展前景，为促进现代建筑企业的大跨步发展献计献策，供同行借鉴。

一、新型建筑材料的优点

目前，现代建筑对于新型施工材料的要求，主要是指绿色环保性、现代化以及可持续发展这几方面。

（一）绿色健康环保

近年来，国家政府正在大力提倡节能减排，把可持续发展的理念作为目前工作的重点，不断把资源节约、绿化环保工作落实到实际工作中。节约能源和绿色环保是关系到我国经济发展的重要环节。现代建筑行业的专业人士正在探讨绿色环保建筑材料的推广和普及问题，只有绿色环保低碳材料的广泛应用，才能有利于建筑施工过程中对周边环境的保护，同时也把可持续发展的基本理念贯彻到实际工作中。绿色环保建筑材料，也被称为生态建筑材料和环保建筑材料，这类建筑材料的主要特点是无毒或略有毒，与此同时，还是有某些对建筑安全风险的预防作用，如火灾和水灾，另一种是可以帮助建筑节能的材料，包括隔热、隔音、自动温度控制等，对居民的健康具有一定保护作用。它具有以下几个特点。

1.新建筑材料的构成主要由天然原料加工而成。它没有化学合成，不含有毒物质，更接近生态环境，在耐久性和稳定性方面优越于传统建筑材料。

2.新建筑材料在生产过程中采用的是低能耗、无废水排放技术，对周围环境无污染，在生产过程中采用的是世界上非常先进的科学技术。

3.新建筑材料在设计过程中，首先注重功能和健康，以保护居民的健康，使人民的生活环境更加健康、舒适、方便，从而提高居民的整体生活质量。通过研究建筑的发展趋势和住宅环境的变迁过程，我们应该更加注重促进新建筑材料的推广和发展，通过循环利用先进的技术和高科技的制造，来实现节约消费和绿色环保的效果。例如，利用工业排放的灰渣、废渣、废玻璃或泡沫来制造水泥、单板材料和保温材料，不仅可以减少企业的废物排放，还可以减少成本资金。

（二）现代化的特点

新建筑材料现代化的特点是满足建筑防水、防火、防腐蚀、高耐久性、采光好、隔音好、美观装饰等要求，进一步符合生活环境质量要求。新建筑材料逐渐适应人类生活环境的变化，丰富的自身特点及其属性逐渐满足了人们对现代化的要求，同时也满足了现代人的审美需求。

（三）先进性的特征

提高新建筑材料制造的科技水平是非常重要的，从某种角度看，科学技术水平决定了新型建材的先进性，现在国际上更受欢迎的抗菌材料和空气净化建筑材料等，不仅提高了居民的生活质量，还具有更高的利润率。近年来随着人工智能的发展，研制的新型智能建筑材料具有自我调节和自我修复功能，能够根据环境的变化调节温度和湿度，还有新开发的智能玻璃具有自动调节光线的功能，以满足不同的楼层和位置对于光线的需求。因此，新建筑材料的先进性的重要意义是无法替代的。

二、新型建筑材料的应用类型

对于现阶段我国建筑工程项目施工建设中对于施工材料方面的基本需求而言，各个环节和建筑工程项目组成结构都需要从建筑材料的优化升级入手进行控制，促使其新型建筑材料的运用确实能够表现出较为理想的实用性价值。从当前新型建筑材料的具体应用方面来看，其中比较核心的应用类型主要有以下几项：

（一）新型墙体材料

在建筑工程项目的具体建设过程中，新型墙体材料的运用可以说是比较重要的一个方面，当前我国建筑工程中对于各类墙体材料的应用呈现出了较为明显的多样化发展趋势，其墙体材料的类型比较多，具体作用价值效果和适用性也表现出了较为明显的差异性。随着相应科学技术手段的不断发展，墙体材料方面的创新发展同样也体现出了较为理想的效果，其中以块板为主的墙体材料表现出了较强的应用价值，比如混凝土空心砌块、纤维水泥夹芯板以及纸面石膏板等，都能够在建筑工程项目的墙体结构中体现出自身较为理想的作用效果，并且也能够有效提升建筑物墙体的节能、经济效果，值得在后续建筑物施工建设中高效运用。但是这些新型墙体材料在具体建筑工程项目中的应用效果并不是特别理想，其实际应用所占比例依然不是特别高，很多建筑工程项目依然沿用传统材料进行处理，如此也就需要在未来发展中引起高度重视，不仅仅要进一步创新这些墙体施工材料，还需要加大引入和推广力度，切实提升各类新型墙体材料的适用性。

（二）新型保温隔热材料

在当前建筑工程项目的建设发展中，相应保温节能方面的要求同样也越来越多，为了促使其建筑物具备更强的保温隔热效果，也需要从材料方面进行创新优化，充分提升各类材料的隔热性能，避免其出现较大的热量散失和消耗问题。在当前我国新型保温隔热材料的落实中，其创新优化效果越来越理想，也出现了较多新型的保温隔热材料，比如膨胀珍珠岩、耐火纤维、玻璃棉以及硅酸钙绝热材料等，都能够在建筑工程项目中合理铺设表现出较佳隔热保温效果，类型越来越丰富，适用性也越来越强，不仅仅可以在建筑工程项目的外墙结构中进行合理布置，促使其外墙保温较为突出，还可以在屋顶结构等区域得到较好落实，保障其整体保温隔热能够较为全面。但是从这些保温材料的具体施工应用中，因为很多新型材料的生产效率并不是特别理想，生产的效率和质量也都存在着一些问题和不足，这也就限制了后续的应用推广，需要进一步加大投入力度，提升其应用效能。

（三）新型防水材料

对于建筑工程项目的具体施工建设而言，防水防渗方面的要求同样也是比较高的，而这一方面的有效保障除了要进一步优化提升防水防渗施工技术水平之外，还需要重点从防水材料方面进行优化改进，促使其能够形成理想的运用效果。结合当前我国对于建筑工程项目中各类防水材料的具体研究创新而言，其同样也进行了多个方面的尝试，比如对于沥青油毡、刚性防水材料、合成高分子防水卷材以及各类密封材料，都取得了较为理想的防水应用效果，并且也较好适应于建筑工程项目的不同区域。此外，其防水材料不仅仅类型较多，自身的质量同样也取得了较为理想的保障效果，如此也就能够充分提升整体防水水平，也能够为后续实际应用创造较强便利条件。

（四）新型装饰材料

随着当前人们生活水平的不断提升，对于建筑工程项目的内部装饰装修要求也越来越高，如此也就必然需要从该方面进行创新优化，相关装饰装修材料方面的创新优化自然也是比较突出的。结合这种新型装饰材料方面的有效创新而言，其需要关注的内容还是比较多的，不仅仅需要加强对于各类装饰装修材料性能和质量的优化，还需要关注于美观性以及环保节能方面的改进，如此才能够充分提升整个建筑装饰装修水平。结合该方面的创新发展来看，我国虽然起步比较晚，但是同样也取得了一定的成效，在引入国外先进技术的基础上，自身同样也进行了较多的探索，高、中、低档装饰装修材料也都进行了较好创新，较好满足于各个不同层面建筑工程项目施工的需求，比如瓷质抛光砖、各类软质装饰材料，都能够实现高效运用。

三、新型建筑材料的应用注意事项

对于建筑工程项目中各类新型建筑材料的有效应用落实而言，为了有效提升其后续应用价值效果，还需要重点加强对于各类新型建筑材料应用原则的把关，其中比较核心的注意事项主要有以下几点：

（一）因地制宜原则

在各类新型建筑材料的有效应用过程中，因地制宜基本原则可以说是比较重要的一个基本条件，其需要充分分析当地气候特点以及环境特点，并且分析相应建筑工程项目的各个方面需求，如此也就能够切实保障在新型建筑材料的选择方面具备理想的适宜性，避免因为相应建筑材料的选择不理想而带来较大的矛盾和冲突隐患。

（二）节能环保原则

对于新型建筑材料的有效应用而言，节能环保同样也是比较重要的一个基本原则，这也是当前社会发展的重要趋势和要求，需要分析相应新型材料的运用是否能够在该方面具备较强的作用效果，对于可能出现的各类问题进行不断修正，促使其能够搭配相关建筑结构进行优化，降低能源消耗，规避对周围环境的污染。

（三）经济性原则

对于建筑工程项目中各类新型建筑材料的有效应用而言，还需要从经济性方面进行严格把关，促使其能够有效节约建筑工程施工成本，在造价控制方面能够表现出较强价值，尤其是对于相应落实方面的经济可行性，更是需要进行充分分析，避免相应建筑工程项目在后续落实中受限于资金无法执行。

综上所述，对于建筑工程行业的发展创新而言，重点加强对于施工材料方面的研究是比较重要的一个方面，其需要结合于建筑工程项目中比较常用的各类材料进行不断优化，促使其体现出更强的实用性效果，并且充分考虑到建筑工程项目的发展需求，促使新型材料的应用适用性较为理想，逐步提升其应用价值。

四、新型混凝土材料

混凝土是土木工程中最常见的建筑材料，普通混凝土由胶结材料及骨料组成。近年来，为满足不同工程要求，新型混凝土发展迅速，在性能、工艺、用途上都得到了创新发展。新型混凝土就是在普通混凝土的基础上进行升级，能够节省成本、易于施工、提高强度。

（一）高性能混凝土

高性能混凝土简称HPC，目前国际上对HPC的研究与应用都非常重视，是当代混凝土研究的重点。HPC具有强度高、易于施工和耐久性高的优点，能够满足不同结构及功能的各类建筑的耐久性及强度要求。高性能混凝土由于其自身性能特点，可抵御恶劣环境的危害，降低维修管理费用；由于工作性强，可降低施工强度，节约工程造价。

（二）活性微粉混凝土

活性微粉混凝土简称RPC，是一种超高强混凝土，抗拉和抗压强度远远高于普通混凝土。活性微粉混凝土是由普通混凝土发展而来，经特殊工艺使混凝土达到最优堆积密度、改善均匀性及延展性，并通过加压加温提高强度。

（三）低强混凝土

低强混凝土用于土木工程的基础工程中，起到填充、垫层、隔离的作用。在软土地基条件下，低强混凝土的应用十分必要。同时，适当地应用低强混凝土可节约工程造价。

（四）轻质混凝土

轻质混凝土与普通混凝土的区别在于由轻骨料代替砂石重骨料，其中轻骨料主要包括：天然轻骨料如浮石、凝灰岩等；人造轻骨料如页岩陶粒、黏土陶粒、膨胀珍珠岩等；工业废料如炉渣、粉煤灰陶粒、自燃煤矸石等。轻质混凝土具有密度小、相对强度高以及保温性能优良等特点。以工业废料为骨料原理制作的轻质混凝土，不仅降低了生产成本，还有利于环保、降低污染。

（五）加筋混凝土

普通混凝土抗拉性能较差，在混凝土中掺加纤维可增强其抗拉延展性。纤维种类多样，目前应用较为广泛的是钢纤维、玻璃纤维、碳纤维等。其中，加入钢纤维的混凝土抗拉强度可提高40%～80%，抗弯度提高60%～120%，抗剪度提高50%～100%，抗压度提高0～25%。在钢纤维混凝土的抗压实验中，与普通混凝土相比具有较大的韧性。

五、新型复合材料

高级复合材料在土木工程应用中具有高强、轻质、耐久性强等一系列优良的工程性质，胜过传统的建筑材料，因此逐渐在土木行业中得到发展和广泛应用。

（一）纤维复合材料

纤维复合材料简称FRP，作为工程材料具有一系列优良性质，如高强、耐腐蚀、抗疲劳性质，同时FRP还具有自传感特性。FRP成本较低，特殊情况下可作为土木建设中钢筋的替代品。为满足不同需要，FRP复合材料可制成棒、板、网等多种形式，可满足大型结构的建筑要求，广泛应用于桥梁、海洋和地下工程等特殊工程中。

（二）碳纤维增强塑料

碳纤维增强塑料简称CFRP，工程上的应用形式主要有拉挤板材和预浸料片材等，可替代传统加固材料。CFRP板材成本较低，这种优势尤其体现在工程整个寿命上，从整个使用周期来看，经济性较好。

（三）FRP柱子封套复合材料

作为加固柱子封套有助于增加柱状结构的受剪和受压能力，同时还可提高结构抗冲击性、抗震能力。FRP柱子封套技术在英国和日本已经开始应用，在公路桥上应用FRP柱子封套可有效增加建筑物的抗弯、抗剪、抗冲击能力。

六、智能材料

智能材料是具有自诊断功能的材料，智能化是土木工程材料发展的趋势。智能材料在工程监测、检测和评估中起到重要作用。

（一）自诊断机敏复合材料

自诊断机敏复合材料包括光纤埋置式、压电式和导电式自诊断机敏复合材料。光纤埋置式自诊断机敏复合材料是将尺寸小、重量轻的光纤材料光导纤维埋入结构构件中，从而可得到构件中各种参数的变化情况，可用于监测梁等结构的松弛蠕变特性，判断构件是否会破坏失效。压电式自诊断机敏复合材料的主要代表为碳纤维水泥基复合材料，它既是结构材料，又是功能材料，利用导电性能改变来预测保密结构的破坏。导电式自诊断机敏复合材料的基体材料主要是水泥、玻璃等无机材料，通过导电性能变化反应材料性能变化。

（二）形状自适应材料

形状自适应材料以形状记忆合金（简称SMA）为代表，具有极强的恢复温度变形能力，可承受较大的弹性形变。SMA材料在土木工程结构上可作为智能抗震体系材料。目前，该材料在我国土木工程中的应用研究尚处于探索阶段。

七、现代建筑材料分类及其应用

建筑创作百花齐放，建筑材料也是层出不穷地出现在设计师的眼中，在此笔者对市场上使用较为成熟的部分新型建筑材料进行归纳总结，分析建筑材料本身特性、优缺点以及构造方式，并总结同类建筑材料组合使用相互特征。同时，总结相关理论实践。

（一）陶板

天然的陶土可以为建筑材料带来更多的变化，可以做成陶板、陶砖以及陶棍等等。这些原材料经过现代科技的加工，打磨以及后期制作然后再经过相关磨合组成，吸水率不大于10%的陶土制品，具有绿色环保、隔音透气、色泽温和、应用范围广等特点。干挂安装、更换方便，给建筑设计提供了灵活的外立面解决方案。

1.陶板的性质特点和分类

陶土与水混合后具有可塑性，干燥后保持外形，烧制可使其变得坚硬和耐久。不同产地的陶土具有不同的化学组成、矿物成分、颗粒大小以及可塑性，因此，不同生产商的类似产品可能具有极大差异。陶板在建筑幕墙中的常见形式有单层陶板、双层中空式陶板、陶棍以及陶百叶，常见表面效果有自然面、喷砂面、凹槽面、印花面、波纹面、釉面及各种混合效果等。陶板本身具有以下特性，备受广大建筑师青睐：（1）强度高，重量较小，陶板的破坏强度4KN以上，平均弯曲强度13.5MPa以上，可随意切割，多采用空心结构，自重轻，隔声好，可减少噪音9dB以上，同时增加热阻，提高保温性能。（2）材料性能稳定、耐久性好，陶板耐酸碱级为UA级，抗霜冻，耐火不燃烧，材料的燃烧等级可达到国家标准中的不燃烧体A级。（3）色彩多样、色差小、风格古朴，陶板的颜色是陶土经高温烧制后的天然颜色，永不褪色，历久弥新。常见颜色分为红、黄、灰三个色系，可广泛应用于各公共建筑和高端住宅等内外墙装饰。（4）容易清洁，陶板中金属含量低，不产生静电，不易吸附灰尘，雨水冲刷即可自洁。（5）绿色环保，陶板取材天然，无辐射，可循环利用，通常采用干法施工安装，无胶缝污染。

2.陶板在设计中的应用

在新技术的发展下，陶板也能有较大的发展。一方面是在陶板本身的材质进步之中，材料更倾向于绿色环保无污染高分子复合材料。在既有的外饰面作为围护结构的基础上，融入相关功能要素如保温、防水、防火等。还有对已有建筑材料的再回收利用和对废弃建筑玻璃改造等都是当下较为比较倡导的方向。著名建筑师博塔在中国第一个实践作品就是使用的陶板。衡山路精品酒店的外墙，采用的是陶板幕墙开放干挂体系，并不是我们之前预想的清水红砖砌筑。但是相同的陶板通过不同角度的排列，呈现了大师红砖立面一贯统一又丰富变化的风格。红色依然是红色，陶板的尺寸保留了红砖作为砌筑单元的小尺度感觉，所以整体呈现非常细腻有质感。

（二）金属

现代建筑的发展离不开金属材料的运用，金属材料的延展性以及较好的质感和色感都能对现代建筑有很好的帮助。随着现代材料本身和加工工艺的不断进步，现代建筑师在建筑创作中在结构、饰面以及外立面上大量应用金属建筑材料。

1.金属的性质特点和分类

金属的使用已经有几千年的历史，在现代建筑材料技术中心它仍然扮演着重要的角色。在建筑业中，金属只有在金属完成工业化生产后，它才开始在建筑业中发挥作用。随着建筑师对于金属的越来越关注，金属在建筑领域里主要是追求更高强度和更轻重量。金属尽管种类较多，在建筑设计中应用较多的主要分为：

（1）铸铝板。铸铝板顾名思义，就是通过铸造的方法来获得的铝板。铸铝板主要使用于表面需要得到比较复杂的纹理装饰图案的铝产品，并且适用于对铝板有一定厚度要求的产品。铸铝板广泛运用于装甲防盗门的生产。近些年也逐渐用于建筑外立面，主要使用于表面需要得到比较复杂的纹理装饰图案的铝产品，并且适用于对铝板有一定厚度要求的产品。铸铝板广泛运用于装甲防盗门的生产，近些年也逐渐用于建筑外立面。

（2）铝镁锰屋面。铝镁锰合金屋面板是一种新型的屋面板，铝镁锰合金在建筑业中得到广泛的应用，为现代建筑向舒适、轻型、耐久、经济、环保等方向发展发挥了重要的作用。AA3004铝镁锰合金由于结构强度适中、耐候、耐渍、易于折弯焊接加工等优点，被普遍认可作为建筑设计使用寿命50年以上的屋面、外墙材料。

（3）钛锌板。钛锌板以主体材料锌为基材，在熔融状态下，按照一定比例添加铜和钛金属而合成生产的板材。独特的颜色具有很强的自然生命力，能够很好地应用在多种环境下而不失经典。材料独特的自修复力和颜色的稳定性，更加彰显了建筑物本体的强大活力。

（4）穿孔铝板。穿孔铝板是指用纯铝或铝合金材料通过机械压力加工制成的横断面为矩形、厚度均匀的铝材。造型美观，色泽幽雅，装饰效果好，可用于酒店、音乐会、餐厅、影剧院、图书馆等大型公共建筑，也可各类大型交通建筑以及超大型博物馆建筑提供良好的物质条件基础，成为近几年风靡装饰市场的主要产品。

2.金属在建筑创作中的应用

金属材料在建筑创作中的运用主要集中在三部分，一种是金属材料与其他建筑材料相互组合，所产生的建筑品质比如乌镇大剧院，金属、玻璃和传统青砖相互组合。另一种是金属材料本身通过技术和构造，展示金属本身不同于别的材料的塑形性，尽显金属之美，如毕尔巴鄂古根汉姆博物馆，钛锌板通过现代数字技术，构建不一样的美学，还有隈研吾在无锡做的万科艺术馆，通过材料本身构铸特性，创造不一样的建筑外立面的同时也引导空间的流动和变化。最后一种就比较纯粹，在屋顶的应用中金属材料主要表现在它的物理性能上，结构本身轻便而且安装便捷，良好的导电性能可以防电磁干扰和降低特殊环境下的易燃性。

（三）玻璃

玻璃以其独有的自身属性展现着双重性特征，其一方面通过光滑、均质、轻巧展现着技术的精湛，另一方面又由于透明与半透明、折射与反射突显出知觉体验与美学内涵。它促进了建筑本身与环境、光线、场所以及人之间的关联。以其固有的语言回应场所存在以及时间变换，并通过独有的属性展现与建筑地域性之间建立了关联。

1.玻璃的性质特点和分类

玻璃一般是指由石灰石、石英砂以及纯碱等多种原料按照一定比例，在高温下经过熔融、成型、冷却等多个步骤形成的透明固体材料。并通过在制作过程中加入适当的辅料以及工艺处理，而得到的各种玻璃制品。玻璃具有非常好的物理性能以及后面随着建筑技术的进步与发展对玻璃的物理化学性能也有很大的帮助和提升，玻璃能给我们带来光明的同时还能很好地创造互通的室内外效果。玻璃主要分为以下几种，在实际实践工程中，运用得较为成熟的：

（1）彩釉玻璃。彩釉玻璃是将无机釉料（又称油墨），印刷到玻璃表面，然后经烘干、钢化或热化加工处理，将釉料永久烧结于玻璃表面而得到一种耐磨、耐酸碱的装饰性玻璃产品。这种产品具有很高的功能性和装饰性，它有许多不同的颜色和花纹，如条状、网状和电状图案等等。也可以根据客户的不同需要另行设计花纹。

（2）玻璃砖。玻璃砖的原材料就是和玻璃一样，不同于传统意义上的玻璃大面的形式，它材质也是石灰石、石英灯原材料。但是形状却又像传统的红砖材料，所以又名玻璃砖，玻璃砖形式多样，颜色丰富，有长方体的、正方体的以及圆形中空的。玻璃砖一般用于建筑外表面和建筑室内装修，建筑外表面的使用不仅能够模仿传统的建筑材料肌理还能更好地达到建筑透明通透的感觉，是一种非常新颖的建筑材料。

2.玻璃在建筑创作中的应用

玻璃作为现代建筑材料也有其独属的特性：首先是施工便捷，相对于传统材料施工和安装更加容易。其次是选择性更多，可以结合图案、透明度、样式等和当地的异域文化、信仰等相互结合，能给予建筑创作更多可能性。还有一点就是玻璃本身可以进行复合加工、镀膜或夹层以至于可以获得比如节能、保温、防火等特殊性能；然而，最后一点则是玻璃特有的属性，它不仅是在视觉上有较为轻盈的感觉，更具备透明性，以及在空间上给人的流动感。玻璃在建筑设计中主要是根据建筑本身对建筑性质的确定，而决定采取哪种玻璃加工工艺。彩釉玻璃根据表面的无机釉料所表现的主题能给予建筑不一样的性格；U形玻璃最大的优点是户外直射光经过U形玻璃就转换为漫射光，透光不透影，有一定私密性，再有就是施工更便捷；玻璃砖的应用优点主要集中在它的化学性能上，不同的规格尺寸可以提供更灵活的选择和外在形象以及环保、抗压防火隔音隔热。玻璃作为现代建筑材料也有其独属的特性：首先是施工便捷，相对于传统材料施工和安装更加容易。其次是选择性更多，可以结合图案、透明度、样式等和当地的异域文化、信仰等相互结合，能给予建筑创作更多可能性。玻璃建筑材料的出现是对现代建筑发展的一次有力的推动，玻璃不仅能给建筑带来通透感还能给建筑室内空间良好的流动性，让建筑室内外相互连通，建筑很好地融入大自然中，其中镜面玻璃则能更好地反射周围环境，使建筑与大自然的美好环境相互融合、相互统一。

（四）混凝土

混凝土作为最主要的建筑材料之一，曾经一度被认为是一种工业的、粗糙的、野性的材料，只适合用在结构上面，而不会用于建筑的表面，因此它过去经常与工业建筑联系在一起。然而，建造观念的改变揭示出混凝土本身就是一种很重要的材料。随着建造技术变得越来越精致，裸露的混凝土表面逐渐在建筑设计中得到更广泛的应用。

1.混凝土的性质特点和分类

混凝土一般是指由水泥、砂石等骨料与水组合，经过浇筑、养护以及固化等阶段以后所形成的坚硬固体。其中，混凝土构成原料的不同、组合比例的差异，都会造成其不同的属性特征以及感官效果。混凝土在建筑设计的应用中主要分为白色混凝土、清水混凝土、预制混凝土块、艺术混凝土等。

（1）清水混凝土。清水混凝土近年来使用频率非常高，它源自日本对混凝土的运用，也是日本建筑师把它发扬光大，不仅是对材料本身有很高的要求，同时对建筑施工也是很大挑战。清水混凝土可根据混凝土本身材质配比、后期添加色剂以及前面花纹，再分为白色混凝土、彩色混凝土和装饰混凝土等等，这些都是非常好的建筑材料。

（2）预制混凝土块。混凝土预制块模具，是根据特定尺寸规格专门定制的混凝土成品的模具。水泥预制块模具、混凝土预制件模具、高速预制件模盒、混凝土预制块模盒、预制塑料模具等都是混凝土预制块模具的别称。

（3）艺术混凝土（再造石）。它是一种新型混凝土材质，它的提倡主要是由于如今时代下，建筑寿命周期越来越短，拆卸的建筑给社会带来巨大的建筑垃圾，这些建筑垃圾应该如何去处理。也就是艺术混凝土是基于水泥和废气的建筑石渣组合通过黏合剂压缩组合在一起，它的外观可塑性强，能够很好地在材料表结合雕刻技术，并且比真正的石头便宜。所以说，它是一种能够既能收集废气建筑垃圾的绿色建筑材料，还是一种能够为建筑时提供优良建筑性能的建筑材料，特别是它拥有绿色环保性，这是独有的别的建筑材料并不具备的特殊性。

2.混凝土在建筑设计中的应用

现代建筑中对于材料的选择和应用可谓是丰富多样变化多端、各种各样的。清水混凝土是混凝土材料中最高级的表达形式，它显示的是一种本质的美感。材料本身所拥有的柔软感、刚硬感、温暖感、冷漠感不仅对人的感官及精神产生影响，而且可以表达出建筑情感。清水混凝土朴素真挚，表达的是建筑空间本身，同时伴随着光影变化创作设计如龙美术馆，原本地表达出混凝土的本质美，结合伞状结构营造空间变化并赋予光影变化，创造出混凝土材质本身质朴的美和丰富的空间变化。预制混凝土块的使用则是在结合新构造技术手段得以发展，并根据砌块不同、尺寸大小不同表达不一样的形式，同济大学袁烽教授在预制混凝土块应用上有很大的发展，在J-Office办公空间和成都兰溪庭建筑创作中，建筑师用预制混凝土块结合参数化设计，给建筑创作带来极大的进步。说到国内在装饰混凝土的运用上，不得不提张宝贵师傅，他在装饰混凝土的研究上已经摸索有20多年了，在实践中也应用于很多建筑方案如北京外国语大学图书馆改扩建工程，把艺术混凝土巧妙地运用在建筑外立面上，体现出民族特有文化特色。最后的GRC算是另类的一种复合材料了，混凝土中加入玻璃纤维，增强混凝土的可塑性，对于建筑形式有更大的可塑性，在当代建筑应用很广泛，如哈尔滨文化中心的室内设计，对室内空间的变化可以更加自由地控制变化，室内效果丰富。混凝土建筑材料有很强的适应能力，能够很好地适用于不同国家、不用地域、不同的气候环境特征。钢筋混凝土的出现在很大程度上解决了传统建筑材料的一些弊端，也能为人们提供更好的建筑环境。

（五）新型复合材料

深入分析地域主义含义，了解地域主义所包含的特征特点。地域性是指在特定的地理位置、文化环境、地域环境范围内，存在和时间和空间相互联系的维度关系。空间上是指建筑存在于这个地方，占据了这个地方的空间，它和所处的周边环境存在某种特定的联系，空间关系也是较为明显的关系，相对空间的明显而言，时间维度相对隐蔽一些，不是那么直观地能表述、能看到，在这个特定的时间内，这个时间段内，建筑在这个时间段内，如何与当时的文化，这个时间段之前的文化，甚至是这个时间段以后的文化相互发生关系。所以说一个物体存在过的形式就是两种，一种是时间上的，一种是空间上的，两者是相互独立而又相互联系。材料可以根据不同的制作方法分成许多类。一些从环境中直接获取（如石材或木材），一些由自然物质加工而成（如玻璃和钢）。复合材料则是由一系列其他原料（自然的、合成的或人造的）经过设计与制作而形成的具备特殊性能的材料。复合材料的特性常用于应付特殊的设计条件，它们以其特别的持久性、强度或防水性来满足建筑需求。在建筑设计中使用复合材料的关键，是它们具有极高的灵活性：可以改变它们的组成部分为不同项目找到不同解决方案，从而强调出其具有可循环利用的经济性特征。

1.复合材料的性质、特点和分类

复合材料本身是现代建筑材料结合科技发展的最新产物，不仅能够体现现

代建筑材料的具体功能和传统特性，另一方面是建筑材料结合高新技术的应用，能从材料本身上改进材料的性能，使多种材料的优秀性能集中发生在同一种建筑材料的身上，实现集中化表达。复合材料主要分为有机塑料（亚克力）、聚碳酸酯板（PC板）、ETFE膜材等。

（1）有机塑料（亚克力）。复合材料本身是现代建筑材料结合科技发展的最新产物，不仅能够体现现代建筑材料的具体功能和传统特性另一方面是建筑材料结合高新技术的应用，能从材料本身上改进材料的性能，使多种材料的优秀性能集中发生在同一种建筑材料的身上，实现集中化表达。其中最主要的就是现代科技发展带来的建筑材料的巨大发展进步。

（2）聚碳酸酯板（PC板）。聚碳酸酯（PC）是一种线型聚合物，可分为脂肪族、脂肪—芳香族、芳香族3种类型。PC是5大通用工程塑料中唯一具有良好透明性的热塑性工程塑料，可见光透过率可达90%，具有突出的抗冲击、耐蠕变性能，较高的拉伸强度、弯曲强度、断裂伸长率和刚性，并具有较高的耐热性和耐寒性，可在-60～120℃下长期使用，综合性能优良。PC可与其他树脂共混形成共混物或合金，改善其抗溶剂性和耐寒性。

2.复合材料在建筑设计中的应用

复合材料所提供的复合型功能为建筑创作提供了有效的建筑手段，建筑材料的丰富性为建筑创作提供了更多的多样可能性，不同的材料提供不同的建筑材料性能，根据各自材料的优点提取其优秀的材料特性，如玻璃纤维增强混凝土（GRC混凝土）既包含了混凝土的强度以及各种复合材料同时还融合了玻璃纤维的可塑性，为混凝土在提供坚固、适用、美观的同时还能增强材料的可塑性。在复合材料中，其中有机塑料最有名的设计就是英国著名设计师设计的英国馆。英国馆的设计可谓真的是一个匠心独运的建筑作品，建筑外立面是由6万跟亚克力的塑料管组成，白天缥缈，晚上配合灯光的设计更加梦幻。聚碳酸酯板相对于亚克力则具有更好的化学性能如耐热、耐温、耐冲击、耐燃、耐火等优良性能，常用于屋面如广州体育馆。ETFE膜材，相对于PC板和亚克力板更轻便，透光性更好，常用于建筑围合结构如北京水立方。

八、绿色建材

（一）能源现状与建筑能耗

20世纪下半叶，世界范围内以石油为主要能源的供需关系严重失衡，对全球范围内各国的经济产生较大的影响，带来较大的风险。世界能源危机（World Energy Crisis）的爆发，第一次使人们意识到牺牲环境为代价的发展模式是难以为继的，节能降耗的意识渐渐苏醒，各国意识到节能环保对未来发展的重要性是不容忽视的。与此同时，在全球气候条件不断变化的大背景下，传统建筑业高能耗、高污染、低效率的特点势必要改善，可持续发展的发展模式将成为世界建筑业的共识。

众所周知，土木建筑行业作为人类重要的生产实践活动，保证着人类的衣、食、住、行，是人类进行一切其他实践活动的基础。而将水泥与钢材作为建筑材料，并得到空前的发展，无疑是人类建筑史上最伟大的创造。1997年，全世界的钢材产量达到7.7亿t，水泥年产量达11.5亿t，每年的混凝土产量为80亿～90亿t。我国在1985年，水泥产量跃居世界第一，并此后一直处于领先地位。1996年我国钢材产量也跃居世界第一。到2010年，我国水泥总产量已达18.7亿t，占世界总产量的60%左右，与此同时我国水泥产量已连续25年位列世界第一；平板玻璃产量6.3亿重量箱，为1978年的35倍；建筑陶瓷产量78.09亿㎡，为1978年的1430倍。

2013年，我国已建成的建筑面积达到545亿㎡，当年内新增建筑面积接近34亿㎡（不包括工业厂房等）。自2001年以来，我国建筑面积逐年增加，年新增建筑面积增长率在12%～20%之间，照此发展，2030年我国建筑面积总量将接近1000亿㎡。这将直接导致我国建筑能耗的大幅增加。需要明确的是我国现有建筑中95%以上为高耗能建筑，其中建筑能耗已占到全国能源消耗总量的30%，而建材行业能耗占到建筑行业总能耗的1/3以上。

随着人口的不断增加和经济的不断发展，世界对能源的需求不断增加。据美国能源信息署（EIA）的统计，从1990到2010年，世界一次能源消耗量从1990年的8719.8Mtoe增至2010年的12865.9Mtoe，年平均增速达到1.96%；CO_2排放量到2010年将达到315.02亿吨。此外，据国际能源署（IEA）预测，世界能源需求将持续增长到2035年，届时能源需求增速将超过2011年的30%，与此相关的CO_2

排放增速将是2011年的20%。2011年，世界总能源消耗量约175.4亿tce，而其中仅我国能源消耗总量贡献值接近20%。2012年，我国能源消费总量为36.2亿tce，其中建筑能耗占20%。如果保持当前能耗增长率，到2020年，我国能耗总量将达60tce，这将大大超出能源供应和CO^2减排所确定的上限值。能源紧缺与碳减排压力将逐渐成为制约各国可持续发展的重要因素。

基于此，在我国建设“资源节约型”和“环境友好型”社会的战略背景下，建筑行业作为我国经济的支柱产业，必须走减能节排与绿色化的可持续发展道路。

（二）低碳经济与可持续发展

2009年哥本哈根会议之后，节能减排与低碳经济成为全球关注的焦点，基于低能耗、低污染、低排放的低碳经济成为应对全球气候变化的全新的经济模式。低碳经济与可持续发展已成为时代发展进步的必然选择。

英国最早在《我们未来的能源——创建低碳经济》中提出了低碳经济的概念。书中认为低碳经济是：以最少的资源消耗与最低的环境负荷，获取经济产出的最大化。可以说低碳经济为发展应用以及先进技术的输出创造了条件，带来了新的、更多的经济利好，同时也为高标准的生活品质提供了途径与契机。

低碳经济以可持续发展理念为指导，依赖技术、制度创新，产业转型等多种措施，以期更有效地降低高碳能源的消耗，减少温室气体排放，实现经济发展与环保的双赢。用低能耗、低排放、低污染的模式获得更高效能与效益是低碳经济的核心理念，简而言之，即低碳是方向、节能减排为方式、碳中和技术为方法的发展模式。1997年，《京都议定书》引发“低碳经济”理念的形成。可持续发展是为解决与协调经济建设和生态环境之间的关系提出的。1972年，《增长的极限》一书中以全球发展模型指出：如人类照此速度发展，很快会超出地球的容纳极限。面对严峻的环境问题，1992年，里约热内卢召开的全球首脑会议通过了《21世纪议程》等一系列文件，签署了《气候变化框架公约》等公约，其标志着可持续发展成为人类共同的行动纲领。可持续发展的经典界说是“既满足当代人的需要，又不对后代人满足其需要的能力构成危害的发展”。可持续发展区别于传统的发展模式的根本在于：其不是单纯开发自然资源去满足人类发展需要，而是开发与保护并存，实现发展与环境协调，以使自然生态系统始终处于良好稳定的状态。

（三）预拌混凝土的综合评价准则制定

建材产品的评价准则是进行产品绿色评价的基础，是指导建材企业进行产品设计、技术革新与改造的依据，同时也能够帮助用户选择经过技术优化的更加环保健康的建筑材料。本章基于建立的建材产品绿色综合评价体系，制定预拌混凝土评价准则。建立产品评价指标项的等级划分标准；对预拌混凝土相关的控制性指标，资源、能源、环境及人类健康方面的特征进行分析研究，确定预拌混凝土评价指标体系，并对指标项进行量化分析确定评价准则及依据；依据模糊可拓区间层次分析法计算预拌混凝土评价指标体系的指标权重，并计算出各指标项的分值。

1.预拌混凝土生命周期过程

本节以预拌混凝土为研究对象，制定单位预拌混凝土评价准则。混凝土的广泛使用，引起的环境问题也日益严重。混凝土价格低廉，其生产过程也非常粗放，在消耗大量标准煤、矿石、骨料、水等的同时，也严重破坏了生态环境，并造成温室效应、扬尘等一系列环境问题。随着对天然砂石的不断开采，天然骨材资源亦趋于枯竭，其开采的运输能耗与费用惊人，对生态环境的破坏十分严重。混凝土的胶凝材料水泥，其生产也要耗费大量石灰石、黏土和煤炭资源，这对于不可再生的矿石和化石资源都有着不可逆转的影响。

科学客观地评价各混凝土产品在全生命周期中对环境产生的主要影响，发现其对环境影响的不利因素，及时提出改进完善措施，是我国眼下大力推进混凝土产品行业现实节能减排的重中之重。但目前在这一专业技术领域欠缺明显，最凸显的问题在于没用统一合理的评价标准，当下要开展相关标准的编制及时填补这一空白，积极引导行业重视混凝土产品的环境友好性，通过科学合理的评价技术，综合评价混凝土产品在全生命周期中对环境的影响，在此基础上提出持续改进的有效建议，力争在最大合理限度上减少混凝土产品对资源和能源的需求，减少对环境的影响，实现混凝土产品产业的可持续发展。

预拌混凝土是在混凝土搅拌站集中搅拌，再由混凝土罐车运送到现场直接浇注的混凝土，因为以商品的形式出售，所以又称商品混凝土。应用预拌混凝土是建筑施工工艺进步的重要标志。以节约资源、保护环境为目的，根据十六大提出的走新型工业化道路的要求和《国务院对进一步加快发展散装水泥意见的批复》（国函〔1997〕8号）、原国家经贸委《关于印发散装水泥发展“十五”规划的通知》（国经贸资源〔2001〕1022号），在2003年商务部会同建设部等有关部门发文在全国124个中心城市启动了禁止在城市施工现场搅拌混凝土工作。经历了10余年的政策执行、技术推广，预拌混凝土因其具有现场搅拌混凝土所不具备的标准化生产和规模优势，质量上也被建筑行业标准、规范广泛认可，已在建筑市场上占据主导地位，成为最为典型的混凝土产品存在形式。国家标准《预拌混凝土》（GB/T 14901—2012）中明确定义预拌混凝土为在搅拌站（楼）生产的、通过运输设备送至使用地点的、交货时为拌合物的混凝土。

2.预拌混凝土评价技术流程

结合混凝土产品的实际生产应用特点建立评价实施的技术流程。混凝土产品在实际生产应用中，其是否满足设计目标性能是判断产品是否合格的先决前提。因此，对某一具体的混凝土产品在进行绿色度评价之前，应先确认该混凝土产品的控制性指标（基本性能）是否满足设计、使用的要求，基本性能包括但不仅限于拌合物性能、长期性能和耐久性能等。仅在该混凝土产品满足控制性指标要求的前提下，方可对该混凝土产品进行环境影响评价。

当基本性能合格时，按照预拌混凝土对应的环境影响评价指标项，进行具体指标参数的逐一比对评价，计算得分。同时，依据具体的评价结果报告，为该产品的改进提供具体的参考，这样将有利于混凝土产品生产企业有目的地实施环境影响改进措施。

3.预拌混凝土综合评价准则的建立

界定的混凝土产品生命周期系统边界为从混凝土生产开始至混凝土废弃处置完成为止。为了便于评价实施，进一步明确在评价过程中不考虑能源生产环节对环境的影响。采用的功能单位为1m³混凝土产品。预拌混凝土绿色评价指标。本研究中预拌混凝土的综合评价准则的制定只对评价指标体系中的“控制性指标”和“环境影响评价”指标项进行。由于数据统计难度较大及时间等方面的限制，预拌混凝土“经济性指标”相关准则的制定暂不做研究。

第六章

施工组织与项目管理

随着科学技术的发展，建筑行业也在发生着日新月异的变化，装配式建筑和BIM技术的发展会让建筑行业由原来的粗放式管理转变为集约式管理，使行业发展越来越标准化和现代化，而企业的利润则会越来越透明，如何在有限的资源条件下获得利益最大化成为建筑行业从业者的工作重点。而施工组织设计的优劣决定了工程项目的完成水平和企业效益的高低，新材料和新技术的发展对施工组织设计提出了新的要求，因此施工组织设计与项目管理的优化已成为必然趋势。在本章中我们将讨论施工组织和项目管理的内容，以及存在的问题。

第一节　施工组织与项目管理的内涵

对于工程项目而言，施工组织设计和项目管理是建造管理的重要组成部分，是实现项目科学管理、高效运营的关键。对于施工单位而言，施工组织与项目管理既是有效组织生产、调配资源、控制进度、管理质量的纲领性文件，又是编制企业计划、资金需求计划和施工预算的重要依据。因此，施工组织设计对工程项目的监控管理和施工企业的经济效益都起着非常重要的作用。在本节中我们将就施工组织和项目管理分别进行讲解。

一、施工组织设计

（一）施工组织设计的概念

施工组织设计在工程项目的施工全面开始之前编写，以工程项目为编写对象，是指引项目建设运营全过程各项活动的综合性文件（范昌才，2015）。施工组织设计也可以理解为一种行为，是针对项目建设过程中复杂多变的特点，遵守技术经济规则并着眼全局，对工程项目建设的各个环节和各个方面运筹规划的系统行为。施工组织设计从理论上讲是一种针对工程项目的生产管理计划，具体来说就是施工单位生产管理部门在规定的时间完成规定的项目目标的计划文件。它有以下特征。

1.预见性

工程项目开工之前施工组织设计就需要编制完成，它既是准备各项工作的指导文件，也是各项工作流程的指导文件。

2.平衡性

工程项目的目标有多方面的要求，进度、质量、安全、环境、成本等都需要满足要求，因此施工组织设计就需要全盘考虑，统筹安排，把人、材、机、资源等因素合理调配，综合平衡，保证目标的完成。

3.动态性

由于施工组织设计是在工程项目开工前编制的，各种指导原则和措施方法都是建立在预测的基础上的，一旦工程真正开始施工，往往计划赶不上变化。工程项目在建造过程中往往会遇到各种无法预料的复杂情况，这就需要定期地根据现场实际情况对施工组织设计进行调整，以达到和实际进度同步、动态调整的目的。施工组织设计的内容一般包括编制依据、工程概况、施工部署及施工方案、施工进度计划、施工现场平面布置图和技术经济指标等内容（詹永春，2014）。工程概况包括本工程项目的结构规模特点，工程所在地的地理环境、气象条件和施工条件，建设期限、合同要求和人、材、机的供应情况。施工部署主要指根据工程项目实际情况，考虑人、材、机和资源供给等条件，合理部署各项工作任务，安排工作顺序，通过对备选施工方案的分析和评价，选出最符合实际情况的施工方案（孔庆平，2016）。根据选出的施工方案，结合项目目标的要求，用时间计划的形式安排工作任务，就是施工进度计划。合理的施工进度计划，既可以使各项工作有序进行，又能使工期、成本和资源均衡调配，达到高效优质地完成目标的目的。施工总平面图则是施工方案和施工进度计划在空间上的体现，通过把各种生产要素结合场地和设施合理的布置安排，使施工活动能够安全文明、高效有序进行（张晓丽，2015）。

（二）施工组织设计的分类

施工组织设计的概念比较广，在编制的范围和深度上会根据工程项目的规模、类别有所不同。在工程项目中，根据不同范围的编制对象，施工组织设计可分为施工组织总设计、单位工程的施工组织设计和施工方案（庄淼，2014）。

1.施工组织总设计

施工组织总设计一般由施工总承包单位的总工程师负责编制，编制对象为特大型工程项目或群体性工程，它是指导整个项目从开始到竣工各项工作的技术经济文件，具有统筹全局、全盘规划的作用。

2.单位工程施工组织设计

单位工程的施工组织设计一般是由施工单位的技术负责人主持编制的，编制对象主要为单位工程或子单位工程，用于指导单位工程或子单位工程各项工作的技术经济文件，主要起到对单位工程的指导和约束作用。

3.施工方案

施工方案一般由施工单位项目部技术人员编制，由技术负责人审批，编制对象具体到分部分项工程或某一专项工程，给具体施工以明确的指导，是一种具体的实施性文件。

4.三种施工组织设计的关系

施工组织设计在同一个工程项目因为作用和范围的不同，可分为施工组织总设计、单位工程施工组织设计和施工方案。施工组织总设计的范围比较宽泛，是对整个工程项目的综合部署，是侧重于控制性的施工组织设计。单位工程施工组织设计则面对具体的单位工程，在施工组织总设计的框架内，把相关内容详细化和具体化，是侧重于指导性的施工组织设计。施工方案则是依据单位工程施工组织设计，针对专项工程，把相关内容更加具体化、可操作化，是侧重于实施性的施工组织设计。上述三种施工组织设计具有以下关系：在编制方面，施工组织总设计统领单位工程施工组织设计，而单位工程施工组织设计又统领施工方案；在操作实施方面，施工方案要遵守单位工程施工组织设计，而单位工程施工组织设计要遵守施工组织总设计。

按照编制的时间节点的不同，施工组织设计又可分为投标过程的施工组织设计和实施过程的施工组织设计。

1.投标过程施工组织设计

投标过程的施工组织设计是投标文件的重要组成部分，也可以叫作标前施工组织设计，通常编制的目的是为了满足招标文件的要求（刘淑霞，2015）。标前施工组织设计可以作为招标人评标、定标和签订合同的依据，也可以用来指导投标人进行投标活动，确定报价和投标策略。投标时的施工组织设计主要是为了中标，用有限的信息赢取招标人的信任。

2.实施过程施工组织设计

实施过程的施工组织设计是在招投标双方签订施工合同后编制的，又称作标后施工组织设计。实施过程的施工组织设计有详细的针对性的内容和组织措施，真正起到指导工程项目全过程各项工作的目的。实施过程的施工组织设计不能和标前施工组织设计有方向上的差异，要在标前施工组织设计的框架内优化和完善（赵亮，2015）。实施过程的施工组织设计，已知条件更多，各种情况已经确定，所以这时的施工组织设计就更加具体、详尽。投标过程的施工组织设计和实施过程的施工组织设计的区别和联系：首先是编制时间的差别，投标过程的施工组织设计在工程施工合同签订之前的招投标阶段，实施过程的施工组织设计则在施工合同签订之后、工程开工之前；其次是编制条件的不同，在投标过程中很多条件不确定，因此施工组织设计并不具体，而实施过程的施工组织设计，已知条件更多，各种情况已经确定，所以这时的施工组织设计就更加具体、详尽；再者，编制机构有所不同，投标时的施工组织设计一般由企业经营部门编制，而实施过程的施工组织设计则由施工单位具体的项目部编制。编制目的也有所不同，投标时的施工组织设计主要是为了中标，用有限的信息赢取招标人的信任，而实施过程的施工组织设计就是为了具体指导建设过程中的各项活动，要详细具体切合实际。实施阶段的施工组织设计不能违背投标阶段施工组织设计的总体原则，不能擅自改动主要项目的施工方法、质量目标和主要经济技术指标，只能在原有内容的基础上进一步优化和完善。

（三）施工组织设计的编制原则

施工组织设计的编制应根据工程项目本身的特点和实际情况，并遵循以下原则：1.贯彻建筑行业的各项方针政策，遵守招标文件和施工合同的要求；2.在条件允许的情况下，结合工程特点尽可能地使用新材料和新设备，推广新工艺和新技术；3.采取措施方法，尽量推广绿色施工和装配式建筑的发展；4.合理地安排施工程序和施工顺序，运用网络计划技术，优化配置资源，实现高效、有序、均衡的生产。合理安排施工顺序要首先做好相关的准备工作，要本着先全场后单项的原则安排工作，对于单一构筑物的施工顺序，要同时考虑空间顺序和工艺顺序；5.根据工程所在地的环境条件，采取季节性施工措施，增加有效施工天数，减少季节性环境的不利影响；6.合理利用场地和资源，优化场地布置，避免二次搬运，尽可能地利用已有建筑，减少临建的投资。

二、项目组织管理措施

（一）成立精细化工作小组

施工项目标准化/精细化管理的推进需要企业的大力支持和企业、项目成员的共同努力，组织结构是开展管理的基础，项目成员的实际行动力是实现项目成功管理的基础条件，再好的管理系统，没有与之相配套的架构和成员实际行动力，就没法真正运行。而目前大部分施工单位开展标准化/精细化管理工作均没有形成专门的工作小组，相应的责任没有制定或落实，尤其是推行阶段的监督管理职能基本处于缺失状态，标准化/精细化管理开展严重受阻。

为了更好地落实精细化管理措施，使精细化管理体系正常运行，企业、上级管理部门应该根据本系统的组织架构和管理水平，在企业内部成立专门的标准化/精细化工作领导小组，小组成员应当经过相关培训，具备标准化/精细化管理相应专业知识，且应具有一定的权利和责任。可以根据企业需要，由分管领导，质安部、工程部、审计部等部门相应成员兼职组成，或采用由各部门抽调、聘任等形式成立专门的工作部门。工作小组应具备企业层面方面落实标准化管理的各项职能，例如管理制度、流程制定和修订，定期监督检查、考核评价，定期总结报告等。工作小组应配合人力资源等部门定期、不定期（开工前）对企业员工、项目成员开展标准化/精细化管理培训，提高企业、项目成员对于标准化/精细化管理的执行力，落实企业全员的相关责任，以真正推进项目标准化/精细化管理进程。

（二）建立项目标准化管理大纲

如前所述，由于建筑市场和机制的特点，项目从中标到开工的时间过短，施工单位项目组织成员普遍不能立即到位，合同导致每个项目在实施前很难进行详细、有效的项目管理规划，指导项目标准化/精细化管理的开展。开局的仓促往往导致了项目实施的不畅。

为了解决相应问题，企业应当将项目共性的、常规的标准化/精细化管理制度、过程文件汇总，建立项目标准化/精细化管理大纲。要求各项目经理、项目管理人员在项目筹划阶段就熟练掌握管理大纲，明确落实相关责任和要求，以便项目管理成员在中标后即有相关的执行方面和管理理念，能在最短的时间内根据项目管理特点形成项目标准化/精细化管理实施规划，有效地指导项目标准化/精细化管理的实施。如前所述，为了与项目精细化管理理念相适应，管理大纲应尽量纵向延伸至施工前和施工后，并横向涵盖项目“三控三管一协调”的所有管理要素。项目标准化/精细化管理大纲对于共性的管理要求和程序可以制定得深入一点，对于项目特殊性影响较大的专项管理，应以原则性要求为主，给项目标准化/精细化管理实施规划的制定留下空间。

（三）合理总结经验

管理制度和流程的落实、精细化管理体系的运行，最实际的一步就是项目执行者的遵守和实施。而要项目执行者的实施，除了执行者思想上的重视，一定的执行力和与之相适应的监督、考核评价与持续改进制度外，还要求管理制度和流程具有相当的可执行性。

为了确保集团、企业项目标准化管理制度的可执行性，相关的管理部门（标准化/精细化管理工作小组）应该充分发挥其职能，收集、总结相关工程经验，结合企业的形象特点和管理水平，对一些项目标准化/精细化管理方面的详细硬性要求进行整理汇总，结合图文图表，形成简单易懂、具有可操作性的项目标准化管理手册并发放至各项目部，以便项目部参照执行和标准化/精细化工作管理小组定期进行考核评价。项目标准化管理手册应当包含企业视觉形象识别、文明施工、临边洞口防护、脚手架、临时用电、警示标志、消防管理等安全文明方面的要求和样板引路、原材料管理、技术交底、工人作业管理、检验批自检、交接检查等现场质量管理方面的内容，以及其他管理要素方面可量化、参考执行的相关内容。项目标准化/精细化管理手册的内容应当根据企业精细化管理推广进程，定期进行修订和更新，修订前应充分咨询各施工项目部，汇总相关意见，总结相关经验教训，以保持管理手册的科学性和可执行性，实现管理水平的持续提升。

（四）重视考核评价

精细化管理体系运行的重点之一是形成有效的运行改进机制，持续完善、提高施工单位的管理水平，而要使持续改进机制运行顺畅，必须有一套有效的考核评价制度去支撑。而对施工项目推行标准化/精细化管理的考核评价往往是建筑施工企业，尤其是国有建筑施工企业的弱项。施工项目标准化/精细化管理考核评价是标准化/精细化管理体系在三个管理阶段的运行情况进行回顾、总结经验并进行评价的过程。其目的是确保施工单位各项施工项目精细化管理措施的有效执行，确保精细化管理体系的有效运行，及时发现企业施工项目标准化/精细化管理体系运行中以及施工项目开展精细化管理过程中存在的不足之处，定期总结、及时修正，实现持续改进。

项目精细化管理考核评价工作是施工企业开展项目精细化管理的一项重要工作，与企业各级职工对于开展项目标准化管理的积极性息息相关，关系到企业对自身的正确定位和认识，关系到持续提升机制的落实执行力度。企业应当根据自身管理水平和管理模式科学地形成适应于企业的施工项目精细化管理考虑评价体系，评价体系在不同企业、不同时期允许存在差异，存在偏重，但体系的建立与运行都应该坚持如下基本原则：1.严格严谨；2.客观公正；3.充分沟通；及时公开；4.挂钩绩效；5.持续改进。

为了能得到企业需要的数据和真正起到考核评价的作用，应按照企业特点合理制定考核的形式和考核指标。考核的形式可按考核对象划分为集团对下属企业机构的考核，和集团、企业对于项目的考核。而按工程实施阶段分类可分为：施工前阶段考核、施工阶段考核和收尾阶段考核。检查考核的工作应由精细化/标准化工作小组领导开展，应尽量形成有量化考核指标的检查表格等检查工具，以便实现客观公正的原则和进行统计分析，实现持续改进。考核检查指标分为单项考核指标和综合考核指标。考核指标的制定应与项目开展“三控制、三管理、一协调”的全过程管理同步，应当尽量包含质量、安全、成本等所有管理目标的单项指标。为了获得某一方面的专项成果，可开展单项指标的考核评价，亦可以以单项考核为基础，赋予单项指标各种权重，对各单项指标进行整合，对整个项目开展精细化管理工作进行综合考核指标考核评价，为了能进行有效的评价，每个项目的每个管理阶段应最少开展一次综合指标考核评价工作，其中施工阶段作为最具实施性的阶段，其时间一般也较长，应开展多次综合指标考核评价工作。

（五）技术经济措施

精细化管理体系的运行顺畅与否，与施工技术水平关系重大，施工技术水平的提高能大大促进精细化管理体系的运行。要想实现施工技术水平的快速发展，就必须要重视“四新技术”：新技术、新工艺、新材料、新设备。现存的传统的施工工艺、施工技术水平已较为成熟，关于每项工艺的缺点和控制难点的研究也已十分透彻，但在实际项目施工管理过程中，由于相应施工工艺、施工技术的落后，工人的惯性操作等原因，即使采取了技术交底等精细化质量控制，但仍会较容易出现质量问题、安全文明以及效率低下等情况。而随着国内科学技术水平的长足发展、工业化进程的深入，有很多“四新技术”已经得到实际推广和应用。“四新技术”的应用往往可以打破传统施工技术的瓶颈，可以大幅提高建筑施工质量、安全的保证率和作业效率，对推进施工项目精细化管理意义十分重大。近年来国家亦大力提倡推广“四新技术”，但受到地域推广差异、一次性投入、项目规模与管理者的认识水平等因素的影响，“四新技术”的推广受到一定限制。

因此，企业必须建立相应的企业核心技术资源库：安排技术人员定期进行调研学习，与材料、供应商和先进同行单位保持密切联系，掌握技术市场动态，尽量挖掘“四新技术”的应用潜力。有条件的大型建筑施工单位更是要建立属于自己的技术科研中心，开展工法公关、专利研究等课题，掌握尽量多的独立核心技术，以快速提升施工技术水平，推进项目精细化管理进程。目前比较常见且有应用前景的施工“四新技术”有：1.铝模等周转次数较多、施工方便、质量控制较好的周转型材料；2.整体提升式等工具式外墙脚手架操作系统；3.保温砂浆、轻质砌块等节能保温材料；4.重型内爬式起重机等起重机械；5.数控钢筋加工设备、腻子打磨机、墙地面开槽机、油漆喷涂机等新型小施工机械。

（六）重视前沿管理技术的整合和应用

除了硬技术的应用，要想促进精细化管理体系的运行，也应重视建筑施工前沿管理技术的整合应用。需要利用计算机、网络技术等先进技术工具去简化、优化施工项目的管理程度、降低管理难度、提高管理精度，以实现施工项目的精细化管理。

目前建筑施工领域常用的前沿管理技术、理念有：1.经典工程经济学中的盈亏平衡分析、敏感性分析、价值工程理论。2.运筹学中的线性规划、进度计划网络等技术。3.计算机领域相关的计算机技术、计算机网络技术等。4.项目信息管理技术、建筑信息模型（Building Information Modeling）技术等。要想利用好前沿管理技术、理念，最关键的就是企业、项目部要配备掌握相应技术的管理型人才和管理工具，企业要定期进行相关技术的更新和培训。而前沿管理技术、理念的掌握和应用是项目年轻管理者的强项，企业应当适应项目管理者年轻化的趋势，利用项目管理人员的专长，分配好项目工作，最大限度利用项目管理人员的能动性，大力推动施工项目精细化管理进程。

（七）适当加大投入

要想真正使精细化管理体系得到有效运行，推动施工项目标准化/精细化管理进程，除了组织、管理、技术方面的措施保障外，也离不开最实际的经济措施。由于目前大多数建筑施工企业处于推动标准化/精细化管理的初级阶段，此时开展项目精细化管理的效益尚不明显，但成立相应工作小组、开展相关研究、施工项目企业形象设计等却是实实在在的投入支出，该部分费用其实也是导致部分建筑施工企业项目标准化/精细化管理无法开展的原因。因此最直接的经济措施就是要加大企业对于施工项目标准化/精细化管理的费用投入，用以建立和维持初始阶段施工项目标准化/精细化管理体系的运行。

要进行施工项目精细化管理，项目部就必定要掌握项目的精细成本，和对项目的资金使用有较深刻的认识和把控，因此，应当充分发挥企业审计部门的职能，配合标准化/精细化工作小组，加强对项目实际成本的核算和资金使用的监督，更深入地把控项目资金和成本的构成，以便制定合理的成本控制措施和更好的核算项目效益。奖惩制度能直接起到激励企业员工和项目成员的作用，因此精细化管理考核评价、绩效评定都应当与奖惩制度挂钩，制定合理的奖惩措施，以最大限度地调动相关人员的积极性，提高项目管理者的执行力。应注意，由于目前大部分建筑施工企业尚处于项目精细化管理的探索阶段，评价体系建立可能不太完善，故激励措施应当以奖励为主、惩罚为辅，避免对项目精细化管理的实施造成不良影响。

三、智能建筑工程的施工组织方案

智能建筑的概念最早起源于上世纪80年代，它不仅给人们提供了更加便捷化的生活居住环境。同时还有效地降低了居住对于能源的消耗，因而成为建筑行业发展的标杆。但事实上，智能建筑作为一种新型的科技化的建筑模式，无疑在施工过程中会存在很多的问题，而本书就是针对于此进行方案讨论的。

（一）智能建筑的发展

智能建筑是建筑施工在经济和科技的共同作用下的产物，它不仅给人们提供舒适的环境，同时也给使用者带来了较为便利的使用体验。尤其是以办公作为首要用途的智能化建筑工程，它内部涵盖了大量的快捷化的办公设备，能够帮助建筑使用者更加快捷便利地收发各种信息，从而有效地改善了传统的工作模式，进而提升了企业运营的经济效益。智能建筑施工建设相对简单，但是如何促进智能化建筑发挥其最大的优势和效用。这就需要引入第三方的检测人员给予智能化建筑对应的认证。并在认证前期对智能建筑设计的技术使用情况进行检测，从而确保其真正能够满足使用性能。但是目前所使用的评判标准和相关技术还存在着一定的缺陷，无法确保智能建筑的正常使用，因而制约了智能建筑的进一步发展。

智能建筑在建设阶段，其所有智能化的设计都需要依托数据信息化的发展水平。它能够有效地确保建筑中水电、供热、照明等设施的正常运转，也可以确保建筑内外信息的交流通畅，同时还能够满足信息共享的需求。通过智能化的应用，能够帮助物业更好地服务于业主。同时也能够建立更好的设备运维服务计划，从而有效减少了对人力资源的需求。换言之，智能化的建筑不仅确保了业主使用的舒适性和安全性，同时还有效地节省了各项资源。

（二）智能化建筑在建设中的问题

1.材料选择问题

数据信息化的建设，需要依托弱电网络的建设，而如果选用了不合格的产品，就会对整个智能化的建设带巨大的影响，甚至导致整个智能化网络的运行瘫痪。因此，在材料选择和设备购买前需要依据其检测数据和相关说明材料进行甄别，对缺少合格证书或是相关说明资料的材料一律不允许进入到施工工地中。当然在材料选择过程中还应当注意设备的配套问题，如果设备之间不配套，也会导致无法进行组装的情况，这些问题均会给建筑施工带来较大的隐患。

2.设计图纸的问题

设计图纸，是表现建筑物设计风格以及对内部设备进行合理安排的全面体现。而现阶段智能化建筑施工工程的最大问题就表现在图纸设计上。例如，工程建设与弱电工程设计不一致，导致弱电通道不完善，无法正常地开展弱电网络铺设。同时，还有一些建筑的弱电预留通道与实际的标准设计要求不一致等。举例说明，建筑施工工程在施工过程中如果忽视了多弱电或是其他设施安装的考虑，则会导致在设备安装过程中存在偏差，从而无法达到设备所具有的实际作用。此外，智能化的建筑施工图纸还会将火警自动报警、电话等系统进行区分，以便于能够更好地展开智能化的控制。

3.组织方面的问题

智能化的建筑施工工程相对传统的施工工艺来说更为复杂，因而需要科学、合理地安排施工，对各个环节，项目的施工时间、施工内容进行合理的管控。如果无法满足这些要求，则会严重影响到工程开展的进度和工程质量。同时，如果在施工前期没有对施工中可能存在的问题进行把控，则可能会导致施工方案无法顺利开展或落实。当然，在具体施工过程中，如果项目内容之间分工过于细致，也会导致部门之间无法协调，进而影响到整个工程施工建设的进度，使得各个线路之间的配合出现问题，最终影响工程施工质量。

4.承包单位资质

智能化施工建设工程除了要求施工单位具备一定的建筑施工资质外还应当具有相关弱电施工的资质内容。如果工程施工单位的资质与其承接项目的资质内容不相符，必然会影响到建筑工程的质量。此外，即便有些单位具备资质，但也缺少智能化的施工建筑技术和工艺，对信息化建筑工程的管理不够全面和完善，导致在施工中出现管理混乱、流程不规范的问题。

（三）智能化建筑的施工策略

1.强化对施工材料的监管和设备的维护

任何一种建筑模式，其最终还是以建筑施工工程作为根本。因而具备建筑施工所具有的一切的要素，包括建筑材料、设备的质量。除了对工程建设施工的材料和设备的检验外，还需要注意在信息化建设施工中所用到的弱电网络化建设的基本材料的型号要求和标准。确保其所用到的材料都符合设计要求，同时还应当检查各个接口是否合格。检查完毕后还应当出具检测报告并进行保管封存。

2.强化对设计图纸的审核

为了确保智能化建筑工程施工的顺利开展，保障施工建设的工程质量，在施工前期就需要对施工图纸做好对应的审查工作。除了基本建筑施工的一些要求外，重点需要注意在弱电工程设计中的相关内容和实施方案。结合实际施工情况，就在施工过程中的管道的预留、安装、设备的固定等方面的内容进行针对性的探讨，以确保后期弱电施工过程中能够顺利地进行搭建和贯通。

3.施工组织

智能化工程建设基本上是分为两个阶段的，第一个阶段就是传统的建筑施工内容，而第二个阶段则是以弱电工程为主要内容的施工。两者相互独立又紧密联系，在前一阶段施工中必须考虑到后期弱电施工的布局安排。而在后一阶段施工时还应当有效地利用建筑的特点结合弱电将建筑的功能更好地提升。因此这是一个相对较为复杂的工程项目，在开展施工的过程中，各个部门、单位之间应该做好有效的配合，确保工程施工在保障安全的情况下顺利地开展，以确保施工进度和施工质量。

四、建筑工程施工技术及其现场施工管理

（一）建筑工程施工中出现的问题

第一，在土石方的工程施工中，土方的开挖量与基坑支护的排水等问题都是非常重要且不容忽视的问题。对这些问题的处理好坏，是整个工程质量的关键。第二，施工方面对于梁柱板来说，施工技术的好坏取决于模板的加工质量。但目前从现实情况来看，很多工程为了节省成本这点，企业大多使用木质模板。而且，在钢筋的施工方面，对钢筋的选材、加工以及作业，都是技术问题且极其容易出现原则问题。

如果有的人员在施工的过程中没有拥有较好的服从管理意识而且经常只凭自己的意见进行一些违规操作，一旦施工团队没有合作意识就会出现问题，从而

导致工程进展缓慢、效率低，而且质量也会不佳，这就极大地消耗了施工的成本。而且，施工人员如果缺乏充足的施工安全意识，不根据标准并且不遵守规则，不佩戴安全帽或者不穿安全服，那么在施工过程中就会经常出现摔伤、砸伤等重大事故，更严重的甚至有时会威胁施工人员的生命。如果建筑的单位在工人施工期间缺乏恰当的安全管理，就会造成众多的安全问题，严重危害人们的身心健康。如果工程施工的监督制度出现落后的情况并且时常出现延期工程项目的现象。施工技术一旦不够先进或者落后将会大大影响施工的效率和质量。施工成本的控制管理如果不严格监控从而出现疏忽的话，将会耗费较多的不必要的资金，而且还很不利于建筑单位的赢利与未来发展。

（二）面对重多问题需要的解决办法

众所周知，我国地质资源丰富，土地资源丰富，不同地域间的地理环境、地质、气候等不同的方面存在着很大的差异，所以，为了防止在建筑施工的后期，地基因为拉裂、下陷等一系列问题从而造成建筑施工完成的建筑物出现不稳定的重大事故，我们必须处理软地基，这样做的目的是为了让它在自然情况下的沉降在可接受范围内，让建筑工程变得更加坚固。增加软地基的固结度的值与稳定程度这一个过程，也就是我们称为的软地基处理技术。在所有不同建筑工程中，承载整个建筑物的基础就是地基了，所以，保证地基的稳定与坚固对于建筑工程来说是很重要的。基于以上种种，在建筑工程的施工过程中，对于地基的处理就需要采用这种处理技术来进一步增强建筑物地基的稳固与可靠性。但是在不同地区，会拥有不同的土壤条件有所，所以采用的处理技术在不同的土壤上都会是不相同的。在正常情况下，当建筑工程地基开始进一步建设时，我们经常会利用强夯法、换填垫层法、挤密砂桩法等各种方法去处理软土地基的问题。

建筑工程中采取钢筋施工的技术。在整体工作中，最为重要的材料应该非钢筋莫属了。所以这要求我们对钢筋的选择要极为慎重，既要重视钢筋的各种材质，同时要对我们之前选用的钢筋在施工现场进行多次不同程度的检验，来确保使用的钢筋具有准确的生产合格证书，质量能够得到充分的保证。并对它进行适当的抽样检验，保证钢筋的质量符合施工工程的标准。如果最终检验的结果不符合国家规定或者施工规定的标准，我们就要对之前选购的钢筋进行不同方面的处理，重新挑选新的钢筋，保证施工的质量。在钢筋作业的过程中要对即将使用的钢筋进行反复细致的检查。提前设计出具体的方案，并且按照设计方案进行高效率、有秩序的施工。在施工过程中，严格按照规定标准进行准确细致的记录。

施工中的技术对于梁板柱的要求。首先，在梁板柱进行使用之前，我们要对它进行细致精确的多重检查，一旦发现模板出现变形、损坏等情况，就一定不能继续使用。同时对已经完全组装好的水泥构件模板，也要进行多次细致全面的检查。如果发现存在支架的搭设不够牢固等情况，我们要针对这个问题进行讨论，从而提出解决办法。在浇注混凝土之前，我们首先要做到彻底清理模板，保证模板的干净。与此同时，在浇注后期，充分检查梁板柱的标高和定位轴线，在之后的一段特定时间内，进行拆模的工作，在其工作过程中，尽量完整地保证混凝土成型构件与可靠性。

对现场施工组织进行合理周密的计划。施工现场管理的重要前提是现场施工组织的计划足够合理，同时也是施工现场进行重要管理的主要依据。所以，在一个工程正式开始实施之前，负责的设计人员一定要尽量做好施工现场的调研工作，对施工现场进行充分的调研与考察。同时结合实际的调研结果，并根据招投标的内容进行设计，得出合理的符合规定的设计施工图纸，在施工之前进行大量的地质勘测工作，并最终完成现场施工的组织计划的编制，最终制定出合理的施工计划。

对建筑工程施工现场的管理进行严格控制。对于所有人来说，安全问题都应该是放在第一位的，所以，我们应该对所有施工人员进行安全知识教育，对施工期可能出现的各项安全问题，提前进行排筛查，增强对施工安全维护小组的管理，提高施工人员安全意识，加强教育，在发生事故之前及时防范安全事故。为了培养施工人员的团队合作共赢能力，固定建立施工人员分工小组，而且每日分发一定量的计划任务，如果超额完成则给予或多或少的奖励。在安全事故发生之前就成立工程质量的多个监督小组定期对施工期间不同岗位的各个施工人员的工作进行细致的考察，对不太规范的有纰漏的操作进行及时纠正，对已经发生的安全事故进行公布，警告群众，从而为工程施工提供安全可靠的经验。

对工程监督的各项制度进行不同程度的完善。因为当前社会处于不断进步之中，建筑工程这个热门的行业正在呈现出一种前无古人后无来者的繁荣局面。所以只有不断进步才能在这个行业拥有属于自己的一席之地。然而，想要进步，我们最先要做的就是认清自己的错误之地，并且尽自己最大的努力去改正或者纠正这个可以避免的错误。因此，这就必须要求我们在管理的过程中进行完善的监督工作。所以在施工管理人员眼中，他们需要一步步层层落实监督的工作，一步步建立并完善监管体制和问责管理的制度。如果发生监管部门工作不尽责或者不到位而产生了或大或小的安全事故，就要对其相关负责人员进行严肃处理，进一步完善工程监督制度。

第二节　施工组织与项目管理存在的问题

随着建筑行业竞争的加剧、建筑技术的普及、政策的引导，建筑施工行业低价竞标已成为市场的普遍选择。但与之相对的，建筑使用单位的使用要求和政府部门的监管要求却在日益提高，对施工项目质量、安全、工期等目标要求也越来越高。同时随着法律法规的不断完善、总体经济水平的不断提高，施工项目的劳动力、材料、管理等成本的持续上升已成为现实。综合以上因素，建筑业凭借农村人口廉价劳动力，粗放式管理模式已经走到了尽头，各建筑施工企业都面临着转型升级的压力。建筑施工企业转型升级的首要任务就是要提高自身的项目管理水平，做好每一个中标项目，建立良好的社会声誉，营造属于自己的企业品牌，只有这样才能有效降低工程成本，接到更多的项目从而形成良性循环，使企业不断壮大。在本节我们将探究在当前的施工组织和项目管理中存在的问题，并针对这些问题提出优化方案。

一、施工组织与项目管理的现状问题及优化

（一）施工组织存在的问题

1.施工组织设计的组织编写人员能力不够

在实际的工程项目管理中，大部分施工组织设计的编制人员是刚入职的年轻职员，甚至是与实际项目管理不相干的文员，他们没有具体的参与项目全过程

的施工经验，编写能力十分欠缺。由此导致，他们编出的文件是很难具有指导性的。由于本身对行业缺乏了解，又没有实际的工程管理经验，不懂得采用新材料、新技术和先进的管理模式，只能复制粘贴其他项目的施工组织设计。通常只是照着图纸修改工程概况、进度计划和施工现场平面图，至于施工方案及施工部署等实质性的内容并未修改。由于目前建筑的结构形式大部分是框架结构或框剪结构，主要分部分项工程类似，这就造成一个典型的施工组织设计会被多次重复使用，以至于有些项目采用的内容很可能是数年前的，这样新技术和新的管理模式就不可能得到运用。

2.施工组织设计与现场施工脱节

施工组织设计编制的本意是要指导施工的，但现实情况是绝大多数的施工组织设计是与实际施工分离的，施工组织设计中的施工部署和施工方案只是停留在书面文字上，实际施工中仍是凭经验该怎么干还是怎么干，很少执行施工组织设计里的具体措施，基本上是施工组织设计一套标准，实际施工又是另外一套标准，以至于施工组织设计只是个形式而已。施工组织设计的编制人员要么是项目部的技术人员，要么是资料员甚至是文员，而实际参与施工的经验丰富的生产部门的工作人员并未参与，设计与实施严重分离。

作者亲身经历的某项目部基础施工过程中，由于测量放线，标高引测时并未参考施工组织设计，技术人员仅凭个人经验操作，以至于基础桩施工完成后，才发现标高错误，为了弥补错误，不得不在桩承台施工中整体抬升标高，造成了大量的人材机浪费。施工组织设计的编制过程中，施工现场的技术人员基本上没有参与，编制人员拍脑袋复制粘贴来的施工组织设计基本上没有任何指导意义，就是应付检查的文件而已。实际工作中施工人员往往会根据他们的经验组织施工，但是个人经验是有局限的，而且往往不够系统，这就难免会出现错误。

3.施工组织设计编制流程烦琐

为了实现项目的整体目标，施工组织设计需要对各分部分项工程逐一编制，但是由于不同专业人员在面对同一类型的施工工艺时，做了很多额外的重复工作，降低了劳动效率。施工组织设计的一般程序是先由技术员编制，基本完成之后，再由项目工程师审查，而由于项目工程师多数是土建工程师，所以施工方案编制完成后，其他专业的工程师常常又要大篇幅地修改，造成工作效率的降低，而且各专业内容大部分都脱节，整体性和连贯性就很差。

实际施工管理中的主要参与方是技术部门和生产部门，一般情况下项目部技术人员的生产经验相对欠缺，而对于生产人员来说，技术力量往往不够全面。大多数情况下施工组织设计的内容基本是按照标准的规范来完成的，而真正的施工生产中经常会遇到这样那样的问题，这就造成施工组织设计无法真正有效执行，或者说在理论上可行的工艺流程，在实际生产时，现场工人由于技术经验和施工器具的局限根本无法做到施工组织设计里的标准，这个时候就需要修改，由此又得花费时间和精力去论证、讨论，进而又要拖延工期。

4.施工组织设计编制不具体

一般项目部编制的施工组织设计仅仅作为管理的参考文件，往往只是把重点放在进度、质量控制上，项目整体的经济效益和工程造价的控制却很少考虑，这样就导致达不到经济效益的目标。在编制的过程中和经济部门缺少沟通，进而造成对工程最后结算有直接影响的内容，尤其是预算定额中有特定条件限制的项目，没有相应明确的说明。

5.施工组织设计执行管理缺失

从计划到执行，管理是关键，管理工作出现了问题就会使目标难以实现。在实际的施工管理中去执行施工组织设计时会出现这样那样的失误，主要包括：（1）项目各参建单位之间缺乏有效的沟通和必要的信息交流。（2）施工单位计划实施的管理力量薄弱，缺乏执行计划的主动控制手段，往往在施工中缺乏事前控制，造成质量问题需要返工，最终导致总工期滞后。（3）执行管理部门对项目实施中所需资源供应不及时，造成进度计划不能按时完成。

6.对施工组织设计认识不足

在实际的工程管理活动中往往存在着对施工组织设计不够重视的现象。一是编制部门本身在编制施工组织设计时就不是为了指导施工，而是为了应付任务，满足相关部门的检查。建筑行业相关法律条文已明确规定，完整的施工组织设计是项目开工的必备条件，如若没有施工组织设计或施工组织设计不完整是不允许开工的。这就导致某些施工单位为了尽早开工，仓促编写没有指导意义的文件以应付检查。二是执行部门对施工组织设计的重视度不够，执行部门的工作人员多是有着多年工作经验的现场生产管理人员，他们通常认为编写人员只是纸上谈兵，复制粘贴的施工方案根本不实用。

7.施工现场布局不合理

施工组织设计现场布局不合理处，主要有现场材料堆放、现场道路、施工机械布局、场地临时建筑、临时用水和用电、现场消防、环境保护和现场安全防护等方面。

（1）施工现场材料堆放凌乱

现场材料未按类别有序堆放。钢材未按照需求计划随意堆放，不同级别、不同型号的堆放在一起，这就导致需要使用的时候，取材麻烦且容易出错。施工现场方木模板的随意堆放也是多数工地存在的问题。材料进场时，大多数工地能做到方木和模板整齐码放，一旦投入到使用，乱拿乱放现象较普遍。尤其是现场拆模时，就会更加混乱无序，各个施工班组各自为战，互不理睬。随意丢弃的方木模板不仅降低了循环利用率，而且很容易造成施工现场的安全隐患。当方木模板需要再次使用时，由于堆放凌乱、管理不善，大量模具丢失破坏。工人要么现场临时拼凑组装要么就只有用新的方木模板重新制作，这就造成材料的大量浪费和工效的严重降低。材料堆放地和施工的冲突。有些管理人员在材料进场时，只考虑当时的便利，在施工现场发现空地就堆放。这种没有规划和预见性的随意行为会给施工活动带来很多不便。尤其是当需要浇筑混凝土时，混凝土泵车的支设会占用较大的空间，如若材料的随意堆放占用了泵车的最佳停放位置，则会给施工带来极大的不便。由于混凝土浇筑施工的特殊性，混凝土已提前由专业的混凝土搅拌厂装车待用，混凝土浇筑工作不能停止。在有限的时间内必须给泵车提供足够的空间场地，这时建筑材料的临时转移就会造成很大的浪费，且转移的位置也不一定合理。材料堆放场地或仓库位置布局不合理。如钢材堆放区离钢筋加工区距离过远，方木模板堆放区离木工加工棚距离过远，都会造成不必要的二次运输，降低效率。二次运输不仅会造成人材机的浪费，有时还会带来安全隐患。如果钢筋堆放区离加工区距离过远，人工运输就会效率很低。用塔吊运输时，由于钢材重量大、长度长，在转移的过程中很容易掉落伤人，或是碰到场地内建筑和施工机械，造成不必要的损失。

（2）现场道路布局不合理

有些施工现场的道路硬化不到位，由于施工场地的车辆大多载重较大，反复碾压会造成道路变形，产生大量浮土。车辆经过便会激起浮土，使得施工现场空气极差。遇到雨天则会到处泥泞，严重影响施工车辆的出入和工作人员的工作。施工场地的主要运输道路宽度不足，施工高峰期大型车辆无法顺利进出。很多工程项目现场的道路未考虑施工高峰期的运输能力，一旦遇到混凝土浇筑，尤其是多个单体建筑同时浇筑时，同一时间段内大量混凝土罐车涌入场地内。卸完料的车辆出不去，新来的车辆进不来，就会造成道路的瘫痪，从而影响混凝土的浇筑进度。现场道路的设计只考虑材料进场方便，未考虑材料使用时的便利。有些施工场地内的道路，只是从工地入口到仓库，而从仓库到施工场地并无道路。这样一些施工器具的使用只能靠人工搬运，极大地降低了工作效率。现场道路没有有效连接材料堆放地和材料加工使用地。例如很多工地砌体工程施工时，砌块的堆放区和使用现场之间没有道路。为了不影响施工，只能临时铺设，而临时铺设的道路大多经不起碾压，来回几趟，道路就会变形，影响材料的运输和使用。有些现场的道路未形成闭合，车辆转向掉头不便，如遇施工高峰，则很容易造成交通瘫痪。

（3）施工机械布局不合理

塔吊是施工现场常用的机械，当工程项目有多个单体建筑时，就需要多台塔吊协同作业。由于塔吊的塔臂长度较大，且能全方位旋转，多台塔吊同时作业时，如果没有提前规划塔吊的位置和高度，就极容易发生冲突事件。当施工场地内有高压线路经过时，塔吊的位置离高压线路比较近也是极其危险的，一不小心就极有可能造成无法挽回的损失。有些工地的塔吊不能全方位覆盖施工区，造成材料不能直接送达，只能运送到施工楼层，接下来就需要用人工把大量的方木模板、扣件钢管等搬运到施工具体位置，这样不仅浪费大量的人力物力，还降低了工作效率。某些工地的闪光对焊机和木工棚离得较近，闪光对焊机在钢筋焊接时会产生大量的火花，这样就极容易飘落到木工棚里。木工棚里往往有大量的木屑，很容易造成火灾隐患。现场搅拌机位置设置不当。由于商品混凝土的普遍使用，混凝土一般不再现场搅拌。搅拌机多数用来搅拌内外粉用的粉刷砂浆，当多个楼号需要内外粉时，就要合理布局搅拌机的位置，否则会加长运输距离，降低工作效率。

（4）场地内临时建筑设置不合理

很多施工场地内因为历史原因，遗留一些老建筑，当这些老建筑不影响在建工程的施工时，就可以充分利用这些老建筑。但是很多工地往往无视这种资源，本可以再使用的房屋被拆掉，换之大量的临时建筑，造成资源浪费。办公区位置设置不当。有些工地的办公区在工地入口的反方向，这样管理人员必须穿过施工区才能来到办公区，这样不仅给管理人员的工作带来不便，而且在没有佩戴安全帽的情况下，很容易有安全隐患。很多工地的施工区和生活区混在一起，这样看似对工人上下班方便，但是却有很多安全隐患。很多在建建筑楼层较高，很容易出现高空坠物，而工人下班后，警惕性会有所降低，这样就容易出现坠物伤人事件。尤其是在建楼层内拆除模板时，方木模板和钢管扣件极有可能从楼层内掉落，如果工人宿舍设置在在建楼号周围则是极大的安全隐患。有些工地工人在在建楼层内居住，这样会更危险。在建楼层内往往有很多预留洞口，这些洞口防护有时不到位，在光线黑暗或警惕性不足的情况下，工人可能会失足落洞，酿成重大伤亡事故。

（5）现场临时用水临时用电设置不合理

现场供水量设计不合理，很多工地只考虑施工用水。这样在施工用水高峰期，生活用水很可能就得不到保障，造成不必要的麻烦。现场排水设施不通畅，遇到雨天就积水严重，给施工生产带来极大不便。施工过程中，用水不合理。比如混凝土浇筑前，要对支设好的模板进行湿润处理。由于在建工程一般都面积大、范围广，用水量就会很大，很多水就会渗漏洒到现场。这些水本可以循环利用，比如可以湿润现场道路或冲洗车辆，却被随意浪费。现场临时用电设置不合理。有些工地现场，未采用三级配电系统。开关箱的电源进线用插头随意连接，多台施工机械共用一个开关箱，这些现象都会带来极大的安全隐患。

（6）现场消防防火设置不合理

很多工地对现场防火的重要性没有足够的认识，消防设施和器材的配备也不符合要求。没有准备足够的消防水源，而且灭火器数量配置不足，没有专业人员管理维护。很多灭火器随意丢放，长期失效，不能够保证有效使用。土建工程施工期间，没有设置消防水管和消火栓。没有设置专门的易燃易爆物品堆放区或库房，易燃易爆物品的堆放不符合要求。或者是易燃材料仓库设置在上风方向，或周围没有充足的水源。消防通道宽度不符合要求，且被建筑材料占用。

（7）现场环境保护不到位

建筑施工工地经常会使用到大型施工机械，这些机械噪音大，给周围环境和居民带来不利影响。例如工程基础打桩施工阶段，常常由多台打桩机共同施工。这些打桩机噪音巨大，轰隆作响，而且常常连续夜间施工，给周围居民的生活带来严重困扰。混凝土浇筑期间，无论是移动的混凝土汽车泵还是固定的地泵，都噪音巨大。脚手架的安装与拆卸期间，模板的支设与拆除期间，施工现场内叮铛之声更是不绝于耳，给工作人员带来很多困扰。施工场地内的浮土、粉尘对现场环境影响巨大。很多工地为了节省成本，场地内的硬化区域只做了很有限的部分，这样就造成大量的土层外露。基坑开挖时大量的土方堆放在现场，没有及时外运。这样不仅占用了施工场地，还极容易形成扬尘。场地内主要道路硬化不到位，大型施工车辆反复碾压，这些情况都极易形成浮土，一旦遇到大风天气，场地内就尘土飞扬。这些扬尘浮土粉尘不仅对场地内的环境造成影响，对周围环境也是极大的破坏。施工现场产生的废水也需要引起重视。混凝土浇筑之前要对支设的模板进行湿润处理，对模板进行浇水的过程中会产生大量的废水。混凝土浇筑完成之后，持续地保湿养护也会产生大量的废水。建筑工地人员众多，产生的生活废水也不容忽视。建筑工地涉及的材料众多，施工过程中会产生大量的废渣。土方开挖过程中，渣土的外运遗撒现象严重，不仅对场地内环境造成迫害，而且会经常撒到场外的道路上。混凝土浇筑完成后，对余料处置不当，随处倒落。混凝土凝固后，大体积的混凝土块很难处理，既是对材料的浪费，又是对现场环境的污染。废弃的方木模板，处理不当，未码放成堆。携带钉子的方木模板不仅对现场环境造成破坏，还极易扎伤工作人员和过往车辆。废弃的油漆桶、未用完的油漆，未妥善处理，或随意丢放，或随意掩埋，对空气环境和土壤造成严重的污染。

（8）现场安全防护管理不到位

很多工地在进行桩基础施工时往往容易忽视现场的安全防护。如混凝土螺旋灌注桩在浇筑完成时，会在现场留下孔洞，这些孔洞直径过大，如果不加以覆盖，则是重大的安全隐患。土方开挖时，基坑的防护也是很多工地容易忽略的地方。有些工地要么不做基坑防护，要么只是应付了事，随便搭设几根钢管，既不美观又不牢固，这样不但起不到防护作用，还会增加安全隐患。基坑开挖时土方的堆放不合理。如基坑开挖时，土方没有做到及时外运，随意堆放在基坑周围，这样会对基坑边坡的稳定性产生极大的破坏。基坑底部出现渗水的情况时应及时处理。有些工地在基坑开挖前没有采取降水措施，基坑开挖过程中遇见基底渗水也没有引起足够重视，结果基坑被水浸泡，造成了坑壁的坍塌。施工现场的脚手架也是安全管理的重灾区。很多工地脚手架的搭设非常随意，搭设之前根本没有方案，而是仅仅靠工人的个人经验，这样难免会出现各种各样的安全隐患。如搭设时各种不符合规范要求，立杆下没有设置垫块而是直接放置在土层上，甚至立杆悬空，这样很容易使脚手架整体下沉，安全隐患非常大。或是为了省事少设置扫地杆或是干脆不设置扫地杆，这样就会使脚手架的整体性减弱，增大安全隐患。比较常见的是立杆的间距不一，为了减少钢管的使用，减少立杆数量，这些都会极大地降低脚手架的整体承载力，从而带来安全隐患。或是搭设时在不该留置脚手眼的部位随意留置。很多外架的脚手板固定不牢固，有的干脆不固定，直接随意铺设在钢管上。这样工人在路过时，脚手板很容易倾斜颠覆从而造成安全事故。脚手架搭设完成后，没有专职人员负责检查脚手架的使用及破损情况，很多安全隐患不能及时发现。脚手架拆卸时，没有顺序，随意丢落钢管扣件。或是上下层同时拆除，直接将构件丢到地面等等不安全行为。混凝土在浇筑的过程中也会出现各种安全问题。其中最常见的就是模板支撑的安全问题，尤其是首层模板的支撑。首层模板的支撑常常直接设置在土层上，当刚性支撑不够牢固或整体性较差时，便会出现整体下沉。笔者经历过的工地就曾出现过在混凝土浇筑过程中首层模板坍塌的情况。后经调查发现，混凝土浇筑之前，在对模板进行浇水湿润时，工人操作不当，将水从首层模板处渗漏到地面。负责浇水湿润的工人当时正好更换其他工作而忘记了关水管，致使水一直往地面渗漏。由于长时间被水浸泡，首层地面开始下沉，导致模板支撑也跟着整体下沉。模板支撑各个部位的下沉量不一样使模板支撑的整体性遭到破坏，加上混凝土重量的增加，最终导致该部位的模板支撑整体坍塌。由于该部位的混凝土已经浇筑完成，坍塌发生在混凝土凝固期间，虽未造成人员伤亡，却带来了极其恶劣的影响。很多在建楼号的外架并未随着主体施工进度搭设，这样顶板在浇筑混凝土时周围是没有防护设施的，混凝土浇筑过程中出料管的摆动就极容易使扶料管的工人失足掉落。浇筑过程中，混凝土的堆放不合理也容易产生安全事故。笔者了解的一处工地，因为浇筑面积大，浇筑时间长，工人需要换班作业，在换班的过程中，工人之间缺乏沟通，在楼下负责开关运送泵的工人不知道楼上的工人已经停止作业，仍然继续送料。出料管在作业面无人看管，混凝土在同一部位持续堆积。由于堆积的混凝土不能及时摊开，造成局部的荷载过大，最终导致该部位的模板支撑压坏变形，直至倾覆倒塌。模板支撑在拆除的过程中也极容易出现安全隐患。很多工地的模板拆除没有正规的文件流程，模板拆除的时间只是凭借施工队之前的经验，在未对同条件下养护试块进行强度测试的情况下就随意拆除模板，会造成很大的安全隐患。如阳台、空调板等悬挑构件在混凝土强度未达标时拆模，很容易造成构件的断落。工地上的塔吊在吊装作业时缺乏安全管理，如没有专职的地面信号员，吊装物被固定到吊钩上后，塔吊司机仅凭视力了解吊装物的情况，就有可能出现操作失误。如吊装物还未固定，塔吊司机就已经启动吊钩，或在调运的过程中从地面工作人员的正上方经过，这些都是极危险的操作。

（二）优化措施和方法

施工组织设计的优化措施和方法如下：

1.编制人员、编制依据和编制内容的改进

专业人员只有系统掌握相关的专业知识，才能编制出高水准的、系统的、有实际指导意义的施工组织设计。编制的过程中要注意引进当前的新技术和新材料，并根据所在项目特点恰当地运用，积极推动建筑行业的发展。提前确定专业的施工队伍。同样的工程，有经验的专业素养强的队伍会干得又快又好，相反，那些经验少管理差的队伍则会窝工返工、费时费力。调节编写人员组成，改变以往只让设计部门那些没有现场施工经验的年轻职员闭门造车的现象，引入一线人员，让现场经验丰富的人员引入实际案例，使管理人员在思想和观念上真的对施工组织设计信任和重视起来。

2.施工方案、总平面图的优化

一个工程项目往往会有多套施工方案，每个方案都会有不同的侧重点，有的强调进度，有的强调质量，有的则会注重成本。要根据项目的特点和实际需要，选择最合适的施工方案，做到工程项目进度质量和成本的合理平衡，既要技术可行又要经济合理。优化施工总平面图的布置。在布置施工总平面图时，尽可能减少施工场地的占用面积，合理地设置办公区、施工区和生活区，减少相互干扰。

3.施工现场的优化

（1）优化现场材料的堆放和使用。各种材料按型号类别有序堆放，并做好材料标牌。这样在需要使用的时候就能快速找到，减少出错的可能。加强材料在现场的管理，例如在钢筋堆放区可以搭建钢筋棚，并设置地面防潮措施，这样就可以减少钢筋的生锈变形，在使用的时候就不用在再做除锈处理，这样就会节省时间，提高效率。加强材料在使用过程中的管理。例如方木模板虽然在新材料进场时堆放得很整齐，但是在使用的过程中就会出现乱丢乱放等现象，这就需要加强在使用过程中的管理。需要拆除模板时，可以给模板编上编号，注明标高轴线具体位置，就相当于这个构件模板的身份证。拆除完成时，把模板按不同位置不同形状归类，编上序号检查。这样很容易就能查漏补缺，避免丢失。再次投入使用时，就可以快速根据需求找到对应尺寸规格的模板，大大提高了效率。这样给模板构件编制身份证的做法不仅减少了材料的浪费，提高了再利用率，而且极大地提高了工作效率，还减少了模板支设中出错的可能。优化材料堆放，避免给后续施工带来麻烦。新材料在进场时，要提前规划堆放位置是否影响后续的施工，是否影响施工车辆的行驶。合理布置材料加工区，避免二次搬运。例如钢筋堆放区要尽可能靠近钢筋棚，方木模板堆放区要尽可能靠近木工棚。

（2）优化现场道路。施工现场道路要做到硬化到位，有破损变形时要及时修复。场地内的道路要及时清扫，避免建筑垃圾和浮土沉积。要及时洒水湿润，避免车辆通过时，尘土飞扬，给场地内环境带来不利影响。在设计场地内道路的运输能力时，要考虑到施工高峰期带来的影响。当多个楼号同时浇筑混凝土时，要满足大量混凝土罐车的进出场要求，避免交通瘫痪。现场道路要有效连接材料堆放地、仓库、材料加工地和施工场地，避免出现交通盲点从而影响运输效率。现场道路尽量能形成闭合，这样有利于车辆掉头提高运输效率。

（3）优化现场施工机械布局。当施工场地出现多塔吊作业时，要提前规划塔吊的位置和高度，避免出现碰撞事件。当施工场地内有高压线路经过时，塔吊位置要尽可能地远离高压线路。单个塔吊在选取位置时，要全方位考虑。既要能全部覆盖施工区域，又不能影响后期的施工，还要考虑塔吊本身在加高时的固定，又要兼顾材料堆放区的位置。钢筋闪光对焊机的位置要和木工棚保持一定的安全距离，避免钢筋在对焊连接时出现的火花散落到木工棚引起火灾。合理布局搅拌机的位置，尽量缩短运输距离，提高运输效率。

（4）优化场地内的临时建筑场地内的老房屋要合理使用，尽可能地减少临时建筑的搭建。在搭建临时建筑时，要注意用材的节约和循环，减少临时建筑的搭建费用。临时办公区的位置要设置合理，尽可能设置在离工地入口较近的距离，这样方便管理人员的出入和工作。当场地空间有限，工人生活区离施工区域较近时，要设置安全防护措施。如工人宿舍距离在建楼号过近时，就需要在宿舍顶层上方设置隔离板，防止在建楼号高空坠物，造成伤人事件。严禁工人在在建楼层内居住，要建立检查制度，一旦发现，严厉惩罚。

（5）优化现场的临时用水和用电。施工用水高峰期要保障生活用水的供给，现场的排水设施要通畅。临时用电要按照三级配电系统设置，不能出现私拉乱扯现象。

（6）优化现场消防。现场要准备足够的消防水源。方木模板堆放区域、储存材料的仓库、易燃易爆物品堆放区要配备足够的灭火器，且灭火器要专人管理、及时更新，确保能够有效使用。临时建筑的搭设和材料的堆放要尽可能地远离高压线路。要设置专门的易燃易爆物品堆放区或库房，且危险品堆放时，要保持适当的安全距离。堆放易燃物品的仓库要设置在下风方向，且保证周围有足够的消防水源。保持施工场地内消防通道的畅通。

（7）优化现场环境保护。建筑施工现场噪声的控制：大型施工机械尽量避免夜间工作，工程打桩期间合理安排工作，避免打桩机夜间连续施工。混凝土浇筑尽量安排在工作日，降低对附近居民的噪声污染。如遇特殊情况，确实需要加快进度夜间施工时，要尽量做好降噪处理，并提前告知附近居民。脚手架的安装与拆卸工作、模板的支设工作，要对材料轻拿轻放，尤其是容易产生噪声的钢管、扣件等。施工场地内扬尘的控制。场地内要硬化到位，禁止出现土层外露现象。场地内的道路要硬化到位，并且要经常做清扫湿润处理。施工现场废水的处理：混凝土浇筑之前湿润模板的用水和养护混凝土的用水要妥善收集，循环利用。如可以冲洗现场施工车辆或湿润路面等。施工现场的生活废水也应做有效处理，可设置沉淀池。施工现场固体废弃物的处理：土方开挖、渣土外运过程中，要严格控制每辆车的装载量，避免装载过量，运输途中出现撒落现象。同时要加强渣土车的防倾撒装置，如加装车厢封闭措施或加盖封闭网。混凝土浇筑期间，如有余料，要提前规划合理使用，不能随意在现场堆落。如可以硬化未硬化到位的场地，修补压坏变形的道路，或可以提前制作过梁等混凝土构件。拆模时废弃的方木和模板，不能随处丢落，这些方木模板上往往携带着未拆卸的钉子，要及时清理到位，码放成堆，避免对工作人员和过往车辆造成伤害。废弃的砖块废渣要及时清理，避免占用场地阻碍交通。废弃的油漆桶，未用完的油漆不能随处丢放或就地掩埋，要做到及时收纳妥善处理以免对空气和土壤造成污染。

（8）加强现场安全管理工地从基础施工时就要加强现场的安全管理。如混凝土灌注桩施工完成后，要及时统计现场形成的孔洞，对孔洞的位置加以标记，做好覆盖工作，并做好安全防护。基坑开挖时要及时做基坑周边的安全防护，不能应付了事，防护栏杆要足够牢固有效，并且悬挂警示标语。基坑开挖时现场的土方要及时外运，如不能及时外运，也要合理堆放。堆放时不能离基坑过近，以免造成基坑的坍塌。基底如果出现渗水现象要及时处理，避免地下水浸泡基底，造成坑壁坍塌。基坑开挖前要对当地气候条件详细了解，避开雨季及大雨天气，避免雨水浸泡基坑，造成不必要的安全隐患和损失。现场脚手架的搭设要提前编制方案，不能仅凭工人的个人经验随意搭设。搭设的过程中要注意立杆的间距和立杆底部硬性材料的垫支。立杆不能直接放置在软弱的土层上且绝对不能出现悬空现象。要注意脚手架的整体稳定性，不能随意减少加强构件的设置。立杆在竖直方向不能错位搭接，且相邻的立杆不能在同一截面搭接。脚手眼的位置不能随意留置。脚手板要固定牢固，不能只是简单铺设，一定要采取固定措施。脚手板的两端都要固定牢固，避免一端松动。脚手板在铺设加固完成后，要仔细检查，防止遗漏处有松动。外架在搭设完成后，要派专职人员定期检查，及时发现处理安全隐患。立杆要与在建楼号连接牢固。脚手架在拆除时要按顺序拆卸，不能随意丢落钢管构件。尤其注意的是不能上下层同时拆除，或是直接将构件丢到地面。混凝土在浇筑的过程中要随时监控模板支撑的安全。混凝土浇筑之前，在对模板进行洒水湿润时，注意用水量的控制，避免用水过多，浸泡构件，造成安全隐患。混凝土浇筑过程中送料要均匀有序，避免局部堆积过多的混凝土。局部荷载过大会破坏模板的整体稳定性。模板支撑的拆除要按规范流程，不能仅凭施工队的经验，要在混凝土强度达到标准后方能进行作业。悬挑构件支撑的拆除要注意对构件进行保护措施，拆模顺序要提前规划，拆除的过程中要注意统一协调相互配合，避免方木模板掉落伤人。现场塔吊在吊装作业时要配备专职的信号员。信号员要及时汇报吊装物的实时情况，避免吊装物未固定牢固就起吊等情况。塔吊司机则要根据信号员的反馈及时调整操作，避免视线受阻操作失误。

二、施工组织设计的网络计划优化方法

（一）工期优化

网络计划中工期的优化是指最初的计划工期超出要求的工期时，通过缩短计划工期以满足目标，或者在限定的条件下使总工期最短。工期优化以缩短工程项目总工期为目标，并相应调整最初的网络计划方案，根据工程进展中遇到的实际问题，合理地调整施工进度计划，缩短建设周期，使工程项目更早投入运营，更快发挥经济效益。工期优化的方法中最常用的是结构优化，而结构优化是指在实际情况及工艺允许的条件下，调整工作之间的先后关系，从而达到缩短工期的目的。

（二）费用优化

在工程项目管理中，如果遇到工期紧急的情况下，一般采用增加作业人员和机械设备的做法，这样可以明显地加快工作进度，效果明显，但也极大地增加了工程成本，实际算下来，性价比并不高。因此用最少的费用，或是在费用不变的情况下去加快进度才有意义，这种思路就叫作工期成本优化，也叫作费用优化。在总成本费用最低的情况下确定最合理的工期，首先需要计算出最初的网络计划的总工期，然后以此工期为基础，持续地压缩关键线路上关键工作的持续时间，得到各个优化后的总工期，接着计算各个总工期的总成本费用，进行比较分析，找出总成本最低的方案。这样就找到了在总成本费用最低的情况下最合理的工期，费用优化完成。

一般情况下费用优化的步骤如下：1.先计算出总工期天数；2.收集资料计算出线路上工作的直接费用率，分别计算出网络计划上各工作在最初工期时的直接费和在最短工期时的直接费，并计算出压缩单位时间所需要的费用；3.根据实际情况选择最优方案，确定最合理的压缩时间，找出优化点；4.计算总成本费用，

并绘制出费用曲线图。找出总成本费用最低的点对应的时间，即为费用优化的最优工期。

（三）资源优化

资源是工程目标得以达成的基础，对资源的调配和使用在工程管理中有着举足轻重的作用。工程管理中为了更好地控制和管理工程进度，就需要解决资源在供应中存在的各种问题，而对网络计划进行资源优化就能很好地解决这些问题。资源优化有以下两种形式：

1.资源有限，工期最优资源有限，工期最优指的是在限定的资源条件下，也就是网络计划线路上的工作每天的资源需求量不变，并找出使总工期最短的网络计划；2.工期固定，资源均衡工程项目在建设的过程中对资源的需求量有很大的变化，尤其是在资源的种类和用量上。在工期不变的限制条件下，利用网络计划中非关键线路上工作的时差对资源计划进行调整，使其能够均衡并满足目标要求。

第七章

建筑工程案例分析

建设工程项目管理，是指从事工程项目管理的企业，受工程项目业主方委托，对工程建设全过程或分阶段进行专业化管理和服务活动。工程项目管理模式是自建设项目开始至完成的全过程，通过项目策划、项目控制，使工程项目的费用目标、进度目标、质量目标得以实现而规定服务、权限、取费和责任等内容。在本章中，作者将通过建筑工程的案例分析，讲解施工组织管理在我国的情况。

第一节　我国工程中的施工组织管理

工程项目管理工作就是根据整个工程的实际情况，全面客观地按照整个工程建设的经济规律对整个工程项目进行全过程有计划的控制、组织及全面的协调。随着我国改革开放的不断深化，国内工程项目建设在很大程度上受到了国外工程项目较大的冲击。国内很多关键性项目在具体招标、施工及管理的过程当中均有国外的企业参加，其内部很多工程项目管理的方式是非常值得借鉴的。全面地对我国工程项目管理模式的发展进行分析有着较为重要的理论和工程管理实际意义。在本节，我们将介绍我国工程中所用到的施工组织管理模式。

一、工程项目管理模式发展探讨

（一）国际工程项目管理模式分析

1.国外工程项目管理模式

现阶段国外工程项目管理主要采用三种模式，分别为：DBB工程项目管理模式、CM工程项目管理模式。现将其分述如下：

（1）DBB工程项目管理模式

所谓的DBB工程项目管理模式就是将整个工程项目的招标、项目设计及项目的施工建设全部集中到一起的管理模式。该种管理模式也是一种国外较为传统的工程项目管理模式，其主要的优点为工程项目管理步骤较为简单，几乎能够适用于所有的工程项目建设。在其具体的管理过程当中也是按照设计、招标及施工的顺序进行，当前一阶段的工程完工之后，后一阶段的工程才能投入建设。除了上述优点之外，采用DBB工程项目管理模式的工程发包单位在选择工程的设计单位、施工单位、监理单位及分包单位的自由性较大，同时各个单位都必须使用标准化的合同文本，在施工过程中对于出现的纠纷等相关的情况处理较为明了，能够保证各方按照自身的工作义务和责任进行自己的工作。其主要的缺点为由于在建设的过程当中，上一阶段建设完成之后才能进行下一阶段的建设，整个工程建设的周期比较长，同时发包单位对于整个工程的投资成本的控制较为不易，容易造成施工造价控制工作的失败。

（2）CM工程项目管理模式

CM工程项目管理模式主要为发包方通过与监理单位签订工程项目管理合同，使监理进行施工管理工作。在具体的施工过程当中一个单位工程设计完成之后，就进行该单位工程的招标工作，招标结束之后就进行该单位工程的施工建设，这在很大程度上缩短了整个工程建设的周期，工程建设采用了边设计边施工的特点。同时，由于项目的管理单位在整个工程建设的初期就被选定，其在一定程度上可以参与到整个工程的建设设计过程当中，从而在很大程度上避免了工程施工与工程设计之间的矛盾。主要缺点为工程施工分项招标工程，业主工作量较大，容易受到外界的干扰，同时对于监理单位的要求较高，如果工程初期监理单位选择得不合适，将会给整个工程造成致命的影响。

2.国内工程项目管理模式

（1）工程项目监理模式

所谓的工程项目监理模式就是监理单位与发包单位签订工程监理合同，全面地对整个施工单位所承包的整个工程项目的具体实施进行全面的监管工作，最终保证施工单位在具体的施工过程中能够按照发包单位和承包单位合同的约定进行。由于监理单位在工程建设过程当中与工程的施工单位没有任何利益关系，这在很大程度上提升了整个工程建设的水平，有利于保证整个工程项目建设的质量。但是通过相关的工程实践表明，该种模式在具体的施工过程当中表现出较大的漏洞，例如，国内的市场在工程监理单位的入门门槛较低，从事监理工作的人员素质较低，在具体的监理活动当中，容易受到外界因素的干扰，进而影响整个工程项目的管理工作。

（2）建设单位自行管理模式

建设单位自行管理模式就是在进行工程施工的过程当中，建设单位从自身的人员当中抽调具备工程项目管理能力的人员，成立其临时的或者长期的工程项目管理结构，其内部采用统一领导的方式进行工程项目管理。采用建设单位自行管理模式能够在很大程度上保证与建设单位一体的，到那时这些单位往往是临时性的，其内部的相关管理职能往往不够完善，管理的人员在一定程度上往往也不够专业，工程项目管理经验不足，从而导致管理效率较差，对于现阶段工程项目管理实现全面的系统化及专业化的影响较大。

（二）我国工程项目管理模式发展趋势

1.工程项目管理的国际化

随着我国市场经济的不断发展，各个工程在建设的过程当中必然与国际单位合作的可能性会越来越大，同时，我国企业在国外进行工程项目建设的过程当中必然要与国外的相关企业进行合作，以实现工程项目管理工作的有效进行。同时，不得不承认国外很多工程项目管理的理念相对于我国来说较为先进，其在管理、技术、服务及人才利用方面有着较大的优势。因此，未来我国工程项目管理工作的国际化也成为一种大势所趋。

2.工程项目管理的信息化

随着科学技术的不断进步及整个工程项目建设的范围不断扩大，整个工程在建设的过程当中对于信息的需求量不断增加，采用传统的工程管理模式在一定程度上已经不能满足现阶段工程建设对于信息的需求。因此，在工程项目管理中，全面地将现阶段先进的信息化技术嵌入到整个工程建设的过程当中已经成为一种工程项目管理的实际要求。

3.工程项目管理的全程化

现阶段国内工程项目在进行投资建设、工程管理的过程当中仍然以分段进行为主，各个部分往往由不同的负责单位及不同的负责人控制，这就导致这些单位在进行自身所承担的工作当中，往往为了完成自己的工作而进行工作，严重地缺乏全程性的工程考虑，缺乏全局统筹能力，这些在很大程度上影响到整个工程建设的整体性。采用该种方式在很大程度上不能满足现阶段工程规模日益扩大的要求，因此，工程项目管理的全程化已经成为现阶段工程项目工作发展的一种必然的趋势，通过全程化的管理，全程对每个阶段进行协调，保证工程项目前一阶段的完成能够为下一阶段的开始施工提供良好的平台，这就对于提升工程质量有着较大的帮助。

随着各种工程建设规模的不断扩大，全面地保证工程项目管理工作能够满足工程建设的要求是非常必要的。因此，相关单位在进行工程项目管理，应当选择出适合自身工程建设的工程项目管理模式。

二、精细化组织管理措施实证

（一）企业推进项目标准化情况简介

FJ建筑施工单位作为GJ集团下属企业，是广州本土一家以建筑施工为主，房产开发、物业经营为辅的综合型国有企业。FJ公司持有六个国家一级建筑施工资质，全面通过了ISO9001质量体系、ISO14001环境管理体系和OHSAS1800职业健康安全体系三大管理体系的国际标准认证，企业在广州市建设工程交易中心诚信排名系统中在企业中长期稳居广州地区1000多家参评单位的前10。作为GJ集团的下属广州本土施工企业，FJ公司自2010年以来亦跟随集团开展了项目标准化/精细化管理的探索。

（二）企业标准化管理体系的建立与运行情况

FJ企业现阶段推行精细化管理的目标定为所有在建项目全面实行标准化管理。经过多年的实践，目前FJ公司已基本形成了适应于企业自身的项目标准化管理体系，相关的管理制度和程序控制等文件经过多次修正后已能做到与企业自身管理水平和项目现场实际情况相适应，能得到落实和执行，标准化管理体系运行较为顺畅。下面就企业在近年来推行项目标准化/精细化管理中所采取的重要措施和经验进行简要介绍和研究分析。

（三）企业层面的组织和管理支持

经过多次研究讨论和可行性分析，考虑到目前FJ公司总体项目管理水平处于整体行业中游水平，企业自身已具有较为完善的组织管理架构，采取的是分公司、项目主导、公司协调的管理模式等具体因素，根据企业总部成员职责和专业知识，组建了以生产经营副总为组长，质安部经理、工程管理部经理为副组长，主要成员由质安部、工程管理部、财务部、综合管理部等成员组成的标准化工作小组，在上级集团的指导和监督下，指导公司下属各分公司和各在建项目部开展施工项目标准化/精细化管理，为推进项目标准化/精细化管理提供了组织上的支持。工作小组具备了企业层面方面落实标准化管理的各项职能，例如管理制度、流程制定和修订，培训教育，定期监督检查，考核评价，定期总结报告等。

（四）项目标准化管理大纲

为了解决各项目从中标到开工的时间过短，施工单位项目组织成员普遍不能立即到位，合同导致每个项目在实施前很难进行详细、有效的项目管理规划等项目施工前期管理阶段的难题，收集、统计了大量典型在建项目的招标文件要求、地域管理要求等项目情况以及项目实际管理过程中各项管理规划、制度的落实情况等过程信息，通过分类统计研究，将项目共性的、常规的，具有可操作性的标准化/精细化管理制度、过程文件进行了汇总和提炼，建立了项目标准化/精细化管理大纲。

各项目经理、项目管理人员在项目筹划阶段就要求熟练掌握管理大纲，明确落实相关责任和要求，以便项目管理成员在中标后即有相关的执行方面和管理理念，能在最短的时间内根据项目管理特点形成项目标准化/精细化管理实施规划，有效地指导项目标准化/精细化管理的实施。而如前所述，为了与项目精细化管理理念相适应，管理大纲除了解决施工前期管理阶段难题外，亦应尽量纵向延伸至施工前和施工后，并横向涵盖项目“三控三管一协调”的所有管理要素。项目标准化/精细化管理大纲对于共性的管理要求和程序制定得较为深入，对于项目特殊性影响较大的专项管理，以原则性要求为主，给项目标准化/精细化管理实施规划的制定留下空间。

（五）项目标准化管理手册

为了确保集团、企业项目标准化管理制度的可执行性，通过了对各在建项目的考察和分析研究，针对项目施工过程管理阶段，对各种管理规范中的常见、主要内容进行了整理汇总，同时结合集团、企业自身管理情况进行了提升和布置，结合图文图表，形成简单易懂、具有可操作性的项目标准化管理手册，手册包含了项目推进精细化、标准化管理的一些硬性要求。

由于集团内部各企业管理以及各项目管理均存在差异，为了进一步确保标准化管理手册的可执行性，部分FJ公司管理人员同时也参与并贯彻落实了建筑集团的项目标准化管理手册，并在集团要求的基础上结合自身企业特点对企业视觉形象识别等系统进行了优化，对各项要求的深度进行了调整，形成了与企业现阶段管理水平相适应的可操作性文件放至各项目部，以便项目部参照执行和标准化/精细化工作管理小组定期进行考核评价。为了便于落实执行，现阶段项目标准化管理手册更注重安全文明、施工质量等可视化内容，具体包括企业视觉形象识别、施工文明、临边防护、洞口防护、临时用电、消防管理等现场安全文明施工方面的要求和原材料管理、技术交底、样板引路、工艺管理、检验批自检、班组交接检查、质量通病防治等现场质量管理方面的内容。

（六）项目标准化考核评价体系

如前所述，项目标准化/精细化考核评价体系是项目精细化管理体系施工后期管理阶段的重要内容，其运行情况对精细化管理的实施影响重大。

为了能得要企业需要的数据和真正起到考核评价的作用，实现对各项目推进标准化/精细化管理状况的有效监督和考核评价，为调动项目成员推进标准化/精细化管理的积极性和为持续改进打下基础，结合上级集团的要求、自身管理水平进行了大量的统计分析以及文献查阅，形成了适应于企业的施工项目标准化管理考核评价体系，制定了相应的考核的形式和考核指标。

考核评价指标与施工项目精细化管理体系三阶段管理的内涵相适应，其中综合考核指标包含组织管理、合同管理、资源管理、进度管理、成本管理、质量技术管理、安全及文明施工管理、环境管理等单项考核评价指标，分为开工、施工、收尾三个阶段，每次项目标准化考核评价可选择综合考核评价或单个、数个单项考核评价。

（七）企业标准化管理体系运行效果

经过多年的实践和不断的修正，目前FJ企业标准化管理体系运行较为顺畅，绝大部分在建项目均实现标准化管理，仅有个别项目由于工期、业主特殊要求、项目投资等原因导致标准化管理不达标。虽然目前企业项目管理水平远未达到精细化管理的要求，但可以明显感受到推行项目标准化/精细化管理后企业各项目管理水平的不断提升，企业承接项目的数量以及企业形象亦有了较大提升，项目标准化/精细化管理给企业带来的有形效益和无形效益仍是十分显著的。

三、施工项目标准化实施情况

（一）项目介绍

东莞庄5号楼工程，位于广州市天河区东莞庄一横路馨晖园内。项目为一栋地下二层、地上十九层民用建筑。建筑总高度65.6m，其中地下二层层高3.40m，地下一层层高5.45m，首层层高4.00m，2～19层层高3.00m；建筑面积15610.8㎡，其中地下3590㎡，地上12020.8㎡。工程设计使用年限50年，为现浇混凝土剪力墙结构，基坑围挡采用钻（冲）孔灌注桩加钢筋混凝土内支撑，桩基础采用PHC管桩、冲孔灌注桩基础。建筑抗震设防烈度为七度，建筑物耐火等级一级，地下室防水等级二级、屋面防水等级一级。项目现场环境和实施条件较为常见，但业主管理要求较高：业主为国家机关，内部管理程序烦琐，对项目质量、工期等有极为严格的要求，同时业主现场成员对报建等建筑程序性流程不太熟悉，对施工单位相关职能依赖性较强，而项目为节点付款，对施工单位资金管控、成本控制能力要求较高。项目于2015年8月份中标，计划2018年5月完成整体施工。由于项目规模、现场环境、施工工艺等较为典型，项目于策划阶段即被定为推行项目标准化管理的验证试点项目，被赋予了相应的任务，严格按照企业标准化管理大纲等文件的要求，根据项目自身特点开展标准化管理工作，以下就项目三阶段项目管理实施过程以及采取的主要措施效果进行总结分析。

（二）项目施工前期标准化管理实施情况

东莞庄5号楼项目于2015年8月份正式中标后，即根据企业标准化管理大纲要求，以项目经理为中心组成了项目管理组织架构，同时于9月份完成施工合同的签订、企业内部项目管理实施规划等文件的审批、现场临时设施的准备和报建手续并正式动工。项目动工前公司标准化工作小组就根据项目规模、现场实施条件、项目管理规划等现场情况和管理要求对项目班子进行了标准化/精细化管理方面的交底，并与项目经理签订了“项目（内部）标准化管理目标责任书”，明确了相应的开展程序和管理要求。

同时标准化工作小组给项目部提供了项目启动与策划、现场视觉形象识别等方面的技术支持。主持的项目部也在企业支持的基础上，认真调查了项目具体的实施条件，对招标文件、合同、设计图纸、工程量清单等重要文件进行了研究分析，形成了施工组织设计等项目管理规划文件，积极地开展项目管理工作。在由于已经形成了较为标准的项目前期实施管理程序，项目前期工作比较到位，很快就理清了设计意图，完成了图纸会审工作并协助业主办理了施工许可证，项目开局较为顺畅。

（三）项目施工期间标准化管理实施情况

在施工期间，项目部始终按照企业对于项目标准化/精细化管理的要求开展项目管理工作。项目部根据项目的具体特点，参考同行优秀经验，通过研究分析，积极运用相关资源和技术管理工具，针对不同施工阶段、不同施工部位采取有针对性的措施，对“三控制三管理一协调”的全面项目管理目标和管理流程进行了优化，将项目管理引向标准化和精细化。该项目施工期间标准化/精细化管理措施落实得比较到位，项目质量、安全、进度、成本等管理目标基本可控，受到了监督站、监理、业主的一致好评。项目采取的较为有特点的标准化/精细化措施有：

1.强化精细化管理规划

根据绪论精细管理定义可知，要实现施工项目的精细化管理，首先就要制定细致、可执行的管理规划，完善的管理规划是项目实现目标控制、精细化管理的前提。管理规划不单指项目开工前编制的较为笼统的项目管理规划文件，更应包括项目施工过程中的按照管理目标分解至分项工程等可执行单元的详细规划，这种规划可以是关键点控制表、派工单、技术交底、方案交底、班前活动等多种形式，关键是能反映工程实际，具有计划性和可执行性，能真正指导项目的实施。而样板引路就是一个很有效的规划与控制工具，在事前规划、事中控制、事后控制等阶段都能很好地发挥作用。以前大部分施工项目仅将样板引路作为一种质量控制工具，经过研究与对比分析，样板引路作为一种规划与控制工具，在安全文明管理、成本管理等方面也能很好地发挥作用，因此项目部在该项目的施工过程中一直坚持以精细的策划带动项目管理，并在质量、安全文明等方面，真正落实样板引路制度。

2.“四新技术”

施工技术提升对项目管理水平有重大影响，在项目开展标准化/精细化管理过程中，我们积极推广应用了“四新技术”：项目除使用了设计要求的加气混凝土砌块、保温砂浆、预拌砂浆等保温节能新型材料外，更是利用了企业的技术资源库，通过市场调查和方案对比分析，在施工过程中推广应用了数控钢筋加工设备、腻子层打磨机、墙面开槽机等新工艺、新设备。同时由于项目施工大楼邻近已建成的4号楼、生产力大厦等建筑，已建成小区内管线较为复杂，大楼静压桩基础施工过程中产生的挤土效应可能会对周边建筑和管线造成较大影响，为此项目部利用企业技术资源库，采用了企业受控的《静压桩施工挤土效应控制施工工法》，有效地解决了相关难题，确保了周边建筑和管线的安全，为项目的顺利实施打下了基础。“四新技术”、工法的应用有效保证了项目的施工质量，提高了施工效率，为项目带来了有形和无形效益，为项目推进精细化/标准化管理创造了有利条件。

3.积极利用前沿管理技术

为了积极利用前沿管理技术、理论等科学手段推进项目标准化/精细化管理，通过与企业沟通，于项目配置了部分掌握相应技术的青年管理者，较好地利用了老中青搭配开展项目管理工作。项目施工过程中利用了计算机、Internent、项目信息管理门户等技术工具，运用了工程经济学、运筹学、QC等前沿管理理论，简化和优化施工项目的管理流程、降低管理难度、提高管理精度和管理效率，很好地推动了项目的精细化管理进程。

4.BIM技术模块应用

BIM技术的应用对项目开展标准化/精细化管理意义重大。经过研究分析，本人于项目部内组建了BIM技术小组，开展了对BIM技术的研究和项目应用。项目主要应用了BIM技术中的综合碰撞检查模块和造价管理模块，其中综合碰撞检查模块主要用于地下室综合管线的布置检查，造价管理模块主要用于各层钢筋、砌体、模板等建筑材料抽料，安排材料分批按时进程，各分项工程人工工时的计算和班组作业安排等方面。BIM技术的应用大大提高了项目技术、资源管理的精度，有效杜绝了材料浪费，降低了施工成本，优化了现场管理，增强了企业与业主沟通的能力，为推动项目标准化/精细化管理创造了有利条件。

（四）项目施工后期标准化管理实施情况

由于项目标准化/精细化管理措施落实得比较到位，且已经建立了项目收尾阶段的标准化工作流程，项目的竣工档案资料准备比较及时，各专项验收的办理过程顺利，且项目部已同步完成了新增、签证工程的价款报审工作，开始进入结算工作阶段。总体来说项目施工后期管理工作进展较为顺利，保修、回访、考核评价、总结提升等方面的工作尚待跟进。

（五）施工项目标准化管理体系运行效果

东莞庄5号楼项目作为企业推行项目标准化管理的验证试点项目，从开工至完工约两年半时间，经历了施工项目精细化管理的三个阶段，通过项目成员的共同努力，除了出现个别非关键节点工期滞后、少量非重大安全隐患、少量质量通病等问题外，项目施工期间标准化/精细化管理措施落实得比较到位，标准化管理体系运行效果良好。项目质量、安全、进度、成本等管理目标基本可控，通过集团、企业层面的标准化管理考核评价，均处于集团中上游水平，受到了监督站、监理、业主的一致好评。同时通过验证，项目所采取的各项组织管理措施、技术经济措施收效明显，适应性均较强，项目标准化/精细化管理给项目带来的效益十分显著。

对目前我国建筑业的发展状况等大背景进行了分析，然后综合国内外文献，对工程施工精细化管理理论进行了介绍，对国内外精细化管理理论的历史以及其在工程施工方面的研究现状进行了综述，分析了传统粗放式管理模式下建筑施工管理的普遍问题、施工项目推行精细化管理的现实意义和作用以及施工项目推行精细化管理的影响因素和应注意的问题，在此基础上，提出了建筑施工单位应该循序渐进、分阶段实现精细化管理。结合精细化管理理论基础和近年内国内推行建筑施工项目精细化管理进程，针对国内建筑施工现状，对施工项目精细化管理涉及的各个阶段、各管理要素进行了综合梳理，构建了具有实施性的施工项目三阶段精细化管理体系，并列举出了各阶段的关键控制点。考虑到目前国内建筑施工企业普遍技术水平和投入水平，提出了具有可操作性的组织保证、管理大纲制定、标准程序文件制定、考核评价体系、重视规划与样板引路、“四新技术”应用、BIM技术模块化应用、前沿管理技术应用等促进施工项目精细化管理体系正常运行的组织管理、技术经济措施。最后通过作者所在FJ公司以及作者实际主持的工程对促进施工项目推行精细化管理体系运行的各项措施有效性进行了验证，各项措施均获得了良好的效果，研究结论如下：

施工项目推行精细化管理意义重大，是建筑业未来的大方向，但施工企业应根据实际情况循序渐进地推动精细化管理进程；采取三阶段精细化管理体系，根据企业情况制定相适应的一系列技术，经济措施、尤其重视考核评价体系、BIM技术应用等措施，在一定环境、一定程度上可以有效促进施工项目精细化管理进程。

四、不足和展望

由于缺乏对国内外精细化管理的先进经验进行深入研究，本书提出的精细化管理体系以及对于促进项目推行精细化管理体系运行的具体措施主要是基于FJ公司主持施工的项目研究得来的，经验证对该企业系统承建的项目适应性较强，但由于施工项目的复杂性和不同企业的管理水平、管理模式不同，其中对于管理组织、考核评价体系等部分措施内容尚不够深入、具体，可能与某些建筑企业和施工项目适应性较差、可操作性不足，需要在今后的工程施工项目管理过程中进一步验证和改进。

精细化管理体系中的部分内容尚不完整，尚待深入和细化，使其更加系统和全面，更具可操作性。同时，精细化管理体系运行涉及整个企业以及多个项目的管理，由于研究资料、时间不足，本书并没有对精细化管理进行整个体系的实证研究，尚待推广后继续深入和完善。本书是从建筑施工管理的角度进行研究的，但在研究过程中发现，项目精细化管理理论与业主方开展项目全过程管理的适应性很强，因此，精细化管理理论对于建筑行业发展的重要性是毋庸置疑的，建筑企业应当重视相应理论的研究和应用。

第二节　项目管理在建筑公司的应用

本节在现有理论基础上，结合SOC公司的具体实践，研究大型集团附属施工企业面临的实际问题及项目管理模式，该研究是建立在“整合多方资源，尊重各方利益诉求，服务业主，形成集成化”的管理模式。一方面可以解决目前中国建筑企业可持续发展中面临的问题，为建筑企业的工程项目管理提供新思路，另一方面又弥补了建筑工程项目管理在资源整合和集成化服务的不足，探讨建筑工程项目管理模式，完善和补充现有工程项目管理模式。

一、信息化背景下的建筑工程管理

信息化管理在建筑工程建设领域虽然取得了不少成就和成果，但是，并没有得到广泛的推广与应用。主要由于在建筑工程项目信息管理过程中仍然存在问题，即：建筑工程项目整体信息化水平低、信息化管理专业人才配备不能适应发展需要、建筑工程项目信息化管理控制体系存在缺陷等。因此，应采取有效的措施，提升信息化管理水平。

（一）建筑工程项目信息化管理中存在的问题

1.工程项目各参与方无法统筹

工作具体管理中，工程项目的信息化管理中涉及的参与方众多，主要有施工方、设计方、业主和监理方等。如果某一个环节出现问题就可能会导致整体工程项目的施工进度和施工质量都会受到一定的影响，这是因为各个参与方和相关组织规模以及工程流程存在一定差异，因此导致工程项目所参与的各方缺乏整体的协作精神，会对软件工程项目的管理软件产生较大的影响，甚至会对组织管理功能产生抑制。

2.缺乏统一的工程信息化标准规范

当前工程项目信息化建设工作的现状并不乐观，这主要表现在很多工程项目在管理过程中对于工程项目信息化的标准规范并没有认真地落实。因此有很多企业的咨询机构也并没有认识到企业内部管理平台的重要性，在具体工作过程中无法采取相关措施进行信息互动。因此产生的结果就是，一些网络软件在市面上出现了混乱的情况。因为我国政府部门对工程信息化建设的重视程度不够，也没有投入足够的力度来加以完善，现如今市面上没有形成完整有效的规范对其进行规范影响，在很大程度上也对工程项目进度产生影响。

3.信息化管理专业人才配备不能适应发展需要

虽然相关部门在以往的建筑工程项目信息化管理过程中培养出了一些人才，也专门引进了信息化方面的人才，但是我国在信息化管理专业人才配备上在总体上仍然存在不足，无法适应发展，而且在建筑工程项目管理领域从事信息化工作的技术人才也存在数量不足以及结构上的弊端，其专业素质也有待提高。不仅如此，该行业还存在高层次的智力资源短缺、创新体系尚未真正建立、创新能力与实际需求差距较远等问题，而且还缺少熟悉了解信息技术与建筑工程专业的复合型技术的技术型人才。

（二）强化建筑工程项目信息化管理的对策

1.增强管理人员的信息化意识

建设单位只有具备坚定的建筑工程管理信息化意识，才能真正实现管理信息化。主要作用：（1）建设单位不但要逐渐增强管理信息化意识，确保管理信息化在建筑工程管理中得到充分的利用与实施；（2）建设单位的领导务必要带头增强建筑工程管理信息化意识，从而促使整个建设单位形成强烈的信息化意识，提高管理信息化整体水平。在建筑工程管理环节，建设单位管理人员必须尽忠职守，和其他参建单位的管理人员、施工人员实施相互的监督与协调；各参建单位的现场施工管理人员务必要学会利用信息化手段编写施工方案、会审图纸，并做好技术交底；现场管理人员不但要依据施工组织设计、施工技术方案等合理安排建筑工程施工进度，还要节约成本、确保质量。现场管理人员不仅要验收分项工程以及分部工程，还要做好整个建筑工程的竣工验收，并在整个施工过程中凭借信息化手段实施全面的管理与组织，从而促使建筑工程项目部、施工班组、建设单位等全面掌握施工现场的情况，实现信息共享，提高建筑工程管理信息化水平。

2.搭建信息化管理平台与系统

建筑工程管理包括确定项目管理模式、设置项目管理组织、分解管理职能、设计具体的工作流程、制定信息管理流程与规章等，因此建设单位要及时搭建囊括施工现场管理、项目多方协作、项目远程监控、企业知识等各个环节的信息化管理平台与系统，促进建设单位和建筑工程项目实现标准化的信息交换与整合。单位还应统一基础数据，避免出现信息孤岛。为预防各部门的建筑工程管理信息化建设陷入怪圈，需做好整体规划，统一基础数据、编码，包括组织、物料、供应商、客户以及分包商等的编码，这是共享信息的前提。建筑工程管理涉及进度计划、定额成本、资金会计、质量安全以及分包管理、物资管理、人员管理、设计变更等诸多内容，这就要求建设单位在研发、使用信息化系统的过程中务必要考虑这一系列因素，通过实施改造工作流程、建立数据中心等措施打破各个部门单一使用信息化系统的局限，有机联系各部分内容，联合监控各个业务模块，有效协调建筑工程参与各方的关系，打造全方位、全过程的建筑工程管理信息化工作环境。建筑工程管理软件具体涵盖了对人、材、机、资金等生产要素的管理，它能对建筑工程进行实时的跟踪与控制，有效应用建筑工程管理软件是推进管理信息化的最佳选择，有效促进数据信息化、决策科学化、流程规范化等的实现。建设单位还可选用具备项目控制、施工日志等功能的工程管理软件，使工程核算准确、实时，明确建筑工程管理的权与责。

3.建立完善的建筑工程项目信息化管理控制体系

为了顺利开展和推进建筑工程项目信息化管理，在建筑工程项目信息化管理过程中，应建立完善的建筑工程项目信息化管理控制体系，保证建筑工程项目信息化管理的顺利进行。建立有效的责任机制，将责任落实到各个管理部门，部门领导再将责任细化到每一位信息化工作人员身上。一旦信息化管理存在问题，可以第一时间找到责任人，及时解决存在的问题，这样可以充分提升信息化管理人员的工作积极性和工作效率。因此，在建筑工程项目信息化管理过程中，建立完善的建筑工程项目信息化管理控制体系，可以有效提升信息化管理水平，确保建筑工程项目信息化管理顺利实施。

4.合理地对资源进行整合

信息化建设投资工作前，需要企业的决策人员重视一些问题。做好企业的体制改革，并且做好人力资源和战略经营的相关改善问题。企业内部应该重视文化的创新，以便于对接工作进行全方面的诊断，还需要根据企业诊断的结果给相关战略实施以及相关方针进行明确。重视企业的组织优化管理，通常企业管理模式主要划分为两个部分，分别从横向和纵向两个角度来进行探究。横向主要是指管理部门，而纵向指的是企业的管理层，每一个城市都是一个权力等级，而且每一个职能部门都相对独立。而对于企业的工程项目来说，工程项目管理涉及的内容比较多，所以管理起来也存在一定难度，就要求企业必须形成具有系统化的管理信息网络模式，不断转变相关管理模式，要增强企业核心的竞争力，在技术上不断革新。因此这不仅是需要投入一定的资金和精力，从转变企业的管理模式角度来看，需要对相关的管理理念进行更新，做到从思想上高度重视，对传统的管理方法进行改变，将新的管理观念和先进的信息技术进行结合，能够使信息化的管理真正地发挥出必然的作用和效用。而这也能够对建筑企业的信息化管理提供帮助，可起到巩固信息化推行的目的，拓宽信息化的渠道，有助于信息化的全面搜集，也有助于加工和处理工作，方便其灵活地运用。

综上所述，在信息化时代，建筑工程管理想要获得更高的效率和建设质量，需要建立完善的信息化管理制度，通过信息化人才的引领，对管理当中所出现的问题进行相应的解决，完善整个信息化管理系统，为相关工作人员进行信息的查询提供便利的平台，相关企业应根据自身的经济情况，选择自身所需要的管理软件，真正将其落实到管理工作当中，通过信息平台和技术加强自身的效益。

二、SOC公司项目管理现状

SOC公司作为大型集团下附属建筑企业，工程项目管理具有以下几个特点：第一，开发商和承包商的关系比较密切，便于项目协调和开展工作；第二，承包商的权利较大，主观能动性强；第三，承包商资金容易到位，开发商易于对投资进行管控；第四，监理单位责任义务更大，服务范围更广，承担的技术、管理任务更多，是开发商最应依靠管理资源之一；第五，开发商与承包商可以实现部分资源共享，节约成本。

当前国内外盛行的有诸如施工总承包模式、工程总承包模式等等，SOC公司在实际工程中也采用过这两种模式，模式虽好，但是在实践中也存在不少问题，与SOC公司的经营特点、公司特点有很多不适应之处，SOC公司必须摸索出适合大型集团下附属建筑企业的工程项目管理模式，这样才能充分发挥母体公司和SOC公司各自优势，相得益彰。

SOC公司在29年的发展过程中，不断地探索、调整工程管理模式，以求在竞争激烈的建筑行业实现可持续发展。

（一）SOC公司概述

SOC公司是一家主要从事建筑工程业务的企业，成立于1985年4月，注册资本为1亿元人民币。总部位于上海，同时于重庆、成都、佛山、武汉、天津、沈阳、北京、大连、南京都设有分公司及区域项目部，公司成立至今共承接各类建筑工程100多个，工程总造价近180亿元，实现利润总额3.5亿元。

目前，SOC公司的员工总数为318人，其中一级建造师31人、二级建造师8人、三级建造师3人，高级职称18人、中级职称85人、初级职称及以下205人。近年来，公司为了适应竞争激烈的建筑市场，积极转变观念，深化企业内部改革，加强企业管理，采取有效措施，使企业的经营与经济效益稳步上升。先后承建了上海城市酒店、长宁区锦明大厦、上海黄兴路高层住宅、上海市黄浦区监察院政法大楼、华源世界广场、曹杨六村高层住宅、虹华苑住宅小区、上海瑞虹新城二期高层住宅（施工总承包、机电安装及精装修）、上海杨浦创智天地商住两用建筑（施工总承包、机电安装及精装修）等工业与民用建筑；近年来，随着公司的不断发展壮大，已经逐步走出上海，面向全国，目前在武汉永清综合商务区、重庆化龙桥项目、佛山岭南天地、大连软件园、成都中汇广场等都有施工总承包和机电安装、精装修等工程项目在进行施工。

（二）SOC公司的资质和荣誉

SOC公司目前拥有房屋建筑工程施工总承包壹级资质，机电设备安装工程专业承包壹级资质，建筑装修装饰工程贰级资质，地基与基础专业承包贰级资质。SOC公司在上海等多地荣获了多项质量、环保和职业健康安全奖项，其中："上海新天地110#装潢项目"荣获"白玉兰"优质工程参建奖，"瑞虹新城二期15、16座"和"瑞虹新城三期四号地块安装项目"分别于2006和2012年荣获"申安杯"优质质量奖；"武汉A6地块第二—八座"被评为武汉市建筑优质工程，该工程项目同时被评为武汉市2010年度建筑工程黄鹤楼奖银奖（武汉市质量最高奖）；“重庆化龙桥项目6号、8号楼”获得了重庆市“三峡杯”优质结构工程；“沈阳市中汇广场办公楼总承包工程”获得了沈阳市“玫瑰杯”优质结构工程；佛山岭南天地—1地块商业项目一期工程获2011年度佛山市建筑装饰优良样板工程。另外，公司承建的西安世界园艺博览会香港园工程，经2011西安世界园艺博览会执委会评选，囊括了“金奖”“优秀设计奖”“银质工程奖”“水景优秀奖”“低碳示范奖”五项大奖，该项目同时还获得了香港政府颁发的2011年度优秀建筑奖〔Special Architectural Award（Sustainable Design）〕。SOC公司2011年5月获得集团内唯一的优质服务奖。

（三）施工总承包

施工总承包是指建筑工程发包方将全部施工任务发包给具有相应资质条件的施工总承包单位。施工总承包一般包括土建、安装等工程，原则上工程施工部分只有一个总承包单位，装饰、安装部分可以在法律条件允许下分包给第三方施工单位，如果双方在施工的过程之中，受到了另外一家施工单位的干扰，可以向建设单位索赔施工干扰，降低效率的费用，或直接收取施工配合费、管理费等其他费用。目前国内市场普遍采用的是施工总承包，也即平行发包。

SOC公司在施工总承包模式阶段，主要承担基础工程、主体建筑等施工任务，与其他施工单位一样，仅仅扮演施工的角色，没有参与到规划、决策、运营等过程，与开发商的接触并不密切，交流也很少，业主方工作压力大，需要投入更多的管理力量，这在无形中增加了成本，同时由于施工总包单位的原因，常导致工期延误、需多次协调等问题，严重影响了业主的开发计划和市场拓展，当然这与国内市场环境有一定的关系，很多专业承包单位不具备专业总包的管理。由于项目信息管理落后、项目实施过程相互割裂、项目组织方式和合同管理模式不能适应新形势的要求、项目各参与方的目标不一致等原因，严重影响了业主（母集团）目标的实现，在此模式下，SOC公司和母体之间被割裂开来，没有形成合作效用。因此，SOC公司和集团需要继续探索新的模式来适应其可持续发展，达到SOC公司和集团共赢的局面。

（四）工程总承包

工程建设总承包模式是指具有工程总承包资质的总承包企业代替建设单位全面负责工程建设的组织管理工作，总承包企业可以将部分工作发包给具有相应资质的分包企业，分包企业对总承包企业负责。

在总承包管理模式中，受管理公司的身份所限，存在并不清晰的定位。总包管理公司在纯粹总承包与纯粹管理公司中角色必须灵活转换，必须对分包的工期、质量、成本控制等实施严格管控并向业主负责，但又必须依赖分包单位的配合以完成管理公司自身的合约任务。例如在成本合约管理中存在一定敏感性。当分包提出某些存在争议或不明确的索赔及签证申请时，身为管理公司必须对业主负责，尽量限制不必要的索赔、签证发生以达到成本控制的目的。但身为纯粹总包角色时，则其理应为分包服务，在不违背合约及法规的前提下为分包争取其应有的利益。目前国内市场中小型开发商抑或更多的政府工程采用这种模式。图中实线代表主管，虚线代表协管。SOC公司采用建设项目工程总承包的主要意义并不在于总价包干和交钥匙，其可持续是通过整合设计与施工过程，把设计与施工紧密结合在一起，以及限制不必要的索赔发生，实现建设项目增值的目标。

SOC公司大量的实践表明，工程总承包模式比施工总承包模式更适合企业自身的发展。主要体现在减少了设计中存在的不可行性；减少了管理中存在的漏洞或者不协调；各方直接参与，掌握最新资料与实际动态，更加快捷有效地解决存在的问题；双方紧密联系，更加有效地进行管理；整体工程便于控制进度、成本等等。但是也仍然存在一些问题，比如：

1.工程总承包模式一个很大的优点在于业主工作量大大减小，不难看出，SOC公司作为开发商和专业承包商的桥梁，既要服务好业主，又要服务好分包，让双方都能获取最大的利润。但是，SOC公司在实际操作过程中，SOC集团并没有变得轻松，工作量并没有得到减少。

2.SOC公司虽承担着母集团的业务，但在该模式下SOC公司承担的更多的是管理任务，而企业自身的操作运营优势没有得到充分发挥，无形中浪费了巨量的资源。

3.SOCA、SOL是建筑企业SOC的母集团，作为业主，在此种模式下，过度依赖于SOC公司，没有充分发挥集团的融资、推广等优势。

4.SOC公司具有同设计打交道的经验，但缺乏设计管理人才，迫切需要业主方协助。由此可见，SOC公司的发展距离集团扩张步伐要求仍有距离，只能夹在业主和分包方之间不能游刃有余，不能兼顾各方利益。因此，探索一种能“整合多方资源，尊重各方利益诉求，服务好业主，服务好分包方，形成集成化个性化”的管理模式显得势在必行，新模式既要能充分发挥业主的融资、推广优势又要能充分发挥SOC的操作运营优势，能弥补SOC公司在设计上的不足，同时还要能照顾到分包方的利益。

三、SOC公司项目管理存在的问题

综上所述，SOC公司应用传统的项目管理主要存在以下问题：

（1）工程项目管理引发的多目标冲突。许多项目管理都仅仅局限于针对某一管理职能，如合同、成本、进度、质量等。企业没有能够很好地解决因为多目标带来的目标冲突以及绩效冲突等问题。

（2）由于项目管理中利益相关者众多，很多时候项目管理局限于针对某一个组织对象，如业主、承包商、监理工程师，由此存在不同主体的项目管理差异。

（3）局限于针对项目的某一阶段：可行性研究、设计和计划、施工。

（4）工程项目任务的阶段性（目标、任务、组织责任）导致组织责任的离散。

（5）在各管理主体和职能管理之间存在知识水平差异、过程管理差异、信息交流传递障碍、心理障碍，导致“高效的低效率”。

（6）建设领域的专业化（设计和施工、不同工程专业）分工和平行承发包模式。

四、建筑项目“集成化服务”模式

（一）“集成化服务”模式

1.概述

SOC公司通过施工总承包、工程总承包的探索，在总承包模式的基础上结合企业实际情况，对工程总承包模式在内涵和外延方面进行了扩充。在建筑与承包管理服务构思的引导下，尝试探索“集成化服务”管理模式，预期达到以下目标：（1）体现两个服务的增值性：服务好业主，服务好分包；（2）整合产业链，发挥各自的优势；（3）充分发挥业主的融资能力和推广优势以及SOC公司的施工经验和操作优势；（4）加强维护保养工作，端头前伸，外延拓展，发挥售后服务优势；（5）进一步减少不同架构内人员配备及避免工作重复出现、减少不必要的人管人重叠。

“集成化服务”模式是指“规划—设计—施工—运营”集成化，也即“开发—实施—运行—服务”集成化，是对工程全寿命期进行集成化管理，把工程全寿命期的各个阶段（即可行性研究、规划、设计和招标投标、施工、运行和拆除）的全过程作为一个整体统一管理，形成具有连续性、系统化、集成化的管理系统。“集成化服务”模式能让建筑企业在项目管理过程中做到人员精简、管理高效化、低成本化，促进项目管理的流程缩短、过程可控。而根据集成化的特点，可将“集成化服务”模式分为“端头集成化”模式和“端后集成化”模式。

“端头集成化”模式强调在“开发—实施—运行—服务”的项目进展过程中对开发、实施、运行等部分进行前端集成，而“端后集成化”模式强调企业在项目实施过程后段的维保工程进行集成化服务管理。“集成化服务”模式中集成管理主要是从以下两个角度考虑：一是可以建立与总承包商生产有关的物力、人力、资本等资源的内部管理信息集成系统，优化配置总包商企业内部资源，精简公司组织机构及人员规模集约化，达到最佳的经营效果。二是业主和总包商通过资源共享，专业化和信息化的团队共同服务双方，整合企业内部、外部资源，实现资源利用最优化，提高企业经营管理效率，实现合作双方的战略目标和经营目标。

2.“集成化服务”模式特点

（1）“集成”的特点。承包商对项目策划、提出方案、设计、市场调查、设备采购、施工、机电、装饰、安装和调试、竣工移交、维保的协调责任是集成化的，所以总承包项目管理是集成化的。总承包商整合原业主工程管理部、合约分判部、设计协调部，工程管理部、合约分判部、设计协调部既服务于开发商，又服务于总承包商，资源的整合可以节省人力资源，减少工作中的交接时间；整合监理人员力量，监理人员工作由总承包商统一协调管理，在职能上各负其责，但侧重点不尽相同，充分调动监理人员主动性，避免监理单位形同虚设，浪费资源。整合产业链，发挥各自的优势，达到“1+1+1>3”的效果；充分发挥业主的融资能力和推广优势以及总承包商的施工经验和操作优势；集团公司、业主、总承包商是相互关联、相互作用的。同时，所有要素都隶属于集团公司，具有互动的关系；将长期与总承包商合作的施工分包队伍作为长期战略合作伙伴，与分包单位之间形成良好、稳固的合作关系，将其优秀的管理人才吸入总承包商；同时，总承包商与大型国企也建立了良好长远的合作关系，与之资源共享，借助大型国企的平台与优势，为业务承接和开拓市场提供了有利条件。

（2）“建造”的特点。自营和分包并举，自营可以真实了解分项成本，为分包管理提供成本决策的依据，同时培训员工和提高公司的管控能力，包括土建、机电、精装的少量业务量进行自营；在设计阶段，从施工单位的角度考虑施工过程中可能遇到的问题，设计出符合自身施工特点的工程；在施工阶段，根据项目的实际开展情况，不断改善设计图纸；对项目的设计和施工进行合理搭接；合理分配资源，实现综合效益最大化；对材料采购全程监控，对项目安全、质量、进度进行管控。

（3）“服务”的特点。目前，国内建筑企业采用总承包管理模式的很多，但是由于传统观念或者习惯，多数仅仅停留在土建施工的角色，显然，这些角色定位已经不能满足国际化企业的要求。“集成化服务”模式强调提高服务意识与服务能力。总承包商要对整个工程项目的全生命期负责，承担协调项目策划、提出方案、设计、市场调查、设备采购、施工、机电、装饰、安装和调试、竣工移交、维保等各个环节，各个专业工程的规划、勘察、设计、采购、施工和运营组织的责任，针对关键工程，承包商必须具有操作经验，实时监控。

（二）“集成化服务”模式应用评价

“集成化服务”模式是SOC公司在两层递进管理的基础上总结和完善。结合成都城·中汇项目和重庆B12–1项目，前者体现了“端头集成化”管理理念，侧重于“开发—实施—运行—服务”集成化模式中开发、实施、运行特点，是SOC公司对“集成化服务”管理模式可行性和适应性的验证。而后者体现了服务型理念，侧重于“开发—实施—运行—服务”集成化模式中端后延伸服务，是模式应用的一个补充，是“集成化服务”模式区别于其他模式的特征。

1.企业间的协作效果评价

在成都城·中汇项目和重庆企业天地B12-1项目实施过程中，SOC公司始终以“整合多方资源，尊重各方利益诉求，服务好业主，形成集成化的个性化的管理模式”为指导思想，深入贯彻落实“集成化服务”。按照业主要求，成都城·中汇项目已于2014年底竣工。从目前该模式的实施效果来看，不仅保证了施工安全、质量、进度、文明施工、成本，而且与各单位的配合与协调服务更加地紧密和高效，使得业主方的融资运营优势和SOC公司的操作优势得以充分发挥，达到了SOC公司对“集成化服务”模式的预期效果。以下从SOC公司与SOC中华汇，监理单位，设计部，质量、安全、消防等政府部门以及其他单位之间的协调配合角度，来体现“集成化服务”模式在“整合多方资源，尊重各方利益诉求，服务好业主”的应用效果。在SOC公司采用了“集成化服务”模式后，对比各个单位之间的协作关系，下文对各单位之间的协作效果进行评价：

（1）对SO中华汇。SO中华汇作为成都城·中汇项目的所有者，对项目具有特殊的权力。SOC公司利用自身操作优势为SO中华汇管理项目，SO中华汇则利用自身融资运营优势，为项目进行方案定位、产品推广、运营。SO中华汇仅保留了基本人员和公司部门，而将工程管理部和合约管理部、设计协调部合并到了SOC公司。通过架构的整合，减少了管理重叠和管理成本支出。项目的成功，SO中华汇给予了很大的支持。

（2）对设计部。工程部和设计部作为公司的不同机构，联系紧密，工程部重视同设计部的沟通，积极同设计部磋商设计中存在的细节问题，积极支持设计部的工作，同时设计部也充分了解工程部的技术特长和一贯做法，在设计时充分考虑到SOC公司、SO中华汇的目标要求和特点。工程部与设计部在图纸会审、设计交底、设计洽商等环节中密切配合，控制了项目成本和工程进度，同时接受集团公司、SO中华汇、SOC公司和监理单位对双方的协调。

（3）对监理单位。监理单位作为国家建筑法规定的参与单位是必不可少的，这也是中国建筑业发展的特色。然而由于此工程模式的改变，监理单位也转换了角色，除了履行法定义务外，更多地真正承担了质量和安全的监督力量，同时也降低了业主此项的支出成本，监理人员的心态也转变了，因为工作性质和薪资待遇改变了，杜绝了社会上普遍的吃喝卡拿要，做到严格执法，保障了工程质量。

（4）对质量、安全、消防等政府部门。SOC公司利用自身社会资源以及集团公司提供的各种优势资源，成立了与政府部门协调对接的专门工作小组，及时汇报工程开展情况，政府部门也非常配合SOC公司各项工作，提供了很多很有价值的指导，工程施工的顺利进行离不开公安消防、质监、环保、市政建设、劳动卫生等政府部门的大力支持与配合。

2.企业内部应用效果综合对比分析

前文对“集成化服务”模式在整合资源、服务水平方面的表现进行了效果评价，对此部分综合建筑工程项目的施工安全、施工质量、文明施工、施工进度、施工成本、资源利用效率、服务水平等指标进行评价分析，将公司经历的三种模式进行综合对比分析，才能证明其优越性。

组织第三方评估机构、公司资深管理者以及行业专家进行座谈，为其提供SOC公司历年来各个项目的业务报表和数据、SOC公司各个阶段的发展情况以及各个模式的运行效果等。采用矩阵评分法进行分析，通过建筑工程项目的施工安全、施工质量、文明施工、施工进度、施工成本、资源利用效率、服务水平七个评价指标来评价施工总承包、工程总承包和“集成化服务”三种模式。第三方评估机构和公司资深管理者以及行业专家对各项指标进行一个权重评价，并对各个指标打分。计算出三种模式的加权得分，用以评价“集成化服务”是否可行、是否先进。具体评价方案如下：

（1）确定七个指标的权重系数

SOC公司始终把施工安全放在首要位置。因此施工安全所占权重为20%；业主的目标就是SOC公司的目标，母公司一直非常重视工程质量，因此SOC公司将施工质量所占权重定为18%；文明施工在现代化生产中越来越受到人们的重视，所占权重为16%；施工进度和施工成本应该同样重要，所占权重为14%；资源利用效率，整合各方资源，充分发挥业主的融资运营优势和SOC公司操作优势，所占权重为10%；服务水平，服务好业主，服务好分包，所占权重为8%。其中资源利用效率和服务水平是该模式最大的亮点和要解决的问题。

（2）对三种模式的指标进行评分

第三方评估机构、公司资深管理者以及行业专家一致认为，在SOC公司三种模式实践过程中，建筑工程项目施工安全、施工质量、文明施工都差不多，施工总承包模式在施工进度方面比其他两种模式要稍微差一些，而在成本方面相对其他两种模式易于控制，在资源利用和服务水平方面，“集成化服务”模式则明显要优于其他模式。

第八章

BIM 技术在建筑工程中的应用

随着信息技术的发展，BIM技术很大程度上改变了传统工程项目管理方式，能够更加直观地对工程项目的重难点进行事前控制，对成本、工期、资源等进行管理，并通过不同专业的碰撞检查提前发现设计、施工中存在的问题。BIM技术很大程度上促进了我国建筑行业的发展。本章通过对BIM技术在建筑工程项目中的应用进行分析，以期促进BIM技术在项目管理中的推广。

第一节　BIM 技术概述

随着信息技术的发展，BIM技术通过专业软件借助计算机得以实现，通过建筑信息模型对施工信息进行模拟，可以将工程信息通过建筑信息模型表现出来，为施工设计、管理人员提供便利，借助BIM技术，可以对工程进度安排进行合理规划，做出更高效率的决策，实时监控工程项目进展，降低工程项目建设成本，缩短进度，实现对工程项目的一体化管理，减少资源的浪费，资源供应更加平稳，避免不必要的窝工和资源浪费。BIM建筑信息模型最初是美国建筑研究协会提出，随后受到世界各国建筑行业的关注，并在建筑行业得到推广。西方国家对BIM技术的研究比较早，并且积累了一定的经验。在本节中我们将对BIM技术做简单的介绍。

一、BIM概念及特性

（一）BIM概念

国际标准组织设施信息委员会（Facilities Information Council）如下定义BIM：BIM（Building Information Modeling，建筑信息模型）是利用开放的行业标准，对设施的物理和功能特性及其相关的项目生命周期信息进行数字化形式的表现，从而为项目决策提供支持，有利于更好地实现项目的价值。

我国的建筑工业行业标准《建筑对象数字化定义（JG/T 198—2007）》把建筑信息模型定义为：建筑信息完整协调的数据组织，便于计算机应用程序进行访问、修改或添加。这些信息包括按照开放工业标准表达的建筑设施的物理和功能特点及其相关的项目和生命周期信息。

各个国家对BIM的定义不尽相同，较为通俗的阐述为：BIM是以三维数字技术为基础，集成了建筑工程项目各种相关信息的工程数据模型，BIM是对工程项目设施实体与功能特性的数字化表达。总之，BIM的核心是信息，一个完善的信息模型，能够连接建筑项目生命期不同阶段的数据、过程和资源，是对工程对象的完整描述，可被建设项目各参与方普遍使用。BIM综合了所有几何模型信息、功能要求和构件性能，将一个建筑项目全生命周期内的信息整合到一个单独的模型中，包括了施工进度、建造过程、维护管理等过程的所有信息。

在建筑工程领域，如果将二维CAD技术的应用视为建筑工程设计的第一次变革，那么BIM技术的出现将引发整个A/E/C（Architecture/Engineering/Construction）领域的第二次革命。BIM研究的目的是从根本上解决项目规划、设计、施工、维护管理各阶段之间及应用系统之间的信息断层，实现全过程的工程信息管理乃至建筑生命期管理（Building Lifecycle Management，BLM）。

（二）BIM特性

作为一种全新的工程设计理念，BIM具有强大的直观性、精确性及设计协调性。其实质是将建筑、结构、风、水、电等各专业的设计要素无缝整合进同一个三维空间中，进而完成多种形式的实际施工前的“预演”，并能修正施工“预演”中发现的各项数据缺失等问题，进而可转化为对实际设计及施工流程、工艺的指导。

BIM在建筑领域的应用具有如下特性：

1.可视化：可视化是BIM软件系统最为突出的一个特性。BIM模型携带的信息，在建筑全生命周期的各个阶段，如项目设计、建造、运营等过程，均可被重复使用。在三维平台上，任何建筑构件及管线等都直观、清晰地展现在眼前，可有效帮助业主方、各设计方和施工方进行沟通、讨论与决策。

2.协调性：建筑全生命周期是一个庞大、复杂、多专业协同工作的过程，在此过程中各个专业之间非常容易出现“不兼容”现象，如：管线与管线冲突，管线与框架梁冲突，管道尺寸所要求预留的洞口没留或尺寸不对等情况。如某办公楼通风管道与桥架发生碰撞。通过以三维技术为基础的BIM平台可以有效地协调各专业工作流程，从而减少不合理的变更方案或因变更而产生的不同步问题。

3.模拟性：模拟性主要是指在三维模型的基础上对实际情况的模拟，并得出相应的分析结果。模拟包括3D画面模拟、日照模拟、能效模拟、紧急疏散模拟、热能传导模拟等，如中建国际（CCDI）对所建立的杭州东奥体中心主体育场的BIM模型进行的日光分析，此外还有4D施工模拟、5D造价模拟等与时间关系紧密联系的模拟。模拟性是BIM三维模型除可视化外又一重要应用，模拟性是在现实的基础上对建筑全生命周期各个阶段的设计结果的验证，通过模拟的结果可以分析设计结果的合理性，并做出合理的改进，提高设计质量、降低设计成本，此外通过4D施工模拟或者5D造价模拟可以指导或者优化施工进度安排，从而减少施工冲突等问题。

4.优化性：通过BIM的三维可视性，利用三维信息模型所提供的各种信息，可进行设计方案的部署、模拟、分析，从而对建筑设计方案、结构设计方案、各管线设计方案等进行优化、完善，甚至进行深化设计。此外，通过BIM的协调性，BIM可以对建筑全生命周期的各个阶段，如前期规划、建筑设计、结构设计、管线设计等进行多方案设计，并从中选取最优方案，从而提高设计质量，并从整体上降低设计成本。在施工方面，可以通过4D模拟或者5D模拟进行现场施工模拟，从而优化施工进度方案，以及设备、材料等采购方案，大大降低施工成本。

5.可出图性：图纸是现代建筑项目重要的信息载体，也是高级专业人员交流的重要工具，一个设计工具的成功与否，最大限度取决于其出图的有效性，即其所产生的图纸能否直接应用于施工环节，或者进行少量的修改即可满足用户需求。在以三维数字化模型为基础的BIM平台中，利用三维模型可以容易得到任意位置对应的平、立、剖及局部详图等。而且由于BIM模型与图纸之间存在关联关系，当模型发生变化时，所有图纸的对应部分自动发生变更。

二、二维CAD设计与三维BIM设计对比

（一）传统二维CAD设计的缺陷

二维CAD设计的缺陷主要表现在以下方面：

1.无法真实直观地表现设计对象：传统的二维设计只是示意性地表现设计对

象，如墙体用宽度一定的平行线所表示，无法真实直观地展现。

2.信息流失：二维的设计模式难以表达更多的数字化信息，后续阶段设计时不能百分之百地继承前一阶段的信息，只能在继承的部分信息的基础之上重新进行挖掘与创建，因此前后信息存在差别，容易造成信息流失，更是无法表达构件的空间拓扑关系。

3.割裂的专业结构：建筑工程设计涉及多个专业——建筑、结构、水道、暖通、电气、概预算等专业，还有数据、通信、安全、节能等。各个专业之间分工明确，合作却很模糊，各专业的图纸都是正确的，合在一起就一定存在问题，如不同专业的内容互相“打架”。这些问题仅通过专业协调会是无法完全解决的。

4.多方案优化设计成本过高：每一个方案的设计需要花费设计人员大量的时间及精力，多方案设计、优化及对比分析致使设计周期变长，生产效率降低且导致设计成本过高，因此每个项目通常只有合理的设计方案，而该方案并非最优的。

5.难以完成成本预算、施工进度安排、风水管道流量等工程计算：二维设计对象的图元与数据相互对立，对于上述计算需要相关专业人员运用不同的软件独立计算，计算速度慢、效率低，且容易出错。

6.图元之间相互独立，设计效率与质量低下：二维设计对象通常以线、面、块来抽象表达，设计对象的属性信息通常以文字的形式标注在旁边，设计过程中随意性较强，所表达的信息有时不是固定的，可从多方面解释，容易产生错误的理解；此外，对一个设计对象的修改（如线形加粗、改变颜色）等不会影响到另一个对象，如当需要对全场景的图元做整体修改时，需要对图元进行逐一修改，导致烦琐单一和巨大的工作量。

（二）三维BIM设计的优势

BIM是继CAD（Computer Aided Design，计算机辅助设计）第一次革命之后的新生代，同时也引导了设计领域的“第二次革命”。BIM从更高级的概念来说仍然属于CAD的概念范畴，即BIM仍然是以计算机为基础的辅助设计方法或者工具。BIM技术主要面向建筑工程领域，涵盖了建筑全生命周期所有的工程阶段，其以三维信息技术为基础，集成了工程所需的所有信息，信息作为工程管理核心，可被所有参与方共同使用，在三维模型的基础上，各参与方可同时参与工作，并按照一定的业务流程进行有序的协调工作，信息模型亦可在其他专业的BIM平台上进行模拟与分析，不断对设计方案进行优化与完善。三维模型一旦建立完毕，不需进行施工图的再次绘制，在三维信息模型上通过切割技术即可获得所需图纸。

与传统的二维设计相比，三维设计具有如下优势：

1.面向对象设计，设计结果可视化：三维设计过程不再以线、面、块来抽象表达设计对象，而是直接使用构件（专业称“族”）来表达设计对象，如：传统二维设计管道时以不同颜色的单线表示，而三维设计则是用信息化可渲染的柱形管道表示，渲染效果更为逼真，设计结果为直观可视的三维立体实物模型，可快速传达设计理念，该模型在项目设计、施工、运营维护等各个过程中可视，方便各参与方进行更有效的沟通、交流与决策。如西安某地铁车站局部综合管线的二维CAD设计与三维BIM设计对比图，三维设计图更加清晰直观。也许不久的将来，建筑工人会每人手持一个平板电脑进行施工。

2.协同设计：由于三维设计是面向实体对象的设计过程，此过程中设计人员的自主随意性受到严格限制。在统一的设计规范下，各专业的设计人员可在一个协定好的三维空间内同时工作，方便各个专业沟通协调，可及时发现管线与结构构件碰撞等问题，降低后期检测难度，同时也可发现一些二维设计中通常不易发现的问题，如管线在某些特殊区域（如电气设备室）内的高程不符合要求等。

3.多方案对比，最终方案更优：快速、高效、高质量的设计过程使多方案设计成为可能。多方案设计可降低设计成本，增加收益及商业机会。

4.进行复杂的工程计算：BIM技术以三维数字化技术为基础，其核心是各种信息，包括模型实体信息（如类别、用途）、模型空间信息（如空间高度）、模型几何属性（如长、宽、高）等，产物为带有完备信息的三维模型。信息包括数据，正确利用模型带有的数据，结合计算机技术能够进行碰撞检测、成本预算、施工进度4D模拟等工程计算，同时可以生成材料统计表等各种报表，为工程施工及运营维护提供数据支持。

5.提高设计质量与效率，降低出错率：一方面，在协同设计模式下，管线综合的各个专业可同时工作，极大地减少设计工期；另一方面，大量使用已经设计好的常用模型，如管道连接件模型等，可提高工作效率，从而使设计人员能够胜任更加复杂的工作。利用三维信息模型进行多专业之间的协调，可及时发现设计中出现的问题，并进行纠正，极大降低图纸中出现错误的概率。在三维模型的基础上可生成任意位置的平、立、剖面图，精确的三维模型与细致的二维工程图为工程施工及运营维护提供了更精确、完整的工程数据资料。

总之，随着计算机应用技术的不断发展以及大型复杂工程的日益兴建，设计人员不再仅仅满足于借助二维CAD来达到“甩图板”的目的，而是希望它能从根本上减少自身大量简单烦琐的工作量，以便能集中精力于那些富有创造性的高层次思维活动中。此外，一个复杂的建筑工程项目可能需要数百张不同专业的二维图纸，不管设计人员多么认真负责，都难以从图纸上找到所有诸如管线碰撞的问题；即使每个专业设计人员各自的设计图纸都是正确的，多个专业图纸汇总在一起也不可避免地会出现问题，这就造成设计不断变更，施工时常返工，资源浪费严重。而基于三维数字化的设计模式，可快速有效地解决传统设计、施工、运营中遇到的各种问题，同时也是设计模式的必然发展趋势。

本节面向三维数字化设计，利用BIM设计模型中带有详细数据的特点，针对二维设计的缺陷，结合国家相关工程设计规范，采用计算机技术与BIM技术结合来实现——结构构件自动布置以减轻设计人员的工作量，建筑工程材料用量自动统计以便于设计人员及时调整方案，综合管线碰撞检测、净高检测、智能避让以解决二维多专业设计不可避免的错误问题，减少施工反复及资源浪费。

三、BIM应用研究现状

建筑信息模型（Building Information Modeling，BIM）思想源于20世纪70年代，最早由Charles Eastman教授提出，他提出的思想是“建筑描述系统”（Building Description System）。1995年，国际协同联盟（International Alliance for Ineter operability，IAI）推出的建筑对象的工业基础类（Industry Foundation Class，IFC）数据模型标准为BIM的出现奠定了基础。2002年，BIM作为一种用于建设工程设计、施工、管理的创新方法在国际上推出，其理论基础主要源于制造行业集CAD、CAM于一体的计算机集成制造系统（Computer Integrated Manufacturing System，CIMS）理念和基于产品数据管理PDM与STEP标准的产品信息模型。近年来，BIM作为一种全新的理念和技术，正受到国内外学者和业界的普遍关注，得到了较快的发展，成为建筑信息化领域最热门的研究方向。

在软件开发方面，最早应用BIM技术的是Graphisoft公司，他们在20世纪90年代提出了虚拟建筑（Virtual Building）的概念，并把这一概念应用于Archi CAD的开发中。Bentley公司则提出了全信息模型（Single Building Model）的概念，并在2001年发布的Micro Station V8中，应用了这个概念。Autodesk公司在2002年首次提出建筑信息模型（Building Information Modeling，BIM），并提出Modeling模型的概念，其实这里面已经包含了模拟的含义。目前基于BIM技术开发的三维数字软件也日益增多，应用较多的国外软件有：美国Autodesk公司的Maya及Revit系列软件、匈牙利Graphisoft公司的Archi CAD软件、美国Bentley公司的Microstation及Bentley系列软件、美国Last Software公司的Sketchup软件、德国Nemetschek公司的Allplan软件。应用较多的国内软件有：清华斯维尔软件、鲁班软件、Cityplan软件等。

在工程应用方面，目前，BIM技术在国外特别是欧美国家中得到越来越多的应用。德国、芬兰、挪威等国家，BIM普及率已经达到60%以上，还有些国家的政府通过行政手段促使BIM技术的应用，如美国威斯康星州等通过相关立法规定政府的工程造价超过一定的数额后必须采用BIM技术。BIM技术的应用已贯穿整个设计阶段、施工阶段以及建成后的维护和管理阶段，而且相关的大型企业已经具备BIM技术能力，同时BIM专业咨询公司也已经出现，为中小企业应用BIM提供有力支持。应用BIM技术进行大型建筑工程设计的成功国际案例有：美国SOM事务所设计的纽约自由塔（541.3米）、新加坡红河幕墙项目、印度的Nitesh Buckingham Gate、美国的Letterman数字艺术中心等项目。由于BIM技术的应用，每个工程项目都节省了大量经费，比如美国投资3500万美元的Letterman数字艺术中心节省经费超过1000万美元。中国的国家游泳中心，又名“水立方”，由中国建筑工程总公司、澳大利亚PTW公司和ARUP公司组成的联合体设计，设计人员就应用了BIM技术，在较短的时间内完成了复杂的设计，还荣获美国建筑师学会的“建筑信息模型奖”。目前，国内的设计院已日益重视BIM技术的应用，尤其以北京及东南沿海一带为先行者，将BIM技术应用于大型复杂的公共建筑中，如天津港国际邮轮码头、广州西塔、上海世博会德国国家馆、青岛海湾大桥、西安三星电子工程等。

在BIM标准制定方面，一些国家的先行行业，如科研机构、业主协会、企业单位等，均开始建立或已推出了符合自身发展的BIM标准，如美国的国家BIM标准（NBIMS）和美国联邦BIM指导说明（GSA BIM Guide）、澳大利亚的国家数字化建模指导（NationalDigital Modeling Guide），以及英国的AEC（UK）BIM标准等。

中国2007年出台了建筑工业行业标准（Building Information Model Platform），给出了建筑信息模型的定义，规定了建筑对象数字化定义的一般要求。清华大学承担的“十一五”科技支撑项目“建筑施工IFC数据描述标准”已经完成，住建部支持下的中国BIM标准研究工作也正在如火如荼的进行中，这些相关标准的研究是BIM应用的基础和保障，也必将进一步推进BIM的应用进程。综上，虽然我国相关部门及企业日益重视BIM技术，但相比欧美国家，中国BIM的应用及发展仍处于起始阶段，不足1%的工程项目在设计中采用BIM技术。当前BIM在国内建筑设计领域的应用面临如下困难：

（1）建模复杂，设计师耗费精力大、时间长：BIM技术相比传统二维CAD设计拥有更多优势，但是对于设计师而言，除了创造性的思维和设计过程，还需要花费很多的时间和精力用于建立信息模型，在速度和效益都要求的情况下，设计师不愿或不积极参与到BIM设计中，所以企业必须建立激励机制，或者让设计师切实感觉到BIM技术既能提升质量还可减轻自身的工作量。因此本书基于BIM技术研发的三维结构构件自动布置功能以及碰撞自动检测并实现自动避让等功能模块，既能实现优化设计的目的，又能有效减轻设计师采用三维设计的工作量，还可提高设计效率。

（2）项目参与方与设计软件产品众多，业务流程复杂，难以实现信息共享：目前，国际上进行BIM产品研发的公司主要有Autodesk、Bentley、Dassault等，市场占有率以Autodesk为最大，主要有用于设计阶段的Revit系列、施工模拟的Navisworks、管道设计的Plant3D、设备设计的Inventor等，通常项目的不同参与方因业务需要会使用不同的产品，不同产品参与的业务工作不同，模型转换过程中数据格式要求不同，在没有一个统一的数据格式的前提下，信息共享难以有效实现。应用现有统一的数据交换标准（如IFC、IFD、IDM等）是保证BIM信息在建筑全生命周期内共享的必要条件，而在此之前，创建与组织BIM数据、建立对应的信息模型是保证数据有效交换的保障。因此本书基于IFC标准建立数据存储与访问机制，既是本书优化功能模块开发的需要，也为中国BIM相关标准的制定提供参考。

四、BIM在建筑工程设计优化中的现状

随着城市化建设的发展，建筑设计项目的复杂程度越来越大，而在设计工期紧张的情况下，设计过程中各专业配合程度差、各参与方沟通困难的缺点在传统的二维设计方式中日益凸显，导致生产效率低、资源浪费严重，且不可避免地存在各专业设计成果交叉“打架”现象，最终反映在施工中，就是不断返工，建造成本上升，业主郁闷但无奈。所以如何最大限度地提高设计效率和质量，更好地满足业主越来越苛刻的要求，已成为摆在建筑工程设计人员面前的难题。BIM具有可视化、可协同、可模拟、可优化、可出图的优点，在改善沟通效果、加强质量控制、提高生产效率方面具有得天独厚的优势，为弥补传统设计的不足提供了新方法，所以BIM日益受到关注和重视，并陆续应用于建筑工程设计阶段，提高设计质量，降低出错率。

在基于BIM技术的研究方面，欧美、荷兰、澳大利亚、韩国、日本、新加坡等国家均借助Revit、Allplan、Archi CAD等软件做了大量建筑工程设计工作，利用三维可视化的特点发现问题并解决问题。此外，H.M.Shin等基于BIM和全生命周期管理理论PLM对钢筋混凝土桥柱进行了分析与设计，并在建模的基础上进行了有限元分析。DavidBryde等人探讨了应用BIM进行设计、施工带来的益处。Y.Arayici等人基于中小型建筑公司的建筑实例介绍了BIM技术在实践中的应用。H.Hofmeyer等人开发了一个虚拟工具箱用于空间结构的设计，它可以将一个空间设计问题转变为结构设计问题。工具箱的转换和优化流程可以更改，可以进行自动设计的研究。Caroline M.Clevenger等人提出开发以BIM为基础的设备电气、给排水和消防专业协同教学单元。

国内BIM研究起步较晚，但备受关注。清华大学和中国建筑科学研究院承担的国家“十一五”科技支撑项目课题“建筑设计与施工一体化信息共享技术研究”，着重BIM的基础性研究，开发了面向设计与施工的BIM建模系统、BIM数据集成管理平台及BIM数据库。在承担这些国家支持的项目中，其研究人员也

取得了一系列关于BIM技术应用的科研成果，如清华大学张建平、顾明、马智亮等在BIM体系架构、建筑工程施工、建筑节能、建筑成本预算等方面取得了丰硕成果。

此外，在工程管理及施工方面，何清华等基于云计算提出了BIM实施框架，张其林等通过工程实例研究钢结构的BIM软件。潘怡冰等对基于BIM的大型项目群信息集成管理进行研究。陈建国等人研究了基于BIM的建设工程多维集成管理的实现基础，王广斌对建设项目施工前各阶段BIM应用方受益情况做了细致的研究。陆惠民等提出了基于BIM的工程管理信息系统的构架及其九大功能模块，设计了基于BIM的建筑供应链的信息流模型基本架构，研究了如何解决建筑供应链参与方的不同数据接口间的信息交换问题，以及基于BIM的建筑供应链信息流模型在信息共享方面所具有的优势。成虎等研究了基于BIM和B/S架构下的PMIS应具有的功能，以及这种系统是如何进行全寿命期的集成运行，并提出了该PMIS设计过程应注意的问题。赵彬等人在详细分析精益建造原则和BIM技术功能的基础上，通过构建交互关系矩阵，探究两者间交互作用，并给出协同应用建议。满庆鹏研究了基于普适计算和BIM的协调施工方法。黄传浩使用Archi CAD对鞍山市体育中心游泳馆在协同工作方面进行了探索和实践。

在建筑设计方面，李建成研究了BIM技术在建筑工程项目全生命周期的应用，及以“最小BIM”为评价指标的BIM能力成熟度模型，指出一体化项目交付（IPD）是实施BIM的理想的组织形式；研究了建筑信息模型和IFC标准在无纸化设计中的应用，从BIM模型为数字化建造提供详尽的数据信息、保障、有效的管理平台三个方面论述了建筑信息模型是数字化建造的基础。曾旭东等人对基于参数化智能技术的建筑信息模型进行了研究，并将BIM技术与建筑能耗分析相结合，进行节能建筑设计。杨宇、李延钊、李骁等利用BIM技术在绿色建筑设计方面进行了研究。此外，在基于BIM的设计优化方面，王广斌等利用多学科设计优化技术，分析建筑设计阶段涉及的各专业学科特性及专业学科间的耦合关系，基于BIM建立参数化建筑信息模型，在各局部最优解空间中快速搜索整体优化方案，促使建筑设计整体性能达到最优。李红学等提出了基于BIM的桥梁工程设计和施工优化解决方案，来提高桥梁工程的设计质量和施工效率。廖利群探讨了计算机优化技术在建筑结构设计中的应用，指出了优化理论与方法在房屋建筑结构中运用少的原因。

综上，国内外学者主要在建筑设计、工程造价、建筑施工，尤其在建筑施工及全生命周期的工程管理方面做了大量研究工作，而在建筑工程设计优化方面研究较少，不过上述学者的研究成果都对本课题的研究起到了示范作用。事实上，目前对于建筑工程设计优化多限于借助BIM可视化的特点，充分应用现有的BIM软件发现设计中存在的问题，进而改进设计方案。而本研究是基于流行BIM软件Revit平台，运用计算机技术实现自动布置结构构件，减轻设计人员的工作量；实时自动统计建筑工程材料用量，有效控制材料成本；自动检测管线碰撞及净高不满足规范要求等问题，提高设计质量，减少施工返工次数，降低工程建造成本。

（一）BIM的结构构件自动布置

有关结构构件自动布置方面的研究，Sacks、Rafael等人提出了一个自动建模系统，将智能参数化模板IPT用于结构设计当中。具体的步骤包括：构建形状和尺寸，创建轴网，确定核心位置，布置梁、板、柱等部分。IPT（Intelligent Parametric Templates）方法与大多数人工智能工具不相同，它不是对特定的设计领域知识库的所有知识的搜集。Espuna A.等人将统计技术和神经网络结合在一起，开发了一种自动建模工具，该工具突破了基于过程原则进行建模的局限性，能很好地解决问题。由此产生的模型可以通过模拟施工过程的发生来控制施工，达到提高施工效率的目的。徐传亮等主要分析梁的截面形状对强度和刚度的影响，以及调整梁间距、跨度等以发挥梁的最大效能；或者基于造价导算合理配筋率。陈晨等根据多种布梁原则，实现了软件自动布置山区高速公路中斜弯桥的梁，结合软件本身的自动出图系统从模型中提取出图。事实上，有关结构自动布置方面的优化研究国内外报道均较少，仅有的若干研究也多集中在传统二维设计软件的基础上通过二次开发予以实现，而本书主要是在建筑师采用Revit软件设计好建筑方案模型的基础上，借助BIM技术及相关计算机技术实现三维结构构件的自动布置，减少结构设计工程师的工作量，提高工作效率。

（二）BIM的建筑工程材料用量快速统计

近年来，随着BIM技术的发展，基于BIM技术的建筑工程材料用量统计已经受到国际上的普遍关注。但是，在传统工作流程下，工程材料用量在施工图完成前只能够依据估算或概算指标、历史数据、经验等进行计算，计算结果与实际相差很大；虽然我国国内市场上有大量的实现软件，但受传统的二维CAD技术和工作模式的限制，仍然需要预算人员进行读图、建模、统计等，由于存在人为因素以及大量重复性工作，造成实际工作中容易出错并且周期较长。

国外有关研究表明，采用BIM技术能够提高成本预测的准确性和效率，特别是在工程用量计算方面，能够直接计算得到建筑构件的物理量数据。例如：Sarmad Al-Mashta等基于BIM技术，对Uniformat和Master Format两种计价体系下的集成计价模型进行了探讨；Can Ersen Firat等针对初步设计、招投标、施工等阶段利用BIM数据进行工程量计算进行了研究。另外，一些国际软件厂商已经开发出一些基于BIM技术的建筑工程量预测软件，例如Innovaya公司的Innovaya Viusal Estimating、U.S.Cost公司的Success Design Exchange、Sage公司的Timberline Extended、Vico公司的VicoOffice Suite等。与国外的相关研究相比，国内也在相关领域取得了优异的成就，尤其是清华大学所承担的“十一五”国家科技支撑课题的研究工作中，基于BIM技术研制的支持成本预算规范的BIM-Estimate软件能够利用BIM设计结果进行相关的计算。虽然这些软件能够直接利用三维模型进行材料统计，但一方面仍然需要用户大量的介入，没有实现满足中国设计规范及设计人员要求的材料用量统计；另一方面，没有提供可跨BIM平台应用的接口，在很多方面无法系统地验证BIM在此应用领域的效果。因此一种在设计过程中，随时可以根据设计结果进行快速、精确的材料统计功能成为工程设计优化的必要手段，亦是我国BIM在材料统计方面的应用与初步探索。

第二节　BIM在施工组织管理中的应用

BIM技术目前大部分还都应用在建筑工程的设计阶段，而在施工阶段进行应用的例子则少之又少，在未来BIM必然会广泛地应用在建筑工程的施工当中，从而使得建筑工程的质量与效率得以提升，降低建筑企业的建筑成本，提高其经济效益。这应当说是大势所趋，我国的建筑企业也应当顺应潮流与时俱进。在本节中我们将就BIM在施工管理中的应用进行详细的介绍。

一、BIM在装配式建筑施工组织中的应用

BIM技术是利用计算机技术模拟优化施工组织设计，不仅在于形成三维模型和空间可视化，还可进行信息更新、查询、选用，解决传统项目建造中的“信息分散”问题。可以使管理人员清楚了解到关键节点时间和难点问题，商讨解决方案，提高项目施工的可行性。

（一）项目概况

济南市该项目共六栋装配式住宅楼，每栋建筑地下部分至地上2层为传统混凝土现浇结构，3层以上为装配式建筑结构，构件之间的节点采用现场二次浇筑的方法。楼板为预制叠合板，外墙为预制保温墙，内墙采用预制剪力墙和整体轻质墙，楼梯为预制楼梯。

（二）项目难点

施工现场预制构件较多，装配式建筑吊装中控制构件水平位置和垂直高度以保证构件吊装施工质量，现场构件堆放、场地规划、塔吊选型，这些因素都影响到建筑的外观和性能。如何科学有效地管理进度、质量、成本等方面，如何将各环节的信息集成和传递，是影响本项目建造的关键因素。

（三）BIM团队的组建

1.项目组织结构

该项目有技术部、质量部、成本部等职能部门和三家专业分包公司。各参建方的信息都是围绕BIM信息模型开展，其中BIM模型组建、信息收集和信息共享由BIM团队来完成。

该组织结构有利于职能部门和各分包收集各信息，汇集于BIM模型，不断完善BIM信息，能够反映建筑真实建造情况，同时能够畅通共享相关信息。有利于有效地整合各专业人员的技术和经验，充分调动人员的积极性、优势来管理工程项目，丰富了施工管理经验和BIM实践经验，提高工作效率。

2.BIM团队

总体任务：在设计院交付的模型、图纸、文件基础上，结合项目实际情况，将BIM技术贯穿施工组织设计的各个环节。与各方沟通、各专业协调，实时维护、更新和传送问题解决记录，实现信息的有效收集和传递，建立施工阶段的BIM信息模型。

（四）人员组成及职责

BIM团队人员应该包含BIM总负责、BIM技术总监、各专业BIM技术员等。BIM总负责：组建管理BIM团队，制定BIM建模、构件使用、专业间协调模式的标准，划分工作任务，确定人员职责、权限，定期检查、评价工作。BIM技术总监：建立BIM硬件软件等工作环境，对BIM工作进度和质量进行监控管理，协调同专业间、各专业间工作；负责数据库信息的建立，形成施工阶段的BIM信息模型；组织技术人员对合同、图纸及技术方案进行研究；积极配合其他参加方检查工作，对BIM技术工作总负责。各专业BIM技术员：建立相关专业BIM模型，进行建筑结构机电专业分析；对施工过程进行跟踪，与现场管理人员、各职能部门沟通，收集施工现场相关信息，同时将BIM最新信息及时通知施工人员和职能部门；根据项目实际需要，对BIM模型及时更改优化，便于指导施工。

（五）BIM技术在施工准备中的应用

1.场地布置模拟

（1）场地布置

分析从考虑工地场地需要，该场地在2号与3号楼间设立一个10米宽的大门，在1号楼西南方向有10米的大门，大门旁设有保卫室，建立2.5m围墙。装配式建筑工地需要预制构件较多，在施工现场南边和北边修建用于吊装构件、宽度为4米的临时道路，在北边修建用于现场施工、宽度为6米的临时道路，道路底面采用200mm的3：7灰土进行压实，面层采用150mm的C35混凝土。

为方便构件的运输、装卸和吊装，将预制构件放置于靠近临时道路一侧且靠近拟建建筑的区域。临时加工区放在靠近预制构件堆放区旁。预制墙应用高强度支架进行插放。预制板从底端由下而上平放到顶部，最底端的预制板应设置通长垫板，上下层垫板应保持对称。预制构件梁应采用水平放置，每构件底面应至少放两个垫板。根据场地总体面积和场地内部道路、构件堆放区域，发现项目部在场地内无放置区域，故在项目现场外的东北角布置办公区和生活区。工作室、会议室等办公区域采用双层彩钢板，办公区布置还包含健身室、娱乐室、存储室等，砌体砌筑围场的高为2.5米。

（2）场地布置模拟

BIM模型对施工实景、场地道路、预制构件堆放区、办公区生活区等场地区域进行模拟。将二维CAD底图导入revit中，按照轴线和标高的要求，用体量和场地选项绘制道路、围墙。对构件堆放区、临时加工区、构件堆放要点进行模拟。载入临建板房、场地大门、保卫室等族，链接已绘制好的建筑单体revit模型，整合检查形成场地模型。BIM技术使场地三维化，布置一目了然，空间规划合理化。

2.塔吊选型

装配式建筑的建造中，预制构件吊装进度直接影响到项目进度。垂直运输能力显得尤其重要，塔吊是主要的垂直运输设备，应该从预制构件吊装需求量、最大重量、最远距离、塔吊安全性能等因素进行塔吊选型设备选型。

传统塔吊布置，是靠平、立、剖的二维CAD图纸来展示。本处以3号楼为例，对塔吊ST7013、ST7027、TC5610-6进行选型分析。用BIM技术建立三维建筑模型和引入塔吊族，将不同类型塔吊空间关系及成本等信息进行对比，选出最优塔吊型号，使塔吊布置更加合理化。

ST7013、ST7027型号塔吊满足构件吊装重量和距离要求，现查询BIM模型中两个型号塔吊进出场费、升降节费、预埋直脚费、塔吊司机费等成本信息，进行成本对比，发现ST7027塔吊成本较高，且不便于拆除，故从塔吊工作性能、成本等角度综合考虑，选用塔吊ST7013。本项目中需要6个塔吊同时工作，为防止塔吊布置不合理而产生空间碰撞，引起安全问题，用透明色块来展示ST7013塔吊水平幅度和空间高度。既满足吊装区域又防止塔吊之间发生碰撞，保证项目塔吊能够正常工作。

二、BIM技术在施工阶段中的价值

（一）BIM技术在施工阶段中的价值

1.管理难点

装配式建筑施工项目虽然已拥有适合自身发展的管理体系，但是仍受以下因素制约发展：

（1）施工现场数据量多，查询难度较大。施工管理会产生大量数据，如果不能及时和准确查询数据，将会对各班组的协调性和项目精细化的管理程度造成影响。目前，项目管理人员不善于数据查询，采购材料量不精准，数据难以监管。

（2）各专业协同性、共享性难度较大。各工种的合作都是凭借经验进行统筹管理，受主观因素影响较大，相互间协同和共享程度较差，影响项目规范化管理，使项目管理费用增加，资源浪费。

（3）项目资料保存较难。项目绝大多数资料都是用纸质保存，但由于资料的类型和数量多、使用时间长等特点，变更单、项目联系单等资料到项目竣工不能追溯甚至造成丢失，对参建方的利益造成影响。

（4）碰撞检查和复杂节点技术交底较难。设计阶段不同专业绘制同一项目图纸，各专业间协调性差，不可避免造成碰撞、变更问题，从而对项目进度、成本、质量等带来影响。随着人们对建筑外观审美的提高，建筑造型复杂程度提高，技术交底难度也增加。

2.管理不足

相比于其他地区和国家，我国传统施工管理水平为粗放式：

（1）在项目全周期中，开发管理、项目管理和设施管理仅考虑各自阶段目标，缺少必要沟通，忽略项目整体利益；（2）施工管理过分注重于施工单位，其他参建方管理相对弱化，造成责任不明确；（3）传统施工方案主要是靠文字和CAD图纸来体现，可视化水平低，不能进行全周期三维展示，需要进行专业学习和项目实践才能理解，项目需具体建造后才能看出效果；（4）对项目环境因素评估不足，侧重检查，缺乏经验积累。

（二）BIM技术在施工中的价值体现

1.BIM技术在场地布置中的价值

为使现场使用合理，施工平面布置应有条理，尽量减少占用施工用地，使平面布置紧凑合理，同时做到场地整齐清洁、道路畅通，符合防火安全及文明施工的要求。施工过程中应避免多个工种在同一场地、同一区域进行施工而相互牵制、互相干扰。施工现场应设专人负责管理，使各项材料、机具等按已审核的现场施工平面布置图的位置堆放。

基于BIM软件revit建立的三维模型及搭建的各种临时设施，可以对施工现场进行空间规划，合理安排施工作业区、库房、加工厂地和生活区等区域，解决现场施工场地平面布置问题，解决现场场地划分问题；通过与业主的可视化沟通协调，对施工场地进行优化，选择最优施工路线。

2.BIM技术在专项施工方案优化中的价值

专项施工方案可能会有多个选择方案，仅靠文字阐述很难对比各方案的优缺点，用BIM模型三维模拟，BIM技术指导专项施工方案，更直观分析专项工序，模拟符合方案要求的施工状态，把专项施工的位置可视化、简单化，展示重要施工工序。提前发现可能存在安全隐患，达到施工安全的目的，对专项方案进行合理安排，使方案更加科学化、专业化。

3.BIM技术在施工进度中的价值

将BIM模型进度计划与施工进度相结合，即BIM三维模型和时间维度整合形成4D模型，不但可以展示项目的空间施工过程，管理人员可以了解到施工中关键工序和关键时间；还可动态掌握实时的进度，分析影响进度因素，采取措施，保证正常施工；而且还可以合理安排材料进场、人员分配。

4D模型对施工进度模拟应考虑以下内容：（1）分析项目施工的重点、难点，制定可行性的措施；（2）根据BIM模型，确定计划、划分施工段，按照季、月、周等来编制4D模型；（3）每天对现场进度进行检查。

4.BIM技术在施工质量中的价值

以BIM模型为载体，把项目质量信息融入模型中，有效地控制施工质量。

（1）预制构件制作的质量控制

预制构件的质量直接关系到装配式建筑的质量，提高构件质量是确保施工质量的重要措施。BIM技术可以模拟构件加工、深化构件制图设计。也可以通过BIM模型提取构件的基本属性，将相关参数与进场材料进行对比，保证进场预制构件的质量。

（2）构件施工过程的质量控制

BIM模型与实际项目情况对比，将检查信息与BIM模型相应部位进行关联，清楚检查内容。在施工过程中，应对各道工序质量进行跟踪检查。利用移动设备可以读取质量规范和工序做法等信息，实时检查是否按照技术交底进行施工。若发生质量问题，制定整改措施，签发整改单，整改问题存档。

5.BIM技术在施工成本中的价值

BIM模型不仅包含传统图纸中的尺寸、形状等空间信息，还包含材料信息，可以对不同构件种类进行统计、分类。用BIM软件建模时，已经包含标高、长度、边界、注释、标记、材质、型号、成本等属性信息，可以形成材料明细表、图形柱明细表等表格。因项目实际情况需要，模型发生改变后，相关信息就会发生对应变化，形成新的明细表，为工程量计算带来便利。

三、BIM对促进精细化管理体系运行的作用

由BIM技术的概念和特点可以知道，它与精细化管理的适应性极强，可以说该技术创立的目的就是为了推动建筑行业达到精细化管理水平，提高生产效益。BIM技术对推动施工项目精细化管理进程意义重大，很多发达国家和组织已经制定了BIM应用标准，许多项目亦已完成了BIM技术的系统化应用。虽然国家和部分建筑企业意识到BIM技术的重要性，在大力推行BIM技术；但由于国内技术引

进比较晚、相应技术型人才较少，相应BIM软件的引进费用极其昂贵，再加上国内的建筑业管理体系、建筑信息通畅程度与国外差异较大，国外的BIM标准与国内实际情况适应性较差等原因，BIM技术应用的进程跟精细化管理进程一样进展较为缓慢。BIM技术应用必须考虑我国建筑业的现状和特点，进行必要的取舍和优化，才能适应国内建筑行业的发展水平，发挥其真正价值。

梁佐鹏在《建筑信息模型在空间结构中的开发与应用》中提到："目前国内已引进的BIM核心建模软件主要有：Autodesk公司的Revit建筑、结构和机电系列，在民用建筑市场借助AutoCAD的天然优势，有相当不错的市场表现；Bentley建筑、结构和设备系列，Bentley产品在工厂设计（石油、化工、电力、医药等）和基础设施（道路、桥梁、市政、水利等）领域有无可争辩的优势；Nemetschek的Archi CAD/All PLAN/Vector Works，它是最早的一个具有市场影响力的BIM核心建模软件，但是在中国由于其专业配套的功能（仅限于建筑专业）与多专业一体的设计院体制不匹配，很难实现业务突破。Dassault公司的CATIA是全球最高端的机械设计制造软件，在航空、航天、汽车等领域具有接近垄断的市场地位，应用到工程建设行业无论是对复杂形体还是超大规模建筑其建模能力、表现能力和信息管理能力都比传统的建筑类软件有明显优势，而与工程建设行业的项目特点和人员特点的对接问题则是其不足之处。"

目前国内BIM技术在设计方面的应用较建造管理超前，相应的软件模块也比较多，有很多的大型设计院已在应用。而对于建筑施工单位来说，由于企业意识不足、相应技术人员缺失、初始投入巨大等原因，真正能全面掌握和系统应用BIM技术的建筑施工企业少之又少，仅有某些大型施工企业在个别复杂建筑项目之中通过与专业咨询单位合作，真正全系统地应用BIM技术，全面模拟建造过程，辅助项目的顺利实施。而客观来说，由于相应技术的不成熟、初始投入较大、建筑市场信息传递的不完善等原因，目前对于一般建设项目系统化应用BIM技术亦不太实际。

四、BIM技术模块化应用

在国内建筑行业总体管理水平、市场机制的大环境下，BIM技术模块化应用应运而生。BIM技术模块化应用即是将BIM技术系统按照管理目标、功能需求分解为数个模块，施工项目仅就某种需求应用其中的一个或数个模块，以达到优化项目管理、提高项目效益的目标。BIM技术模块化应用与目前国内施工项目的管理精度、水准相适应，是施工单位有效实现施工项目标准化/精细化管理的有效工具。

目前建筑施工企业应用BIM技术的模块主要有如下两方面：

（1）BIM模型综合碰撞检查模块：碰撞检测、减少返工在设计院设计图纸的基础上进行BIM技术应用碰撞检测模块非常方便，投入较少，目前相关模块软件有：鲁班软件、AutodeskRevit、Bentley Projectwise Navigator和Solibri Model Checker等。施工企业掌握和应用该项技术后，可以利用碰撞优化后的三维管线等方案进行技术交底和监督施工，可以有效提高施工质量，有效缩短施工工期，降低成本、提高利润，同时也可以由此向业主提出优化建议，大大增强了企业与业主沟通的能力，提升企业形象。

（2）BIM造价管理模块：快速算量、提高精度，精确计划、减少浪费。通过建立BIM关联数据库，可以准确快速计算工程量，提升施工预算的精度与效率，只要有相应的CAD图，应用BIM技术能自动计算工程实物量，而且当变更发生时，只需简单输入变更数据，变更后工程量就会自动生成，大大减少了预算员、抽料员的工作量，且计算精度大为提升。目前国内常用的BIM造价管理模块软件有鲁班软件、广联达软件等。同时其实每个施工项目的资源信息量都是十分大的，根据传统的经验主义，有时无法有效获取相应资源信息以形成完善、具有操作性的资源供应规划。而BIM造价管理模块的应用则可以很大程度上解决相应难题，应用该项BIM技术模块，可以快速准确地获得每个施工空间、每个施工时间段所需的建筑材料、工时等工程基础数据，为制定资源供应规划提供数据保证，为采取限额领料等资源控制手段打下科学基础，有效减少了材料存放损耗和浪费，同时为优化现场管理提供了有利条件。

五、BIM技术在工程施工中的应用

BIM技术在施工方案中的应用效果是最为明显也是最为优越的，BIM可以构建三维实体建筑模型，可以对整个工程的结构、构件等信息进行展示，从而让工作人员能够更加全面地对工程的各个方面和环节进行了解，并且也可以让施工人员对整个工程形成一个空间概念，便于工程施工和设计人员对工程整体的造型以及功能布局进行探讨和研究。同时采用BIM技术还能够对施工管理提供方便，BIM技术会对整个施工过程进行实施记录，从而使得施工管理人员能够通过BIM来对整个工程的施工状态进行了解。BIM技术对于很多复杂结构的施工工程同样能够利用立体的可视化技术手段来对工程结构模型进行展示，从而使得施工管理人员能够通过对模型的观察和研究找到施工环节中容易出现问题和失误的地方及时进行预防和调整，使得整个施工方案更加科学化。

在工程施工的过程由于主观因素和客观因素对工程设计进行一定的变更是在所难免的，但是我们必须清晰地意识到在传统的施工过程中对于工程设计而言设计变更是极为困难的并且是牵一发而动全身的，也许仅仅是个较小的改变就可能造成整个工程设计图纸随之进行较大规模的变更。在采用了BIM技术后这种情况能够得以较为明显的改善，首先利用BIM构建的建筑信息模型在设计改动时可以进行联动改动，也就是说只需要对需要改变设计的地方在BIM软件中进行调整，其整个与之相关的参数信息也会随之而改变，这样就省却了人工修改设计图纸的麻烦，从而提高了施工效率。

一个工程其需要涉及方方面面不同的施工专业，但是目前在实际的施工过程中每个施工专业都是相互独立甚至是各自为政的，各个施工专业之间不能有效地协调和沟通从而造成本来有着相互关联的施工专业无法获取对方的施工信息，造成两者接续之间存在问题，而且非常容易造成前一个施工专业给后来的施工专业留下隐患的情况，这不仅会影响施工效率同样也会增加施工的成本。BIM模型软件可以对各类施工信息进行展示和记录，对于各个施工专业之间需要注意的问题也能够一一记录，从而使得各个施工专业都能够对整个工程的进度和相关信息进行了解，从而解决信息不对称的难题，在根本上保证了施工的效率和质量。

六、BIM技术在银西高铁工程中的应用

（一）概述

BIM技术自诞生以来，最早应用于建筑领域，目前在建筑行业已有较为成功的应用案例，并且有较为成熟的配套软件支持。在基础设施建设领域特别是铁路工程中近几年才进行研究应用，在中国铁路BIM联盟组织推动下，其标准规范体

系逐步完善，各试点项目正在稳步推进，BIM技术在铁路工程中的应用得到快速发展。

本次研究选取银西高铁项目中的一站一区间和两座特殊桥梁作为BIM技术应用工程。新建银川至西安铁路位于陕西、甘肃及宁夏自治区三省（区）境内，线路正线（西安北站至银川站）约长620km，设计时速为350km。

一站一区间有桥梁13座、隧道4座，桥隧总长22078.87m，包括九龙河大桥、宁县二号隧道、马莲河特大桥等桥隧工程，特殊桥梁包括渭河特大桥和黄河特大桥。渭河特大桥全长13132.86m，主桥采用3联3×60m和2联4×60m桁腹式钢混组合结构。

（二）BIM技术的应用研究

随着高速铁路的快速发展，其桥隧工程占线路长度的比例不断增加，一般项目均在50%以上，部分项目甚至达到90%以上，其中95%左右为常规的桥隧工点，经过前期的研究开发，完成了基于Power Civil和Revit平台开发的Bridge ADS、BIM RBD、BIM BDS、BIM TT等一批铁路桥隧辅助设计软件，同时还完成了铁路桥隧标准构件库和能自定义的参数化构件库的创建。

（三）桥梁设计

利用桥梁辅助设计软件可导入线路、地形、地质数据，从墩台基础设计到BIM模型的创建、修改，再到利用BIM模型进行基础优化，最后生成施工图。桥梁的部分二维图纸可以通过定制模板利用模型的追切投影得到，如横断面图等，有些图纸只能采用共用数据库通过参数化生成所需图纸，如曲线段的桥梁立面图等，基于Bentley平台铁路桥梁BIM设计系统界面。

（四）隧道设计

1.导入基础数据

通过对BIM软件平台的二次开发，导入地形，地质模型及线路平、纵断面数据，实现了隧道工程BIM快速设计。

2.隧道衬砌断面设计

输入隧道基本信息，确定隧道结构设计参数，创建基本隧道断面，构建隧道断面库，最后根据地质资料设计隧道结构拼装断面序列，最后形成整个隧道

BIM。

3.隧道洞身设计

根据围岩地质情况设计隧道洞身结构参数，完成隧道结构整体装配。

4.隧道结构BIM设计

隧道结构设计主要包括锚杆、钢架和二次衬砌钢筋等。在Bentley Pro Structure中可选择中国本地化技术规程进行设计，采用交互式操作完成隧道钢筋、钢架BIM模型，并完成工程数量统计。

利用隧道辅助设计软件从隧道设计参数输入，到创建基本隧道断面，再根据地质资料设计隧道断面结构，最后完成隧道钢筋、钢架BIM模型和工程数量统计，实现铁路桥隧工点的三维可视化人机交互设计。

以BIM技术为核心，实现了常规桥隧工点在BIM平台上的正向设计，达到了高效建模、高效出图算量的预期目标，满足了铁路桥隧标准化、自动化及批量化设计要求。

第九章

工程项目管理模式

我国许多建筑企业的项目管理观念淡薄，还主要依靠经验来管理工程项目，这种管理方法会给项目带来巨大的风险。本章试图通过对国际工程项目管理模式的研究，并结合我国工程项目管理模式的现状和存在的问题，积极吸取国际先进的管理理论和实践经验，进一步提出适合我国国情的、具有良好可操作性的工程项目管理模式，以期为推动我国工程项目管理工作的逐渐成熟和完善尽一份力。

第一节　国际工程项目管理模式

随着国际形势的飞速变化，许多新型的国际工程项目管理模式不断涌现。近些年，我国对外项目日益增多，为适应市场需求，管理水平和管理模式的提升和创新是企业发展的当务之急。国内从事国际工程项目的相关企业若想在激烈的市场竞争中有更长远的发展，就要在全面系统地分析和研究国外先进项目管理理念的基础上，结合国情，总结企业自身特点，找出真正适合企业应用的国际工程项目管理模式。

一、国际工程项目的概念

（一）国际工程项目的定义

国际工程项目是指在国际工程领域中的项目，其咨询、融资、设计、采购、施工、管理等各方的参与者不止来自一个国家，它具有作为工程项目的一般特点，是跨国性的经济活动，因此影响国际工程项目管理的因素众多，其技术标准和规范庞杂，合同管理要严格按照合同条件和国际工程惯例，是跨多学科的系统工程。

国际工程项目管理模式是指国际上的大型公司或管理公司对国际工程项目采取的具有代表性的管理运作方式。多年来，随着社会和经济的发展，在国际工程项目建设管理中形成了多种管理方式，研究这些管理模式对于增强我国建筑企业的国际竞争力，提高国际工程项目的管理水平，具有一定的现实意义。

（二）国际工程项目管理模式的发展过程

国际上的项目管理起源于20世纪50年代美国的阿波罗计划，由于CPM和PERT技术在阿波罗登月计划中取得的巨大成功，使得项目管理逐渐在全球兴盛起来。近几十年来，随着项目管理理论和方法的日渐成熟和完善，出现了多种项目管理模式，虽然每种模式的起步时间不同，但从国内外工程项目管理的发展角度来看，大致包含了先后三种形式：

1.业主自行管理模式，即由业主和设计、施工单位直接签订合同，并组成相应的机构直接由业主对项目进行管理。该模式主要表现为在政府投资建设的基础设施建设项目中的“指挥部”管理模式。其主要适应于：投资主体或业主是政府的项目；没有成熟的工程咨询公司和总承包企业的项目，只能由业主自己管理；业主的工程管理经验丰富、基建能力强，且工程量小、建设技术简单的项目。业主自行管理模式是国内主要的基本建设方式，我国从上世纪50年代开始就一直使用这种项目管理模式。近年来，随着国际间合作的加大，在中外合作的项目上，外方往往坚持采用专业的工程管理公司作为项目管理的主体，这种业主自行管理的模式正在受到越来越大的冲击。

2.业主委托承包商承包建设模式，即EPC模式，这是西方国家20世纪八九十年的主流管理模式。是指业主将整个项目的设计、采购和施工承包给一家总承包单位管理，由该承包单位承担项目建设管理中的所有风险。该模式适合于规模大、工期长、技术复杂的大型项目，且对总承包商的要求较高，我国具备相应能力的总承包商很少，因此这种管理模式远非国内工程项目管理的主流。

3.业主聘请管理承包商模式，即PMC模式是指业主聘请管理承包商进行项目规划、定义和招标、选择承包商，管理承包商作为业主的代表，代表业主对工程项目进行全过程、全方位的管理，一般按照“工时费+利润+奖励”的方法计取费用。该模式适用于项目组织复杂，技术、管理难度大，协调工作较多的大型项目，要求管理承包商具有丰富的工程管理经验和先进的管理技术段，是国际上较常用的工程项目管理模式，但对于国内建设领域来说，还是一种新的管理方式。

二、国际工程项目管理常用模式

（一）DBB模式

DBB模式，是Design-Bid-Build模式的简称，又称设计—招标—建造模式，是传统的项目管理模式，在国际建筑市场上应用最为广泛。该模式将设计、施工分别委托给不同的单位承担，其最大的一个特点是工程项目实施的顺序不可改变，必须按照设计—招标—建造的顺序线性前进，一个阶段的工作完成，另一个阶段才能开始。

DBB模式由业主和设计单位（一般是建筑师或咨询工程师）签订专业服务合同，由设计单位负责前期的各项工作，包括前期策划和可行性研究，待项目评估立项后，设计方才能进行设计工作。在设计工作进行的同时，进行施工招标准备工作，并在设计单位的协助下，选择报价最低或者最有资质的投标人作为施工总承包商，签订施工总承包合同。然后再由施工总承包商分别与材料供应商、设备供应商、工程分包商订立相应的分包合同并组织施工阶段的实施。施工过程中的质量控制、进度控制、成本控制一般委托监理单位进行，设计单位通常承担协调和监督工作，是业主与承包商沟通的桥梁。

DBB模式的优点：1.这种模式是传统的项目管理模式，在国际上被长期广泛地应用，因此管理方法、技术手段成熟；2.工程建设各参与方对这种传统模式的相关程序都很了解，因此合同管理相对比较简单，有标准化的合同关系，业主只签订一份施工合同；3.业主对咨询设计和监理人员的选择比较自由，便于意图的贯彻；4.项目各参与方角色和责任明确，可以采用竞争性招标获得最低报价；5.项目施工工期较长，故项目的质量有保障。

DBB模式的缺点：1.项目建设周期长，业主前期投入大，工程管理费用高；2.施工效率不高，设计变更多，容易引起索赔；3.管理协调工作复杂，业主通常不具备协调和仲裁的能力；4.由于设计和施工相分离，设计者不能很好地吸收承包商的施工经验和先进技术，设计的可施工性较差。DBB模式在国际上应用非常广泛，世界银行、亚洲银行贷款项目，以及以FIDIC合同条件为依据的项目均采用这种模式。在我国，这种工程项目管理模式已经被大部分人所接受并实际应用，国内建筑市场上普遍采用的“招投标制”“项目法人制”“合同管理制”“建设监理制”等基本上都是参照这种模式发展起来的。

（二）DB模式

DB（Design-Building）模式，又称设计—建造模式，起源于20世纪80年代，是为了解决传统DBB模式设计与施工脱节的缺点而发展起来的一种新模式，其运营模式相对应DBB模式具有更高的优越性。

DB模式是一种简单的工程项目管理模式，业主只需要说明项目的原则和要求，并在此基础上，选择唯一的实体作为设计—建造总承包商，负责项目的设计与施工安装全过程，并对工程项目的安全、质量、工期、造价全面负责。这种方式的投标和订合同是以总价合同为基础的，其基本特点是在项目实施工程中保持单一的合同责任。设计建造总承包商需要对整个项目的成本负责，他首先选择一家专业的设计机构进行设计，然后用竞争性招标方式选择分包商，或者是使用本公司的专业人员自行完成一部分或全部工程的设计和施工。

DB模式的优点：1.只有一个合同，由一个承包商对整个项目负责，可以有效降低项目的总体成本，缩短项目的总工期；2.设计—建造方内部有效地沟通，减少了由于设计错误、疏忽和解释争议引起的变更，对业主的索赔减少；3.在承包商的选定时，设计方案的优劣作为评标的主要因素，使工程项目的质量较DBB模式好。

DB模式的缺点：1.业主的投资费用较传统DBB模式略高；2.对业主的报价在详细设计之前完成，项目进入实施后，业主担任监护人的角色，对最终设计和细节的控制能力低，可能出现成本屈服于质量和设计的现象；3.业主无法参与建筑师或工程师的选择，设计—建造方内部存在矛盾。

一般而言，DB模式适用于规模和难度较大的工程项目。对于把建筑美学方面作为重点，而工期和造价方面不太重视的纪念性建筑或新型建筑，不适宜采用DB模式；工程各方面不确定性因素多，风险大的项目，不适宜采用DB模式；技术简单。设计工作量少的项目，也不适宜采用DB模式。

（三）CM模式

CM（construction management）模式，又称两阶段招标模式或快速跟进法（fast track），其基本思想是：由业主委托一个CM承包商，采用有条件的边设计、边施工，即快速跟进的生产组织方式进行施工管理，指挥施工活动，并通过各阶段设计、招标、施工的充分搭接，尽可能地使施工早开始，以加快工程建设进度。

CM模式与业主通常采用成本加酬金的合同模式，根据合同关系的不同，分为代理型（CM/Agency）和非代理型（CM/Non Agency）两种模式。代理型CM模式中CM单位只是业主的咨询单位，为业主提供CM服务，业主直接与多个分包商签订工程施工合同。非代理型CM模式，又称风险型CM模式，是由CM单位与各分包商签订合同，业主一般不与分包商签订合同，CM单位向业主保证最大工程费用GMP，若实际工程费用超过GMP，则超出部分由CM单位负责。

CM的招标分两个阶段进行：第一阶段一般是在初步设计阶段，业主邀请几家有经验的承包商进行投标，由于设计尚未完成，承包商只能根据近似工程量清单或一份反映该工程项目可能有的分项工程的单价表来进行报价。业主经综合评定，确定CM承包商。第二阶段由被选中的CM单位与设计人员合作，负责选定分包商的全部工作。由于初步设计阶段签订的CM合同价不能一次确定，因此随着设计的深入，需要CM单位在不同的阶段分别提出工程预算。当设计达到一定深度时，为了控制项目总投资，CM单位需要提交GMP（保证最大工程费用），根据合同约定，在工程结束时，超出GMP的部分由CM单位承担，节约部分归业主所有。在招标阶段中，CM单位负责与分包商签订分包合同，业主可参与整个招标和合同谈判过程，CM单位与各分包商的合同关系对业主来说是透明的，合同价格也是公开的，分包商的选定必须得到业主的认可。

在施工阶段，由CM单位对合同范围内的工程质量、投资、进度负全部责任，CM单位直接管理和协调各分包商，并负责零星工程和未分包工程的施工。

CM模式的优点：1.由于工程设计与施工的早期结合，CM单位在设计阶段就可以应用价值工程的方法，根据其在施工成本控制方面的实践经验对工程设计提出合理化建议，使设计变更在很大程度上减少，从而减少由于设计变更而提出的索赔，大大降低了工程成本控制方面的风险。2.由于CM单位与各分包商直接的合同价是公开的，CM单位不能赚取总包与分包之间的差价，因此他会努力降低分包合同价，以获得业主在合同价格降低方面的奖励，而合同价格降低的部分全部归业主所有，有利于降低工程成本。3.CM模式设计与施工充分搭接，采用分散发包、集中管理的方式，有利于缩短建设工期。4.业主与CM单位签订CM合同，设计与施工的结合和相互协调，有利于业主合理组织生产与管理，在施工中组织协调工作量小，管理程序简单，有利于工程质量的提高。5.有利于新型建设人才的培养和锻炼。

CM模式的缺点：1.项目总成本中包含设计和投标的不确定因素，项目费用的估计不完全准确，业主无法充分把握整体和局部费用，因此项目风险较大；2.CM公司的选择比较困难，CM模式要求信誉和资质较高的CM单位，需要具备高素质的专业人员；3.CM合同采用成本加酬金的合同形式，因此对合同范本的要求较高。CM模式“边设计、边施工”的特点决定了它适用于建设周期长、工期紧，不能等到设计全部完成后再招标的项目，也适合于规模大、投资多，项目参与单位复杂，对变更灵活性要求高，各方面的技术不太成熟的工程项目；不适宜于规模小、工期短、技术成熟、设计已经标准化的小型工程项目。目前我国在海外的许多建设项目中，均已遵循国际惯例，采用CM模式进行承包和管理，在国内的一些中外合资或外商独资项目中，也开始试行CM模式。

（四）BOT模式

BOT（Built Operate Transfer）模式，即“建设—经营—转让”模式，兴起于20世纪80年代，是政府吸引私营机构来承建国家公共基础设施项目的一种融资方式。政府与私营机构形成一种“伙伴”关系，通过提供一定期限的特许权协议，将本应由政府承办的公共基础设施建设交给私营机构负责，由私营机构负责项目的融资、建设、经营和维护，并根据特许权协议在规定期限内经营项目获取利润，特许期结束后，将项目完整地、无偿地交还给政府。特许权协议在BOT模式中占有关键性的地位，因此BOT模式也称为“特许权融资”模式。

根据世界银行《1994年世界发展报告》的定义，BOT模式在推广应用中至少衍生出了以下几种建设方式：1.标准的BOT模式，即“建设—经营—移交”方式；2.BOOT模式，即“建设—拥有—经营—移交”方式，指私营企业在项目特许期内既拥有项目的经营权，又拥有项目的所有权；3.BOO模式，即“建设—拥有—经营”方式，指项目开发商负责建设并经营某项基础设施项目，并且不将项目移交给政府；4.BIT模式，即“建设—租赁—移交”方式，指政府将某项基础设施项目交给私营机构建设，在项目运营期内，政府成为该项目的租赁人，私营机构获取租赁收益，并在租赁期结束后，将项目全部移交给政府；5.此外，还有BOOST（建设—拥有—经营—补助—移交）、ROT（改造—经营—移交）、

BT（建设—移交）、BTO（建设—移交—运营）、IOT（投资—运营—移交）、ROO（移交—运营—拥有）等模式。

BOT模式的优点：1.可以利用私营机构投资，缓解政府的财政负担，减少或避免由于政府投资可能带来的各种风险；2.有利于提高项目的运营效益，一般BOT项目都涉及投资大、建设周期长所带来的风险，贷款机构对私营企业的要求比对政府更加严格，而私营机构自身为了减少风险，会加强管理，控制造价，有利于项目建设成本的降低和缩短工期；3.对于一些急需建设而政府目前又无力投资建设的公共基础设施项目，采用BOT方式融资，可以利用私营企业的资金，提前建成发挥作用，从而提前满足社会与公众的需求；4.BOT模式给一些大型承包公司提供了更多的发展机会，有利于刺激经济的发展，提高就业率；5.BOT项目可以带来技术转让、培养专业人才、发展资本市场等利益，其整个运作过程都与东道国的法律法规相关，因此，有利于促进东道国法律制度的健全与完善。

BOT模式的缺点：1.BOT项目前期投资大，融资成本高，且前期时间过长；2.项目参与方众多，各方关系错综复杂，且建设周期长，因此项目存在较大的风险；3.在合同规定的特许期内，政府失去对项目的控制权。

BOT模式是政府职能与私人机构功能互补的历史产物，特别适应于国家近期急需建设的大型基础设施项目，这些项目要求投入大量的资金，且技术要求高，完工期限紧，往往要求在设计和概念上提出新的构思。因此，BOT项目的融资对象一般是资信可靠，实力雄厚的国际公司或财团。

（五）PM模式

PM模式，又称项目管理模式，是指工程项目管理企业（简称PM公司）受业主委托，按照合同约定，代表业主对项目的组织实施进行全过程或若干阶段的管理和服务。其职责范围包括项目的可行性分析和策划、招标代理、设计管理、采购管理、施工管理以及竣工验收和试运行等各项工作，PM合同是委托合同，业主可以随时根据情况调整对PM公司的委托范围，PM公司依照合同约定在职责范围内开展工作，并承担相应的管理责任。

根据PM公司的授权范围和内容以及PM公司是否对实现项目目标承担责任两方面，可以将项目管理分为以下几种模式：

1.PM公司依据合同作为业主的代表全权行使业主的各项职能并承担相应责

任，包括项目供应商、承包商、相关中介咨询机构的选择并签订合同。这种模式下PM公司具有很大的权利，同时也承担很大的责任，当达不到合同约定的工期、质量、造价等相关方面的要求时，PM公司要承担违约责任。

2.工程项目建设各合作方的选择和合同的签订由业主自行完成，PM公司依照合同的约定进行项目管理并承担相应责任。这种模式下PM公司有较大的管理范围和权利，业主在签订PM合同时应该充分调动PM公司的积极性，按照PM公司的承诺或投标书订立详细的考核指标，当由于PM公司的管理造成工程项目的目标不能实现时，PM公司要承担违约责任。

3.PM按照合同规定，对项目的质量、投资、工期进行管理，并协调项目相关各方面的关系，业主自行完成项目各相关单位的选择以及合同的签订。相对于前两种模式来说，这种模式下PM公司仅仅是管理协调各相关单位，权利很小，重大问题的决策还需要业主来决定。该模式类似于目前的建设监理制，只是合同委托的范围更加灵活，PM公司作为业主的代理人，对工程项目目标是否实现不承担责任。

4.PM公司不仅承担工程项目的管理工作，还可能承担项目的咨询工作，包括项目的可行性研究、设计、监理等工作，这种模式下PM公司的职责范围是以上3种模式的一种或多种的衍生，除了承担项目咨询工作的责任外，还承担与项目管理有关的责任，具体操作情况根据PM合同来确定。

在具体的项目管理操作过程中，可以灵活应用以上几种模式，业主可以根据自己的需要，将项目的某个阶段，或者是几个阶段中的某些部分委托项目管理。在以上几种应用模式中，第二和第四种模式在我国具有较强的可行性，是我国目前项目管理的主要模式，随着我国项目管理机构的逐渐成熟和市场经济的不断发展完善，第一种模式将成为项目管理发展的主要方向。

PM模式的优点：1.PM模式下，项目委托给PM公司管理，大大减少了业主方的工作量。2.由于PM公司具有大量的专业人才和较高的管理水平，有利于帮助业主更好地实现工程项目目标，从而提高投资效益。3.在PM模式下，业主可以根据自身的情况和项目的特点来选择不同的项目管理模式，工作内容和范围比较灵活。

PM模式的缺点：PM模式作为一种新型的管理模式在我国起步较晚，对PM

公司的职业道德标准、执业标准和行为标准还未形成，因此对PM公司履行职责的评价比较困难，并且业主和PM公司双方对于职责的认识还不够全面、系统。

目前，PM模式作为一种新型的工程管理模式正越来越多地被应用于我国的工程实际中。从国际上来看，PM公司提供的项目管理服务贯穿了从项目前期到项目实施各阶段直至竣工验收全过程，但我国现阶段的项目管理还主要应用于项目实施阶段。

三、国际工程项目管理新模式

（一）EPC模式

EPC（Engineering procurement construction）模式，即“设计—采购—施工”总承包模式，在发达国家的发展和应用已经有近百年的历史，其最大的特点就是将“设计—采购—施工”一体化，把人力、物力、财力有效地组合到工程建设项目上来，以减少资源的浪费，真正实现责任与权力、风险与效益、过程与结果的有效统一。

EPC模式具有以下主要特征：

1.合同管理的工作量少

EPC模式下合同结构简单，业主的组织和协调任务量小，业主通过合同将拟建项目的实施委托给总承包商负责，由总承包商负责项目的设计、采购和施工，并协调自己内部和分包商之间的关系，因此，对总承包商的技术和管理水平要求较高。

2.合同为固定总价合同

业主与总承包商先商定合同价格，考虑到可能发生的风险，合同价格一经确定，便不能随意变动，业主一般不允许承包商因费用的变化而调价。因此，总承包商的风险较大。

3.有利于承包商综合实力的提高

在EPC模式下，设计、采购、施工融为一体，不但要求承包商具有设计、采购和施工能力，还要求其具有较强的融资能力和项目管理能力，从而会促进承包商全面提升综合实力。同时，由于EPC项目大多采用固定总价合同，承包商的风险较大，会促使承包商加强风险管理，以期获得更高的收益。

4.信任与监督并存

业主对总承包商的信任是项目顺利进行的前提，在EPC模式下，业主对总承包商的工作只进行有限的控制，承包商的工作方式相对比较自由，业主代表被授予的权利较小，业主一般只需要派出少量的管理人员对建设过程进行总体控制，因此，在一定程度上有利于业主进行项目群管理。

5.项目各参与方责、权、利明确

采用EPC模式，由于总承包商对项目实行全过程的管理，大大减少了业主的合同界面，降低了业主的项目运营费用和风险。业主、总承包商、监理单位或者是项目管理公司各方责、权、利明确，有效地避免了扯皮现象，更加有利于以实现项目目标为中心任务的组织结构的确立，以保证工程的顺利进行。

6.有利于项目目标的实现

项目的总承包商在项目早期介入项目，使项目工期具有更大的确定性。EPC模式融设计、采购、施工于一体，设计和采购之间的经常性沟通避免了采购中的一些不必要的损失，设计和施工之间的顺利配合使工程质量和投资能更好地协调，项目在同一的框架下运作，减少了各阶段的中间环节，从而使目标、行动一致，以更好地保证项目目标的实现。

EPC模式的缺点：1.EPC模式对总承包商的要求较高，总承包商需要具备设计、采购、施工等多方面的实力，并且要求总承包商有较高的技术和管理水平，因此在国内对于总承包商的选择比较困难；2.业主不能对工程进行全过程的控制，若业主要求调整或变更设计方案，所带来的成本增加的风险将由业主承担，这样会加大业主的风险；3.总承包商要对整个项目的质量、工期和成本负责，因此风险较大。

EPC模式适宜在建设体制规范比较完善，建设市场发展相当成熟的西方发达国家中使用，根据美国设计—建造学会的报告，预计到2020年，将会有近一半的工程项目采用EPC模式，但该模式在我国的建设实践中还存在许多缺陷，因此应用较少。EPC模式适用于规模大、工期长、技术复杂的大型工程项目。

（二）Partnering模式

Partnering（伙伴关系）模式起源于20世纪80年代中期的美国，是国际上一种先进的工程项目管理模式。是指工程项目的各个参与方，改变了以往的对立局面，通过签订Partnering协议做出承诺和组建工作团队。在项目实施的过程中，以实现项目各参与方的整体利益为目标，建立完善的协调和沟通机制，强调合作与信任，以实现合理分担风险、友好解决矛盾的一种项目管理模式。

Partnering模式具有以下几个特征：1.出于自愿Partnering协议需要工程项目参与各方，包括业主、总承包商、咨询单位、设计单位、主要的分包商以及主要的材料设备供应商在完全自愿的基础上共同签署，而非任何原因的强迫。2.高层管理参与Partnering模式需要参与各方高层管理者的认同和支持，由各参与方共同组成工作小组，共享资源、共担风险。3.Partnering协议不是法律意义上的合同，Partnering协议是工作小组的纲领性文件，在工程合同签订后才会签署，主要用来确定项目各参与方的共同目标、任务分工和行为规范。4.信息的开放性Partnering协议强调项目参与各方在相互信任的基础上，共享资源。项目各参与方必须保持及时、经常、开诚布公的交流，以便及时获取工程进度、造价和质量等方面的信息。Partnering模式不是一种独立存在的模式，在工程建设中通常要与CM模式、总承包模式、平行承包模式等其中一种工程项目组织模式结合使用。

Partnering模式的优点：1.伙伴关系联合了具有互补优势的企业，避免了行业的恶性竞争，联合后的企业能够更好地适应市场的变化，大大地提高了企业在激烈的市场竞争中的生存能力。2.Partnering模式强调资源和信息共享，经过项目各参与方多种知识的融会和交流，能够促进知识的转移与创新，提高组织效率，有利于保证工程质量和降低索赔费用。3.Partnering模式注重各参与方整体利益目标的实现，大大降低了项目的风险。4.Partnering模式强调资源和优势互补，有利于企业培养自己独特的优势资源和核心能力。

Partnering模式的缺点：1.Partnering模式给项目各参与方带来的收益难以用节约的成本或者是缩短的工期等客观标准来度量；2.影响Partnering模式成功的因素很多，其中大多是人为的主观因素，实际操作起来难以控制；3.Partnering模式不是一种独立的项目管理模式，需要与其他某种模式结合起来使用。

（三）PMC模式

PMC（project management contractor）模式，也称为项目管理承包模式，是指业主聘请专业的项目管理公司（一般是具备相当实力的咨询公司或工程公司）代表业主对整个项目进行集成化管理，即对整个项目的组织实施进行全过程的管理和服务。项目管理公司先与业主签订PMC合同，然后再与各分包商签订合同，在这种模式下，由项目管理公司负责对工程项目进行计划、管理、协调、控制，为业主提供工程管理服务，而工程项目的具体实施则由各分包商完成。

在项目前期阶段，项目管理承包商代表业主进行前期管理，包括：项目前期策划，可行性研究，项目定义、计划、融资方案，项目实施方案，编制招标文件，完成项目招标、评标等。在项目实施阶段，项目管理承包商负责项目的全部管理、协调和监督工作，由各项目分包商负责完成项目的详细设计和工程施工，直至项目全部完成。

PMC模式与PM模式的区别：1.PMC模式下分包商的选择和合同的签订由项目管理承包商完成，在PM模式下则由业主自行选择设计、施工、供货单位并签订合同，然后与PM公司签订合同。2.在PM模式下，项目管理承包商代表业主对整个项目的全过程实施管理和服务，而PM公司是根据合同约定对建设项目的全过程，或者是项目的若干阶段实施管理和服务。3.PMC公司和PM公司的职责范围不同。PMC公司作为业主的代表全权行使业主的各项职能，而PM公司却是根据合同规定对项目的某个或几个阶段实施质量、进度、合同、费用、安全等管理和控制。因此，PM模式一般被称为项目管理服务，而PMC模式被称为项目管理承包。

PMC模式的优点：1.由专业的项目管理公司对整个项目进行科学化的管理，有利于提高项目管理水平，节约项目投资；2.有利于进行设计优化，使项目的寿命周期成本最低；3.有利于业主取得高额的非公司负债型融资；4.业主的管理工作简单。在PMC模式下，业主只需保留很小部分的管理权力和对一些关键问题的决策权，而由PM公司负责绝大部分的项目管理工作。

PMC模式的缺点：1.PMC模式的适用范围较小，只适合于大公司业主联合的大型工程项目的管理；2.PMC项目一般比较复杂且难度很大。

PMC模式通常适用于国际性的大型工程项目，主要包括：1.业主由多个公司组成甚至有政府部门参与的项目；2.由于内部资源短缺而难以实现的项目；3.技术复杂且投资超过10亿美元的大型工程项目；4.业主不以原有资产进行担保的项目；5.需要得到出口信贷机构或商业银行国际信贷的项目。

（四）PC模式

PC（project controlling）模式，即项目总控模式，起源于20世纪90年代中期的德国，由Peter Greiner博士提出，并成功地应用于德国慕尼黑新国际机场和德国统一后的铁路改造等大型工程项目。

PC模式的核心是以工程信息流指导和控制工程物质流。项目总控方实质上是业主的决策机构，负责及时、准确地分析和处理工程实施过程中与项目三大目标相关的各种信息，并将处理结果以书面报告的形式传输给业主代表，以便业主能及时准确地做出决策。项目总控方提供的管理咨询服务可以针对整个工程项目进行，也可以只针对项目的某一阶段，如设计阶段、施工阶段，还可以仅仅针对某一个方面，如进度控制、质量控制等。它可以是工程项目实施过程中的综合管理服务，也可以仅仅只为业主提供决策支持。

由于工程项目的特点和业主组织机构的不同，PC模式可以分为单平面PC模式和多平面PC模式。单平面PC模式中，业主方只有一个管理平面，因此一般只设置一个PC机构，其组织关系简单，PC方的行为明确，仅向项目总负责人提供决策支持服务。多平面PC模式是当项目规模大、业主方必须设置多个管理平面时采用，其组织关系比较复杂，PC方需要采用集中控制和分散控制的组织形式进行管理。即对业主项目总负责人设置总PC机构，对各子负责人设置分PC机构，PC方的组织结构与业主方的组织结构具有明显的一致性和对应关系。

PC模式是由项目管理模式发展而来的，两者在对工程建设项目的三大目标控制、控制原理和工作属性等方面都是相同的，但PC模式更加专业化。PC模式与项目管理模式的不同之处表现在：

1.服务对象不同

项目管理公司既可以为业主方服务，也可以为设计单位和施工单位服务，而PC方只为业主服务。

2.服务时间不同

PC方为业主提供包括项目策划阶段在内的全过程施工服务，但我国的项目管理公司一般只为业主方提供施工阶段的服务。

3.服务地位不同

项目管理公司是在业主及其代表的指导下开展工作的，业主方可以对其工作人员下达工作指令。而PC方相当于业主方的智囊团，直接为业主方的高层管理人员提供决策支持服务，业主方不能对其下达工作指令。

4.工作内容不同

项目管理单位侧重管理项目物质流的活动，其围绕整个项目的实施过程有很多具体工作，而PC方侧重于项目管理和组织信息流的活动，其核心工作是对项目各种相关信息的分析和处理。

5.指令权利不同项目管理单位可以对设计单位、施工单位、材料设备供应商下达指令并进行管理，而PC方没有下达指令和管理的权力。

PC模式作为一种全新的工程项目管理模式，是为了适应业主高层管理人员对大型工程项目的决策需要而产生的，是工程咨询和信息技术相结合的产物。PC方一般由两类人员组成：一类是掌握最新信息技术且实践操作能力强的人员；另一类是理论知识强、现场管理经验丰富的人员。

PC模式一般适用于大型和特大型的工程建设项目，这些项目工作复杂，重大决策问题多，需要PC方为业主提供专业的咨询指导。PC模式不能作为一种独立的项目管理模式而存在，但PC模式对其他的项目管理模式没有排斥性，往往是和多种组织模式共存。

（五）NC模式

NC模式（Novation Contract Pattern），又称更替型合同模式，是一种新型的工程项目管理模式，也可以看成是传统的DBB模式与设计—建造（Design-Build）模式的巧妙结合。业主在项目的初步设计阶段，委托某一设计咨询公司进行设计，当这一阶段的工作达到全部设计要求的30%～80%时，业主开始进行招标来选择项目承包商。中标的承包商与业主签约承担全部未完成的设计和施工工作，并由承包商与原设计咨询单位签订合同，由原设计咨询公司作为承包商的设计分包人，在承包商的指导下完成后一部分的设计。

NC模式的优点：1.在保证业主对整个工程项目的总体性要求的基础上，实现设计和施工阶段的有效衔接，合理交叉，以保持项目设计工作的整体连贯性；2.在施工详细设计阶段，由施工经验丰富的总承包商指导和监督设计工作的进行，可以吸收承包商的施工经验，使设计更符合施工现场的条件，有利于加快施工进度，保证施工质量，减少设计变更；3.建设工程后一阶段的设计建造由项目总承包商负责，使业主减少了这一阶段的风险，同时也容易进行合同管理。

第二节　我国工程项目管理模式发展趋势

随着经济的高速发展和城市化的推进，现今，国内外大部分建设项目都是在项目管理下实施完成的。建筑行业是一个古老的行业，在中国古代，就有关于项目管理的实践研究和应用的记录，战国时期都江堰工程就已经实施了分洪项目管理与灌溉工程项目管理，其后很多建设项目管理中均有明细的报告，如南京中山陵建设是第一次采用公开招标。但由于条件限制，对提炼出众多传统项目的运用模式未能形成固有经营运作体系。在本节中，我们将就我国工程项目管理模式的发展模式进行介绍。

一、工程项目管理中的若干问题

目前，国内项目管理整体发展情况还处于粗放型阶段，我国工程业主的项目实施方式仍然是传统单一模式的勘察设计—施工—监理—造价—招标代理等分块委托与管理方式。随着我国经济快速发展，工程建设对工程质量和标准、建设进度、投资效益提出了更高要求。传统的管理模式在实际管理中暴露出诸多弊端，主要体现在以下几个方面：

（一）工程项目管理模式问题

我国工程项目的管理方法比较单调，一般模式为完成设计图纸后，根据招标的形式来选择施工单位，业主可将项目划分为若干个工程，分别与几个建筑承包方单位签合同进行施工；也可以和具备总承包资质的施工单位签协议，由其再把工程分包给专业承包单位进行合作。

（二）工程项目管理组织形式问题

1.高度的集中管理

大型的国有企业通常会表现出这点。其表现形式为强行以行政干预替代科学的管理方法，忽视了工程项目建设的一般规律。中小型公司和部属公司缺乏独立的经营权，常常由于决策不及时而跟不上市场的经济变化；同时也难以调动各分公司的积极性。

2.不科学的部门设置

未进行新产品的研发和新的项目业务开拓；由专业划分各工程公司和部门，一个项目的建设须调动和利用所有的资源，严重造成浪费。

3.不灵活用工制度

由于市场行情的变化，建筑企业的生产能力和业务具有很大的随机性，在业务量不达标时，企业仍须承担大量的运营资本，加大企业经济负担。

（三）工程项目管理方法问题

1.业主的管理水平低下

很多项目的主要管理者是业主，大部分业主由于缺乏专业人才，在项目的实际管理中重技术，忽视经济，强行以行政替代科学的管理，例如注重工期而不惜代价、讲节约而忽视质量、讲质量而忽视工本，从而导致出现延误工期、工程质量不达标、资金预算超出等严重问题，造成管理水平低下，导致项目的工期、质量、投资等目标偏离的现象。

2.监理等单位负责不全面

多数监理单位只对项目某一阶段负责，其工作仅限于施工期间的质量安全控制，无法形成整体的进度、投资、质量的综合控制。

3.控制方面

在工程项目的建设时，很少采用系统的控制理论和方法，在落实和应用前馈控制和日常控制方面不到位。定量的控制方法也很少见，控制方法随意性很大。

（四）企业融资能力差

在国外，大部分施工一般是通过融资的方式进行的，等资金到位后才开始施工，而我国工程项目绝大部分是通过垫资来进行施工的，这对于中小型企业而言，加大了资金流动困难，此外还会造成工程竣工时出现拖欠工人工资的情况。

二、WDD-B+Partnering模式在我国的应用和推广

（一）WDD-B模式概述

按照我国的基本建设管理体制，设计单位不仅需要完成方案设计和技术设计，还需要完成工程项目的施工图设计。设计单位在设计过程中为了保证安全，一般会设置过大的安全系数，造成资源的不必要浪费和成本增加。而通过设计单位编制的施工图设计进行预算和招投标，施工单位竞争能力的高低就被限制在了竞争管理费用上。

而从国际惯例来看，设计单位只负责项目的初步设计或扩大初步设计，并在此基础上编制设计概算，施工图设计由施工单位完成，这样施工单位的竞争内容除了管理费用外，还包括了一个重要的内容——施工技术的高低，施工图设计进入了技术竞争的范畴。由施工单位编制的施工图设计，可以更好地利用施工单位丰富的施工经验和管理水平，有利于施工进度的加快和成本的降低。

2015年7月12日，建设部、发改委、财政部、劳动和社会保障部、商务部和国资委联合发布的《关于加快建筑业改革与发展的若干意见》中提出要“推进施工图设计与方案设计相分离”。由此可见，施工图设计与方案设计相分离，施工招投标进入施工技术竞争的范畴，将原来由设计单位编制的施工图设计交由施工单位编制，使施工图设计与施工阶段紧密结合，是社会发展的必然趋势，这种新型的设计模式被称为WDD-B（working drawing design-build）模式，必将对工程项目管理模式产生巨大的影响。

WDD-B模式的应用条件：1.要求施工单位必须具备施工图设计的能力；2.WDD-B模式的应用需要得到发包方的广泛认可，从而促进施工单位提高施工图设计的能力；3.WDD-B模式的顺利开展和普及需要完善的相关配套政策。

（二）WDD-B模式与PMC模式、NC模式的对比分析

WDD-B模式，即working drawing design-build模式，是指施工图设计与方案设计相分离，施工招投标进入施工技术竞争的范畴，将原来由设计单位编制的施工图设计交由施工单位编制的新型的设计模式，这种模式必将对工程项目管理模式产生巨大的影响。

PMC模式，也称为项目管理承包模式，是指业主聘请专业的项目管理公司

（一般是具备相当实力的咨询公司或工程公司）代表业主对整个项目进行集成化管理，即对整个项目的组织实施进行全过程的管理和服务。项目管理公司先与业主签订PMC合同，然后再与各分包商签订合同，在这种模式下，由项目管理公司负责对工程项目进行计划、管理、协调、控制，为业主提供工程管理服务，而工程项目的具体实施则由各分包商完成。

NC模式，又称更替型合同模式，是一种新型的工程项目管理模式，也可以看成是传统的DBB模式与设计—建造（Design–Build）模式的巧妙结合。业主在项目的初步设计阶段，委托某一设计咨询公司进行设计，当这一阶段的工作达到全部设计要求的30%～80%时，业主开始进行招标来选择项目承包商。中标的承包商与业主签约承担全面未完成的设计和施工工作，并由承包商与原设计咨询单位签订合同，由原设计咨询公司作为承包商的设计分包人，在承包商的指导下完成后一部分的设计。

WDD–B模式、PMC模式、NC模式三种模式的对比分析如下：

1.在WDD–B模式下，工程项目的施工图设计与之前的设计相分离，之前的设计由设计单位或具有相应资质的其他单位完成，施工图设计由施工单位完成。这样，在施工图设计阶段，施工单位可以根据自身的特点，用丰富的施工管理经验和先进的施工技术指导施工图设计的完成，相对于由设计单位完成施工图设计而言，更有利于节约资源、降低成本、提高工程施工进度。

2.PMC模式同WDD–B模式一样，也体现了初步设计与施工图设计相分离。不同之处在于PMC模式下的初步设计是由PMC承包商完成，在初步设计完成后，招标选择施工承包商，由施工单位负责完成施工图设计和具体的施工工作。虽然WDD–B模式强调的是设计的后半部分——施工图设计，而PMC模式强调的是设计的前半部分——初步设计，但这两种模式反映的原理和内涵相同，可以在同一个项目中使用，并行不悖、相互促进。

3.NC模式的初步设计和施工图设计均是由同一个设计咨询单位完成，初步设计在招标前进行，施工图设计在招标后进行，两者合理交叉、有效衔接。施工图设计在施工经验丰富的施工单位的指导和监督下进行，有利于施工图设计更加符合现场的施工条件，从而减少设计变更和索赔，但相比而言，施工单位自己完成施工图设计具有更明显的优势，因此工程项目的设计模式选择WDD–B模式更佳。

（三）WDD-B+Partnering的提出

Partnering模式是国际上一种先进的工程项目管理模式。是指工程项目的各个参与方，改变了以往的对立局面，通过签订Partnering协议做出承诺和组建工作团队。在项目实施的过程中，以实现项目各参与方的整体利益为目标，强调合作与信任。Partnering协议的各方坦诚地沟通和交流信息、相互合作，营造和谐的工作环境，合理分担风险，友好解决矛盾，以保证项目各参与方目标和利益的共同实现。

Partnering模式强调的是理解、合作和信任，相对于其他工程项目管理模式而言，Partnering模式不是从敌对的角度去处理项目各参与方的关系，而是着重致力于创造和谐的项目环境和改善项目各参与方的关系，这种模式明显减少了索赔和诉讼的发生，有利于创造一个“多赢”的局面，对发包商的投资、质量、进度控制有非常显著的帮助。

Partnering模式与传统项目管理模式相比，具有以下的不同之处：

1.传统项目管理模式下项目参与各方都有自己的目标和利益，皆着重强调己方目标和利益的最大化，与其他参与方的敌对关系和自我保护是一种常规现象；而Partnering模式下项目各参与方有着共同的目标，且每一方都向着共同的目标而努力，这样可以尽可能地减少和消除敌对关系。

2.传统项目管理模式下项目参与各方的合作仅限于单个工程项目，这个项目一旦完成，合作即告终止；而Partnering模式下的合作强调的是一个长期的承诺，不会因单个工程项目的完成而结束。

3.传统项目管理模式下项目参与各方相互怀疑、不信任，每一方都担心其他参与方的动机，因此各参与方的重要信息需要保密，资源的共享受到限制，沟通被局限在一定的范围内；而Partnering模式下项目参与各方彼此充分信任，每一方都可以获取其他参与方的资源和信息，Partnering协议强调参与各方坦诚、有效、开诚布公地沟通，以达到资源共享。

4.传统项目管理模式采用传统的法律合同形式，而Partnering模式采用传统的法律合同加上非合同性的Partnering协议。

5.传统项目管理模式下的索赔和诉讼经常发生，项目各参与方由于担心索赔等原因限制了其对项目评价的客观性；而Partnering模式下的索赔和诉讼明显较少，项目参与各方着重于实现自身的价值，因此对项目绩效能够客观、公正地评价。

6.传统项目管理模式强调三大控制，确保项目的利润目标；而Partnering模式强调不断地提高和改进、超越目标，以提高项目各参与方的利润。

通过以上比较，可以充分认识Partnering模式的优越性，国外发达国家使用Partnering模式的成功案例不在少数，但在我国的应用还比较少，因此要大力推广Partnering模式在我国的应用。

从Partnering模式自身的应用特点来看，并不存在使用范围的限制，无论是大型项目或是小型项目，无论是公立性项目或是私利性项目皆适合采用Partnering模式。由本节论述可知，WDD-B模式是社会发展的必然趋势，而Partnering模式不能作为独立的项目管理模式而存在，因此可以将两种模式结合起来，提出WDD-B+Partnering组合模式。WDD-B+Partnering组合模式可以充分发挥两种模式的优势，在项目各参与方彼此信任、资源共享、长期合作的基础上，实现方案设计和施工图设计相分离，使施工招投标进入技术竞争的范畴，从而利用施工单位丰富的施工实践经验和先进的施工技术水平，提高工程建设的进度，降低成本，保证质量，从而实现“多赢”的局面，使项目各参与方最大限度地得到满意。

（四）WDD-B+Partnering的实用价值

1.有利于提高工程进度

WDD-B+Partnering组合模式下的项目各参与方目标明确，各方保证资源共享和信息沟通流畅，项目参与各方矛盾和纠纷较少，项目决策及时、准确，材料设备等供应商的供货也更加具有计划性，因此可以有效提高工程建设的进度。这种模式也可以在边进行施工图设计边施工的基础上，采用阶段发包方式，以提高工程施工进度，缩短建设周期，使产品能够尽快投入使用。

2.有利于提高工程质量

在WDD-B+Partnering组合模式下，项目参与各方强调的是长期的友好的合作关系，设计单位从初步设计阶段进行质量控制，施工单位在施工图设计和施工阶段进行质量控制，材料设备供应商也会严格地进行质量把关，项目参与各方皆着眼于提高工程质量的共同目标，以实现“多赢”的局面。

3.有利于降低工程总投

采用WDD-B+Partnering组合模式，项目参与各方通过Partnering协议结成战略同盟伙伴关系，与传统项目管理模式相比，WDD-B+Partnering组合模式可以既不用请监理工程师也不用进行招投标，这样就可以省去两项费用。这种模式还可以充分调动施工单位的积极性，运用其丰富的施工经验和先进的施工技术，进行施工图设计，从而减少了设计变更，使工程建设既能保证质量，又能降低成本。此外，由于Partnering模式资源共享的特点，减少了不必要的工作人员，也降低了工程成本。

4.有利于减少诉讼和索赔

在WDD-B+Partnering组合模式下，项目参与各方是一个利益共同体，各方信息和资源的充分交流和共享可以有效地避免不必要的争议发生，即使出现矛盾，矛盾各方可以通过内部认可的争议处理系统来进行有效的沟通交流，从而避免了将一般性争议发展到诉讼的地步。因此，在WDD-B+Partnering组合模式下，项目参与各方能以最小的代价解决争议，相比传统模式而言，大大减少了在处理索赔和争议过程中消耗的人力物力财力。

5.有利于降低风险

在WDD-B+Partnering组合模式下，项目参与各方注重整体利益目标的实现，是一种“一荣俱荣，一损俱损”的战略同盟伙伴关系。项目各参与方目标一致、并肩作战，大大降低了项目的风险，也有效地避免了设备人员闲置、等待工程和发包人拖欠工程款的风险。

总体而言，WDD-B+Partnering组合模式将WDD-B模式和Partnering模式的优点集中起来，产生集聚效应和扩大效应，能够给项目参与各方带来明显的经济效益和社会效益，具有显著的优势，是一种值得在我国大力推广的工程项目管理模式。

三、PMC+Partnering模式在我国的应用和推广

（一）PMC模式的推广

PMC模式在国外的应用已经比较成熟了，在这种模式下，业主聘请专业的项目管理公司（一般是具备相当实力的咨询公司或工程公司）作为业主的代表或业

主的延伸，对整个项目进行集成化管理，即对整个项目的组织实施进行全过程的管理和服务。绝大部分的项目管理工作都由PMC承包商来承担，而业主仅需要保留很小部分的基建管理力量，进行一些关键问题的决策。项目管理公司先与业主签订PMC合同，然后再与各分包商签订合同，在这种模式下，由项目管理公司负责对工程项目进行计划、管理、协调、控制，为业主提供工程管理服务，而工程项目的具体实施则由各分包商完成。这种模式可以提升整个项目的管理水平，降低管理成本，提高工程进度，便于进行施工组织，因此，近几年来，国内也开始逐渐使用这种管理模式。

我国选择并推广PMC模式的主要原因有以下几点：

1.国内目前常用的工程项目管理模式为传统工程管理模式，这种模式应用时间长，使用范围广，管理方法成熟，项目参与各方对管理程序都相当熟悉，能自由选择设计单位和监理单位。但传统模式存在项目周期过长，业主前期投入大、管理费用高；设计、施工与供货的合同界面不易处理，一旦出现质量问题，设计方把责任推给施工方，施工方推给责任方；工程变更容易导致索赔等缺点。

2.从上世纪50年代开始，我国长期使用业主自行管理模式。这种模式由业主直接与设计单位和施工单位签订合同，并形成相应的机构对项目进行管理。从我国目前的情况来看，在很多项目中，由于业主自身的资源和能力有限，导致项目很难独立完成，因此，这种模式正受到越来越大的冲击。中外双方在目前国内大型合资项目上争论的焦点就集中在项目管理模式上，外方坚持采用专业的项目管理公司代表业主对整个项目进行全过程、全方位的管理，但中方往往坚持自行管理。

3.我国长期以来普遍把成本控制的重心放在施工阶段，如对施工图预算、结算的审查，而对其他阶段有所忽视，这种方法虽然有利于控制造价、节约成本，但效果并不显著。据有关资料统计，项目前期投资决策和设计阶段对整个项目投资的影响占35%～70%，而施工阶段仅占5%～25%。在PMC模式下，业主选定一家项目管理公司负责项目的设计和施工，并签订总价合同，因此PMC承包商在选择分包商时，会把设计方案的优劣作为评标的因素，以保证工程项目的高质量完成，同时也避免了设计和施工的矛盾，对降低成本和缩短工期有显著影响。

4.积极推行工程项目总承包和工程项目管理，是提高我国工程项目管理水平、保证投资效益和工程质量、规范建筑市场，以增强我国建筑企业国际间竞争力、优化行业结构的需要。我国要加快与国际先进工程项目管理模式的接轨，以适应社会主义市场经济发展的要求。

（二）PMC模式在国内实际操作中存在的问题

长期以来，我国的工程项目管理中普遍存在设计和施工脱节的现象：设计工作一般由不具备施工资质的设计院来完成，而承担施工任务的施工单位也不具备设计资质。而且，国内的项目管理公司在综合素质、信誉、合同的执行能力上与西方发达国家的大公司相比，仍有很大差距。国内公司在中标前计划周密、措施完善，各项工作都考虑得非常周到，但项目真正实施后，却暴露出一个又一个的问题，主要包括：

1.设计统筹管理的能力有待加强

PMC模式把项目分为前期阶段和实施阶段。PMC承包商在实施阶段，代表业主负责全部项目的管理协调工作，项目的详细设计、采购和建设的执行由中标的PMC总承包商负责。目前，我国国内的PMC承包商基本上不具有设计资质，只是一些专业的工程公司。这些公司在项目中标后，为节省设计费用，会聘请设计单位进行设计或者干脆自行设计，然后交由设计院盖章，这样，工程的设计质量无法保证。更有甚者，有的PMC承包商为了节省费用，使结构设计走规范边缘，将结构安全度减至最低，或者是在合同规定期限内无法完成设计工作，结果在业主的催促下边设计、边施工、边修改。这些问题在施工时相继暴露，严重影响了工程质量和施工进度，甚至有可能造成工程返工。

2.分包、转包管理不规范

目前国内有些PMC中标公司不具备专业的施工资质，只能将施工任务转包给有资质的施工单位，这种转包存在较大的风险，主要表现在：（1）PMC公司进行工程分包时，会从业主认可的工程造价中提取一定的管理费用和利润，这样分包商的利润空间受损，只能依靠降低产品的性价比来提升自己的利润空间，最终使业主蒙受损失。（2）业主按合同支付进度款，但有些PMC公司可能因为各种原因截留或挪用，造成分包商不能按时获得工程款，以致后续工程无法按计划进行。（3）通常情况下，PMC公司在选择分包商时，不会考虑分包商的综合质素质，而只考虑价格因素，分包商中标价格过低，以致资金局限造成工程质量的降低，难以满足业主的要求。

3.专业管理能力不够

国内的许多PMC承包商尚不具备设计、施工、采购等多方面的专业综合能力，难以实现对整个项目全过程、全方位的有效管理。有些PMC承包商需要业主帮忙选择设计、施工、设备供应商；有些PMC承包商无法解决资金问题，业主为了工程进度，不得不直接借款给分包商；有些PMC承包商没有专业的施工技术人员，只能依靠业主进行现场施工和监理工作。这种合同操作的结果与业主采用PMC项目管理模式的初衷严重不符，PMC承包商只承担了合同责任，而其他事务几乎均由业主自行完成，达不到业主选择PMC管理模式的目的。

上述三个问题严重影响了工程项目的质量和进度，是PMC模式在国内实际操作过程中的突出问题。长期以来，总承包商的不诚信行为对企业的信誉造成巨大的损害，从长期发展的角度来看，总承包商必须重视业主的利益，实现与业主的互惠互利，并在可能的情况下，与业主建立动态的战略同盟关系。

第十章

信息化背景下的建筑工程管理

建筑业作为我国主要的经济支柱型产业，在信息技术不断更新换代的今天，也亟须借助信息化的力量，解决传统落后式建筑工程管理方式中施工进度、造价、质量以及工程项目文档等方面的难题。基于此，本章以建筑工程管理的主要内容为出发点，提出了信息化背景下建筑工程管理的具体措施。

第一节　建筑工程项目信息化管理中存在的问题

改革开放以来，我国建筑行业发展持续快速，在我国经济发展中发挥着至关重要的作用。然而与发达国家相比，我国建筑业无论在劳动生产率还是在企业平均利润率方面均远远落后，原因是多方面的，其中我国建筑行业信息化程度薄弱是制约建筑业科学发展的重要原因之一，这迫切要求建筑企业利用信息技术提高生产效率和管理水平，实现企业管理的信息化。而当今信息化管理中依旧存在着很多的问题，在本节，我们将就这些问题展开讨论。

一、建筑企业面临的机遇与挑战

（一）建筑业面临的发展机遇

1.建筑业发展机遇大于挑战。2008年，为了促进经济平稳较快增长，中央推出了“保增长、扩内需”的十项措施，并投资4万亿元用于实施。中央强调的“扩大投资出手要快，出拳要重，措施要准，工作要实”充分显现了政府加大基建投资的力度和决心，伴随着基建投资的增加，建筑行业迎来了难得的发展机遇。国家发改委投资研究所针对“4万亿元对各行业的初次拉动作用”进行了测算，这次投资为建筑行业的发展提供了前所未有的契机，对建筑业发展的推动作用最大。

2.建筑业的发展空间仍然巨大。我国目前城镇化率与国外发达国家相比还有较大差距，同时还有旧城改造、大量基础设施建设，据预测，我国建筑业近20年内仍会呈现上行状态。建设部推出新的特级资质标准，引导企业发展方向。

3.住建部于2007颁布了新的《施工总承包企业特级资质标准》于2010年制定了新的《施工总承包企业特级资质标准实施办法》，并于2012年5月颁布了《2011—2015年建筑业信息化发展纲要》，用于推进和规范建筑企业的信息化建设。另外，2014年的政府工作报告也指出，要促进工业化和信息化的深度融合，增强我国传统产业的核心竞争力。建筑业作为工业化和城镇化的核心产业，其信息化建设一直是国家高度重视的建设领域。在政策的强力推动下，一些资质高的大型建筑企业都展开了信息化建设，并且取得了成功，其信息化水平几乎接近了国际先进水平，大大提高了企业的管理水平和核心竞争力。

4.信息化的时机和外部条件。2008年以来，我国政府为应对金融危机采取了适度宽松的货币政策和积极的财政政策，国务院迅速出台了扩大内需、加大投资、稳定经济增长的各项措施，为我国的建筑行业发展提供了千载难得的发展契机。从各项外部条件看，信息化建设的条件也已经具备：社会条件，20世纪人类社会已经进入信息化时代，国内信息化基础设施日臻完善，党和国家提出了“信息化与工业化融合发展”的新方向；技术条件，近十多年来，信息化技术和咨询实施经验日渐成熟，大型集团化企业信息化成功案例已经比较普遍；行业形势，在行业主管部门的推动下，建筑行业出现一轮信息化建设高潮，可供选择的厂商和产品相当丰富。

（二）影响建筑业发展的不利因素

1.我国宏观经济发展的复杂性和不确定性。2014年以来，我国国民经济增长速度放缓，相应的全社会固定资产投资总额增长率呈下降趋势，同时，国家持续对房地产行业进行调控，可能会对建筑业的发展造成不利的影响。

2.条块分割问题比较严重。中国建筑业的市场化程度逐渐提高，但仍存在部门分割和地区封锁的问题，建筑企业跨行业、跨地区经营仍然存在一定障碍。

3.在高端建筑业市场竞争力不足。近年来，我国建筑企业在技术水平和装备水平等方面虽然有一定提高，但是从总体上讲由于在技术革新、设备更新等方面缺乏足够资金投入，与国际先进水平相比尚有一定的差距；同时，我国建筑企业还存在高级专业技术人才较为匮乏、科研投入不足等情况，这些因素都使得我国建筑企业在高端建筑业市场竞争力不足。

二、信息化建设面临的主要矛盾和挑战

我们在看到信息化建设能够给建筑企业带来的预期价值和效益的同时，也要清醒地分析信息化建设过程中可能遇到的困难和问题。

1.当前开展信息化建设面临的矛盾主要是：各级领导、管理人员和员工迫切提升信息化水平的期望和相对薄弱的信息化基础之间的矛盾；经营规模快速上升，建设生产时间紧、任务重和信息化建设时间、人力投入之间的矛盾；以及集中统一的信息化规划、建设和之前信息化建设相对分散之间的矛盾。

这些矛盾都是建筑企业开展信息化过程中将会遇到的现实问题，需要引起足够的重视，在工作过程中可以通过建立合理目标、均衡资源分配、积极宣传引导等多种方式进行规避和化解，避免由于处理不当影响建筑企业信息化建设的顺利进行和取得的效果。

2.在信息化建设过程中，还可能遇到以下方面的挑战：首先是管理层重视的程度、支持的力度和持续性；其次是各级部门和人员对信息化的意义及方法等方面的认识尚不统一；再次是各业务管理部门参与的程度，以及是否为信息化建设带来的管理变革做好各方面的准备；最后是大型信息化项目群管理的经验和能力，以及技术支持、运维服务的能力。

应对以上挑战，需要建筑企业各级部门和人员付出艰苦的努力，也应该认识到，建筑企业的信息化建设还处在起步阶段，任重而道远。

三、中国建设企业信息化存在的问题

中国建筑业信息化建设近年来取得了长足的进步，为建筑业发展提供了强大动力，但也有很多建筑业信息化建设的结果却往往不尽如人意，很多信息化工程没有真正起到提高管理效率的效果。

求其原因，主要在于建筑企业对信息化建设的观念上存在的误区，主要由以下几个表现方面：

1.信息化是面子工程，应付特级资质考评，可有可无信息化是提升建筑企业核心竞争力的重要手段，这一点在发达国家已得到充分验证。但我国建筑业信息化尚属于初级阶段，还是以传统的管理模式为主，信息化给企业带来的经济效益还没有明显表现出来，而且还需要资金的不断投入，这样对于多数建筑企业而

言，信息化就很难被重视起来。

2.选择和建立各部门最合适的系统，部门间各自为战。企业的信息化建设应该着眼定位于企业的整体，应该从企业整体发展角度出发考虑信息系统的建设。如果缺乏整体观念和系统规划，只关注局部业务功能，就会形成各种管理软件并存于一个企业单位的现象，不但造成各种企业资源的浪费，还会使得信息因为系统之间缺乏沟通而造成的相互之间不能保证一致性和同步性，使得本该集成在同一系统的企业流程被分割开来，结果，企业管理者只能看到业务流程中不完整的部分，使得企业管理的信息化成为空谈。

3.认为定制开发的信息化软件比产品化的软件更符合企业需要。所谓定制开发，是企业根据自身需要独立承担系统需求整理、系统实施、后期运维等信息化项目的建设实施工作，而借助外包方式实现功能设计、系统开发等工作，量身定制出适合企业自己需要的信息系统，看似很有诱惑力的信息系统建设模式，但细细分析不难看出问题多多。

第一，企业综合信息系统简历一般要经历软件需求理解、产品开发、产品实施三大块工作，即要经历三大风险，某一个环节出问题，将意味着项目夭折的风险，而成熟的产品主要风险仅在产品实施环节。

第二，定制开发的软件公司基本上是见单打单，缺乏成熟的行业解决方案，很难将标准化思想、全面项目管理思想、联盟体管理思想等管理软件的先进管理思想融合进去，基本上是对企业业务流程的电子化模拟，很难实现建立企业管理系统的目标。

第三，定制开发的产品相对比较僵化，在产品开发完成后，如有改动，工作量将比较大，一旦服务于该项目的员工离职，后续的服务工作也是无法保障。所以定制开发的系统并不是最理想的项目建设模式。

完全的产品化也存在与企业实现管理需求不一致的情况，所以理想的信息系统建设模式为80%行业化积累的成熟产品+20%灵活的配置个性化需求+少量的二次开发，这样的一套信息系统既有先进管理思想，也能满足企业自己个性化的管理需求。软件实现模式可采用平台（个性化配置）+产品（先进管理思想）+少量定制开发模式。

4.信息化只是信息部门的事情，业务部门可以不深入参与信息化的主要目的是要以经营效益为中心导向，其基础是企业的业务流程，目的是解决实际业务流程中出现的实际问题，因此，企业信息化建设中业务部门的支持和参与，直接决定着信息化项目的成败，如果没有业务部门的参与和配合，那企业信息化的建设就往往流为一种形式。

5.通过信息化对企业管理得越细越好。信息化建设要与企业发展、管理水平相结合，如果背离了企业实际情况，则成了无源之水，通过信息化对企业管理到什么样一个程度，要取决于企业实际管理水平以及信息化的投入与产出比。如果企业实际日常管理没有达到非常精细，而上了信息系统要求做到非常细化，则可能导致管理成本大大提高，员工工作量增加，反而效率会降低，信息化项目推进难度也将大大增加，势必会增加项目夭折的风险，也会影响企业运营的稳定性。

四、国内工程项目管理软件应用现状

（一）项目管理思想的发展

20世纪80年代中期，美国项目管理学会（PMI，Project Management Institute）和国际项目管理协会（IPMA，International Project Management Association）先后提出了项目管理知识体系（PMBOK，Project Management Body of Knowledge）的理论和知识框架，PMBOK把项目全生命周期的概念和管理过程引入系统的工程项目管理学，为建立项目全生命周期的信息处理模型提供了理论框架。

项目控制论思想产生于20世纪90年代中期的德国，与传统的工程控制思想不同，项目控制论的核心思想是项目信息处理的战略模型和结构，强调在项目信息处理基础上组织的项目总控模型。项目总控模型是由德国Peter Greiner提出的，是在信息化条件下的一种工程项目的管理流程和组织模型，是一种基于项目信息处理的战略结构，他在德国同意后的慕尼黑国际机场建设和铁路改造项目中成功应用。作为现代化信息技术在工程项目中的创新和应用，项目控制论为集成项目管理软件及企业级项目管理信息系统的产生提供了理论基础。

同样在20世纪90年代，项目协同学思想在美国的工程项目管理实践中产生，其核心思想是工程项目中供需方的关系（如业主和承包商、承包商和分包商、建设方和政府监管之间的关系）建立的基础应该是项目参与方共同的核心价值基础上，而不是传统的合同条款和工程计量。项目协同思想为项目建设中各参与单位之间的合作确定了新的价值理念，也为统一项目信息管理平台的建立提供了全新的思想方法。

美国项目管理学会PMI于1998年开始启动OPM3计划，经过五年努力，OPM3（Organizations Project Management Maturity Model，组织项目管理成熟度模型）终于在2003年12月问世。组织项目管理是指通过项目将知识、技能、工具和技术应用于组织和项目活动来达到组织目标。它将传统项目管理范畴从单一项目的成功交付扩展到了多项目组合管理，成为组织在市场环境中的一项战略优势。成熟度模型为项目管理提供了一种过程性框架，可以理解为随着时间的推移，组织的能力得到不断的提高，从而在竞争中持续获得优势。PMI对OPM3的定义是：它是评估组织通过管理单个项目和组合项目来实施自己战略目标能力的一种方法，也是帮助组织提高市场竞争力的工具。作为PMI最新发布的标准，OPM3为组织提供了一个测量、比较、改进项目管理能力的方法和工具。不管组织是要依据标准对自己进行评估，还是要制定某种最佳的项目管理的实施计划，都可以通过OMP3取得掌握目前状态和获取期望目标的工具并加以检验成功与否，并使用绩效指标对实践结果进行评估，从而能够全面了解需要做什么才能完成组织目标。

项目管理在我国得到了快速的普及和发展。PMI作为项目管理领域唯一真正全球通用的权威认证在中国国内授权了大批指定的教育机构；IPMA也在国内设立了专门的中国项目管理委员会，进行专业的教育培训和资格认证；国内不少管理理念超前的企业也都非常重视项目管理的应用和培训，建立了自己的项目管理系统，运用项目管理思想进行有效的管理。

（二）工程项目管理软件在国内的应用

1.项目管理软件的应用

项目管理是动态的，需要处理大量的数据和信息，并根据数据和信息的变化不断调整项目各阶段的实施，最终实现整个项目的目标。这些具体工作的实施过程，离不开工程项目管理软件的应用，项目管理软件在工程项目管理中的应用程度反映了工程项目管理的信息化程度。

项目管理软件的应用存在两种形式：一是项目的某一个参与方单独应用项目管理软件的形式，在很多工程项目中，业主没有布置统一的项目管理软件，往往是工程的参与方单独选用适合自己使用的项目管理软件，比如设计方采用CAD

和概预算软件，承包商采用进度计划管理、费用管理和风险管理软件，监理方采用专门的监理软件等，这些软件可以很好地帮助参与方提高各自的工作效率，缺点是软件与软件之间不能做到完整有效的信息共享，难以形成协同化作业，容易形成信息的不一致和不完整。第二种形式是以业主为主导的统一的项目管理软件应用形式，在一些大型或特大型工程项目的实施过程中，业主根据自身的具体情况和工程项目的特点引进或者开发适合本项目运作的专门的项目管理软件或系统，通过软件或系统的应用，使工程项目的各个参与方成为一个有机的整体，实现了对项目的统一规划、统一标准，保证整个工程项目的顺利完成。

随着互联网技术的迅速发展、项目管理理念的不断完善，项目管理软件的功能也得到了迅速的增强，涉及的行业领域也从最初的国防、工程建设领域发展到了目前社会的各个行业。总的来说，目前各行业各种类型的项目管理软件主要功能都是围绕项目管理的总体目标来设置的，主要完成人力资源配置、进度计划、成本控制和分析、资金调配和风险识别等功能。进度管理是项目管理软件的核心功能，项目管理软件通过对实际进度和计划进度的比较，及时调整影响进度的数据信息，实施工程项目的动态管理。基于各种目标控制的工程项目管理软件在集成项目信息资源的同时，能够实现项目信息的智能联动，全方位地对工程项目的各个环节进行有效控制。

项目管理软件凭借其先进的功能、理念越来越为企业所接受。在我国新经济情况下，国内项目管理软件发展也展现出了新的趋势。首先，专业化程度越来越高。项目管理软件的应用涉及的行业领域越来越多，而且在对项目管理软件的需求方面各个行业之间上存在着不少的差别，现在市场上还没有完全适应所有行业的项目管理软件，因此，排除成本因素，针对不同项目量身定制的软件开发更受市场的欢迎。第二，项目管理软件集成化。对一些企业级项目管理来说，仅仅满足其单个项目的需求是不够的。还需要从企业经营角度出发，满足与企业整体层面的管理需求，比如人事管理、供求关系管理等等，把不同功能全完集合到一个系统平台上，而且所有功能模块的数据都是联动的，是未来项目管理软件发展的必然趋势。

五、国内项目管理软件应用存在的问题及原因

目前在我国的国防、建筑、桥梁及水电等工程领域，通过运用项目管理软件，成功解决了很多工程项目的各种工程难题，使工程项目管理的效率得到了很大幅度的提升。然而，我国国内项目管理自动化领域的发展正处在起步阶段，还面临着诸多问题。首先，各类工程项目管理软件的数量较多，在功能上各有不同，具体的应用效果也是良莠不齐；另外，虽然国家在宏观层面上对工程项目管理信息化的建设工作十分重视，项目管理软件的推广也在一定程度上促进了我国项目管理水平的提高，但在实际应用中还是存在不少问题。根据已有的调查统计资料，可以从以下几各方面归纳分析国内项目管理软件的应用存在的问题：

（1）固守传统的管理模式，难以形成突破性认识。由于工程项目管理软件在短期内不能带来明显的经济效益，加上对工程项目管理信息化的认识不够，有些企业对于工程项目管理软件的应用缺乏重视，不愿在工程项目管理软件的应用上增加投入，在这种情况下，要把项目管理软件的应用提升为企业的主动行为难度很大。随着现代工程项目管理理论在我国的普及和工程管理实践的发展，与项目管理软件相关的管理思想和信息技术的成熟及成本下降，会使企业积极性进一步提高，意识上的问题必将得到解决。

（2）项目管理知识体系在建筑行业的普及程度不够。我国建筑领域大部分业主单位都是围绕某一个项目才组建起来的，大多数人员仅限于本职工作的专业范围，缺乏现代项目管理方面的专业知识，对整个项目管理知识体系缺乏深入的学习和了解。目前，由于知识理论的缺乏导致项目管理软件应用流于形式，甚至不但没有提高效率反而造成了不必要的人财物的浪费现象仍然屡见不鲜，严重阻碍了项目管理软件应用，也减缓了项目管理信息化建设的整个进程。基于这个问题，工程项目管理领域的各个方面的相关培训就显得额外重要，通过有效的专业培训，不但能提高软件的使用水平，充分挖掘其应用功能，更重要的是可以统一思想，使现代化项目管理思想深入人心，为推进企业信息化的建设创造基础。

六、信息化系统建设存在的问题

（一）信息化系统构建情况分析

1.构建系统模块不合理

建设集团的信息化系统分为项目管理、共享平台、合同管理、成本管理、物资管理、工作管理、项目管控中心、资产管理、集团财务、人力资源、企业管控中心、柔性管控平台12大子系统，系统项目过多，分类不清；且部分子系统模块操作交叉，造成使用不便捷，如物资管理、合同管理、成本管理都与项目管理相重叠。

解决措施：综合施工企业的横、纵向管理的需要及自身的工作特点，建议措施如下：（1）系统模块分为财务类、项目管理类、办公管理类、经营管理类、企业管控中心、共享中心6类板块；（2）项目管理类分为：招投标控制、成本控制、物资控制、质量控制、安全控制、技术控制、设备管理、进度控制、合同管理、项目经理平台10个板块；（3）因建设集团为集团总公司—分公司（子公司）—项目部的三级管理模式，所以加设企业管控中心监控项目，下设招投标管理、成本管理、物资管理、质量管理、安全管理、技术管理、设备管理、进度管理、合同管理9个板块与项目管理类相连接。

2.轻视软环境建设

建设集团通过斥资1000余万元，构建整套的信息化系统，包括PC机、服务器、适配器、交换机、扫描仪等大量的设备和信息化系统软件，但轻视信息化系统管理制度和施工企业自身规范化的建设，如到目前为止，施工企业依然没有自身一整套完整系统管理制度，只是依据国家的信息化建设大纲，远远满足不了施工企业实际的要求，造成施工企业的资金和精力投入轻重失调，信息化系统的使用不畅。

3.管理理念相对陈旧

技术进步了，采用信息化施工，但管理理念更新比较慢，现有的施工企业信息化系统的应用主要是模仿传统人工流程，也就是说管理方式还是传统管理思维。让一个先进的信息系统去仿真一个落后的管理模式，这是不适应的。虽然信息化系统能完成人工复杂或重复的工作的一部分，但缺乏现代化的管理理念，难以对施工企业的改革和效益产生有效的作用。另一方面，施工信息化系统的部分模块采用了先进的管理模式，但由于企业自身的管理模式和办事流程没有转换提升，造成系统功能使用不切合，无法正常使用。

（二）信息化系统使用情况分析

1.信息化系统灵活性有待进一步改良

（1）建设集团的信息化系统以集团总部为数据与业务处理中心，以Internet为基础平台，以VPN远程连接为接入点，这种方式的数据读取和处理都必须依托网络连接系统服务器，当施工项目地处偏远郊区或意外情况，断网或网络连接不上时，如工程承接的一些市政工程在荒郊野外，系统登录不上，无法正常进行。（2）信息化系统工作挂带工作流传递给上级是以电子邮件或代办事项提醒在PC机上，但这前提是上级的PC机必须开机且处于登录状态，这样就造成了系统信息传递的便捷性和时效性不够。

2.信息化系统的部分模块功能缺乏

现有信息化系统的主要功能在信息基础资料的收集，而对于追踪控制和后期的效果分析等功能普遍缺乏，总体来说是重收集轻分析。

（1）进度管理模块：进度模块的集成度不高，而且进度受人员、物料、环境等多方因素影响，施工总最难控制。集团信息化系统的进度管理模块中，总进度计划采用网络图表示，而月份进度计划采用横道图表示。众所周知，横道图的施工工作的逻辑关系不清晰，且无法确定关键线路、关键工作和工作时差，当某项工作变化时，很难调整进度计划。本系统采用每月份计划和实际两图对照的方式控制进度偏差，这就要求资料员每周录入每项工作的完成情况，且没有最早开始、最迟结束等时间参数的设置，造成进度管理控制信息化控制形同虚设，依然还是采用人工经验管理控制，进度工作造成大量的数据采集，只收集资料无有效控制。

（2）合同管理模块：在合同建立、评审、签订、履约管理等多方面都比较齐备，但缺少合同的预警控制和合同的最终评价。合同的追踪预警：合同中关于工程款拨付的条件、时点，应分阶段设置预警，提早3~5天提醒，便于整理算量。

（3）物资管理：这个模块比较成熟，功能齐全。主要增加最终的效果评价就好，就是实际物资消耗和计划物资消耗的对比分析，得出偏差分析原因，为下个工程提供指导。

第二节　强化建筑工程项目信息化管理的对策

建筑工程管理中应用现代信息化技术已经成为一种发展趋势。相关企业要不断加强信息化人才队伍的建设，并积极运用信息化技术手段，创新信息化管理模式，开发出适合我国建筑行业发展现状的信息化工程管理软件，从而提升建筑工程的管理水平。在本节中我们将就提升建筑工程项目信息化管理提出相应的对策。

一、信息化背景下建筑工程管理措施

（一）注重信息化人才队伍的建设

首先，企业在招聘时要尽量选取一些具备信息化管理能力的人才，而且还要经过严格的审核和考察，确保被录用的人才可以做到将工程管理理论知识、信息化技术手段与实践工作相结合；其次，企业要加大对现有管理人员的培养力度，为其提供各种锻炼和培训的机会，从而不断壮大建筑工程信息化管理人才队伍；最后，建筑工程管理人员还要加强自身学习新技能的主动性，转变传统的管理理念，做到与时俱进。

（二）积极运用信息化技术手段

科技作为第一生产力，若将高水平的信息化技术引入到目前的建筑工程管理中，不仅可以有效处理传统建筑工程管理模式中的一些混乱性问题，还可以加快建筑工程的施工速度，实现建筑工程的全面、科学管理。同时，建筑工程管理人员通过运用信息化技术手段，还可以对施工现场进行动态掌控，并更加便捷地对工程施工文件进行管理。例如，深圳云联万企科技有限公司旗下研发的“项目e”App就是通过建立一个建筑工程项目管理平台，使建筑工程设计模型专业化、施工进度可视化、施工成本图形化、施工文件便捷化。其信息化优势主要体现在：对项目成本进行实时分析，企业盈亏透明化；为项目管理提供方案和模

板，规范管理制度；分配、监控、反馈、评价一步到位；突出紧急、重要事件；随时随地保持沟通，不错过任何细节。

（三）创新信息化管理方式

运用创新型的信息化管理方式可以实现对建筑工程施工人员、材料以及机械的合理配置，并且利用智能化的管理方式还能在一定程度上减少工程的变更及返工次数，从而为工程的施工质量及成本的控制提供有效的保障。

例如，长春市二道区项目全景推进管理平台的正式启动，创新性地将信息化理念运用到了项目管理上，并成功设立了“一库六平台”。“一库”即项目全景数据库，储存项目相关基本信息、法人信息、项目效果图、地理信息等。“六平台”包括数据采集、推进问题处理、成果展示、大数据汇总分析、工作互联互通和管理制度发布共享平台。平台的投入使用有效解决了项目信息不集中、推进缺乏监督、成果不直观、沟通手段落后、重复调度等项目管理中的“疑难杂症”。平台将所有项目信息存储于“云”服务器上，实现了多部门、多级别的项目信息共享，并将原来繁重、重复的项目调度工作改变为“平时定期更新，用时一键萃取”。项目监管人员和负责人可以随时监控项目进度，帮助管理部门实时了解项目缺失资源、审批障碍，大大提高了项目的推进、监督和管理水平。

（四）开发建筑工程管理信息化软件

建筑工程管理信息化软件的应用与管理工作的开展效率有着直接的联系，因此相关企业一定要加大信息化软件的开发力度，确保工程管理工作的有效性。目前，相对于发达国家来说，我国建筑工程管理方面信息化技术的应用还不太成熟，大多都是借鉴国外的管理技术。但是，受到我国建筑施工环境和其他各种因素的影响，国外的信息化软件并不能很好地发挥出其真正的价值。所以，结合我国建筑施工的实际情况以及施工技术，开发出与工程实际施工相符的信息化管理软件，对建筑工程进行数字化管理是我国相关企业获得长久发展的必经之路。

二、中国建筑企业信息化发展的对策和建议

国家宏观上应该考虑如何从战略角度通过政策引导和推动建筑企业信息化的发展。因此，我们认为政府层面主要应该通过政策鼓励企业加大信息化技术应用的投入力度，加强建筑企业信息化人才队伍的培养，利用建筑行业协会的平台

加强交流，完善信息化指标考核体系，建立健全建筑企业信息化标准体系的建设。同时，通过政府的政策组织对建筑业信息化重大关键技术的攻关、推广应用和试点示范，为建筑企业的信息化实施营造良好的外部环境。

对建筑企业自身的信息化建设的建议是：

（一）企业高层尤其是“一把手”要对信息化建设的目标与意义有清晰的认识。信息化建设不仅有实实在在人力、财力的投入，一个信息系统建设费用小则数十万元，多则几千万元，同时信息化建设还要涉及流程优化、管理变革，所以如果没有企业高层尤其“一把手”的支持是很难推行下去的。要得到企业高层尤其“一把手”的支持的前提，是要了解信息化，认同信息化给企业管理和长期良性发展所带来的意义。

（二）方向比努力更重要，谨慎选择信息化合作伙伴。信息化建设不是一蹴而就的，是一项有起点没有终点的工作，与信息化合作伙伴关系其实就是一场婚姻关系，所以在选择信息化合作伙伴方面，建议要重点考察软件厂商的案例数量以及案例使用情况，原因有以下几个方面：

第一，只有在大量客户的使用中发现软件产品的问题，软件厂商再根据发现的问题进行修改完善，如此反复锤炼，软件产品才能走向成熟稳定。

第二，通过大量客户的成功实施，才能练就出一支经验丰富的人才团队。

第三，软件行业是个知识密集型的行业，通过大量客户的成功实施，可以积累出各行各业经营模式的模板，涵盖了企业的业务流程模板、行业化物料编码模板等。

第四，管理软件不同于工具软件的实施，需要一套科学成熟的实施方法，只有经过大量客户的实施才能总结出适合建筑企业的实施方法。

第五，除考察客户案例以外，还要考察软件厂商的规模、从业时间、产品推出时间以及全国实施服务网络等。

（三）做好全员动员工作，高度统一思想。信息化工作是公司全员的工作，都是利益相关者，在项目实施前期一定要做好全员动员工作，召开由董事长、总经理、信息化项目经理、各部门负责人、分（子）公司负责人和全体项目组成参加的信息化启动大会，对信息化整体目标、总体规划、建设意义以及实施中可能出现的困难，进行全面介绍，以达成对信息化建设统一的认识，利于后期信息化推广与实施。在项目实施中出现一定困难时，为增加信心，也非常有必要在企业高层再进行动员。

（四）合理科学的项目组织，成功实施的保障。任何项目的成功都是离不开组织保障的，信息化建设也是一个项目，而且是一个涉及面非常大的项目。首先，企业要设立信息中心，全面负责企业信息化规划与执行工作，这个部门的设立将信息化建设直接提升到企业高度，工作内容包括硬件网络维护、平台个性化配置开发，综合项目管理、集团财务、人力资源、企业资产、档案管理、协同办公等系统的应用推广，中小企业人员编制在3人以上，大型企业至少编制5人以上。其次，各业务部门需要设立内部顾问，负责本部门信息化推广应用工作。第三，建议成立流程委员会、编码委员会与绩效委员会三个委员会，其中流程委员会与绩效委员会因为涉及面较广并直接关系众多人员利益，建议由总经理担任委员会主任。

（五）建立信息化建设专项考核制度，增强执行力。在业务部门和项目部门很多人脑海中，认为信息化就是信息部门的事情，跟他们自己关系不大，在信息化建设中处于被动接受地位，同时信息化建设初期阶段会增加业务部门人员工作量，还有可能涉及权力再分配和信息公开所带来的灰色收入的减少，所以有些业务部门和项目部门存在一定抵触是肯定的。在信息化推进过程中，在公司高层大力推进的同时，也非常有必要建立一套考核制度，针对执行不力的业务部门、分公司和项目部门进行处罚，对表现较好的予以一定的奖励，将信息化工作纳入各部门日常工作中，而不是可有可无的工作。

（六）做好整体规划和基础数据的统一，避免信息“孤岛”。为避免部门（项目）级信息化建设黑洞的怪圈，从部门级信息化提升到企业级信息化乃至于联盟级信息化，最大化消除信息“孤岛”的存在，首要工作要做好整体规划工作，还有基础数据和编码统一，包括物料、组织、供应商、客户、科目、分包商、WBS等编码。编码的统一是实现信息共享的前提，一个国家的语言统一，是人与人相互交流的基础。

（七）合理划分项目实施阶段，避免阶段性要求太高而失去信心。要根据企业实际情况，合理界定每阶段的实施范围与目标，信息化建设初期范围不要太大，目的不要定得太高，避免长期不见效导致从高层到基层都对信息化建设失去信心。按照信息化对企业运营支撑程度，总体可分为三个阶段：

第一阶段，辅助业务运营：1.满足企业基本记录需求；2.自动化事务处理；3.本阶段主要实现降低成本，提高管理精度。

第二阶段，支撑业务运营：1.辅助企业进行业务规范及管理；2.倾向于回顾型评估数据；3.使用信息来增加业务、服务或顾客价值的服务；4.业务系统转换为支持角色。

第三阶段，支持战略发展：1.企业通过对信息的有效管理来提高管理效率及获得竞争优势；2.具备信息化战略洞察能力，信息化直接支撑战略远见和关于企业深层次的思考。

信息化项目在实施过程中要做好计划、执行、检查和行动（PDCA），建议每天一小结，日事日毕，每周由甲乙方项目经理参加信息化周例会，每月由甲乙双方项目总监参与月例会，及时发现问题和处理问题。同时通过信息化周（或月）简报方式，对信息化建设过程中典型的人和事进行点评，为信息化实施提出合理化建议或设想，宣传集团公司信息化建设的动态。

十八大报告进一步明确指出，“坚持走中国特色新兴工业化、信息化、城镇化、农业现代化的道路”，信息化是新四化新增加的内容，这表明信息化已提升到国家发展的战略高度，信息化的战略地位和重要作用受到党和国家的高度重视。作为我国国民经济的支柱产业，建筑行业信息化是我国国民经济信息化的重要组成部分。加强推进企业工程项目管理的信息化建设，拥有一套完整、成熟的项目管理信息化系统，对现阶段建筑企业来说，是一件摆在眼前的不容忽视的重要发展方向。它能够使建筑企业不断积累项目经验，通过有效的业务，进行有效的团体学习和全过程学习，使企业的创新能力得到持续保持，核心竞争力得到不断的提高。

三、建筑企业工程项目管理信息化建设

建筑企业信息化的建设与实施是一个复杂的过程，涉及管理理念的变革、组织构架设置、软硬件基础环境配置及信息化体系建设等多个方面。首先，工程项目管理信息化需要项目参与各方和各部门的参与，并且在组织之间、成员之间形成合作的气氛，在所有参与到项目信息化建设中的各方之间形成一种共享、平

等、信任和协作的关系；其次，工程项目管理信息化的建设，需要培养一大批专业基础扎实、具备现代项目管理能力的复合型、创新性、开拓性人才；最后，开发或引进先进实用的信息化核心软件和支撑其运行的软硬件基础平台是工程项目管理信息化的最终体现，工程项目管理信息系统从信息流的角度反映工程管理，实现对信息资源的有效开发和利用，工程项目管理信息化的最终落脚点在于实施高效的工程项目管理信息系统。

（一）建筑工程项目管理信息化基础准备

工程项目信息化的成功实施，既需要拥有成熟的软件系统产品和稳定的硬件运行环境，也涉及与之相适应的组织结构、管理体系和文化氛围，这是实施工程项目信息化的要求。

1.合作共赢的工程项目文化和协调一致的组织氛围。从整个工程项目组织来看，工程项目管理涉及项目参与各方。这些不同的利益主体，在之间既有矛盾又有统一。在工程信息化的实施和成果应用过程中，在项目信息化建设参与者之间形成一种平等、互利互信的协作关系，提倡项目利益高于一切的项目文化。从工程项目的单个参与方组织内部来看，工程项目管理信息化涉及整个管理体制、管理方法、业务流程以及相应管理人员和技术人员等诸多调整变动因素。对于管理体制、组织结构的变动实际上是对于人的权利和职责的再分配，因此，需要领导层的重视和业务部门的支持，从而在组织内部形成协调一致的信息化氛围。

2.全员的积极参与和业主的主导作用。工程信息化成果的应用对象主要是各个参与单位的主要管理人员、技术人员，帮助各项目参与方之间建立良好的信息共享和沟通，在高效率的协调合作中，促进项目的健康有序发展。因此，工程信息化的实施强调全员参与，在同一信息水平上展开管理工作，才能使信息交流通畅，发挥出信息化在整个管理上的效用。为此，应采取包括经济、合同、管理等方面的措施，保证全员参与到信息化建设中。另外，作为工程项目生产过程中人力、物资资源以及知识的总集成者，业主不仅参与了大部分信息交流的过程，也是实施工程信息化的最大受益者，因此，激发业主积极性是成功实施工程信息化的主要因素。

3.先进理念下科学的管理工作。要实现工程项目管理的信息化，合理的管理方法、科学的管理体制、成熟的管理流程、信息资源的完整准确以及完备的规章制度是必不可少的基础，这就需要在先进管理理念指导下逐步实现管理工作的程序化、管理业务流程的稳定和标准化、数据资料的完善化。管理工作程序化将建立完善的项目信息流程，使得项目之间的信息关系明确，从流程上可清楚地观察管理工作是如何有序互动的。反过来，根据工程项目的实施情况，也需要对项目的信息流程加以调整和优化。管理业务流程的标准化就是把管理工作中重复出现的业务，按照工程建设对管理的客观要求以及管理人员长期积累的经验，规定成稳定的标准化工作程序和工作方法，用制度将它固化成为行动的准则。

4.建立统一的数据库平台。以工程项目管理信息化建设和业务协作的需求为起点建立的统一的数据库平台，能够对整个项目信息进行全生命周期的管理，通过平台能够实现对主要数据编码规则及管理流程的支撑，进而实现企业主数据编码的标准化。另外，统一的数据库平台可以保障工程项目信息的一致性，促进信息的共享和利用，通过一定的权限和安全控制，保证数据资料的有效共享和利用。

（二）建筑工程项目管理信息化建设模式

在建筑企业具体开展工程项目管理的信息化建设之前，还面临一个重要课题，那就是如何建设以及选择哪种适合建筑企业自身的建设模式。因为，信息化项目建设模式的选择，不仅保障建筑企业工程项目管理信息化规划是否能够落地，同时也将检验并最终决定企业信息化建设的成功和失败。根据企业信息化建设的自身情况，工程项目管理信息化平台的建设有三种方式：

1.自行开发

企业自主研发或者聘请外部团队针对项目进行信息化系统的开发，系统的设计、开发和维护完全由企业承担，而且对于信息化部门或者外包团队有较高的要求。这种方式下的信息化平台可以满足该项目各个阶段目标的控制需要，而且只要加以改进，这些系统同样适用于其他项目。

2.直接购买或租用服务

一些典型的工程项目管理软件，如Pimavera Planner，都是以工程进度控制为主，同时能够动态管理各种资源，这些软件一般是围绕某一个功能为主，兼而实现其他功能。企业可以直接进行购买，根据自身情况的需要进行二次开发就可以投入使用。

随着计算机通信技术的发展，租用信息服务提供商为工程管理信息化建设提供了另外一种选择，那就是基于网络的工程管理服务。通过提供开发成熟的基于网络的远程信息服务系统来实现工程项目的有效管理。如著名的Buzzsaw平台通过对项目参与各方的授权，提供工程项目管理平台的租用服务，参与各方通过网络共享统一存放于中央数据库的各项目信息。

（三）建筑工程项目管理信息化建设的标准化

1.工程管理信息化建设标准化内涵

标准化工作是信息系统开发成功并能够实施应用的关键，也是信息化建设中的必不可少的基础性工程。实现全国建设工程项目的资源共享、数据交换离不开统一规范的信息标准化体系。工程管理信息化建设的标准化建设对于建筑企业信息化建设具有重要的现实意义。

（1）标准化是国际信息共享的需要

建筑行业的竞争不仅仅停留在国内，随着国际建筑市场的开放程度越来越高，企业在国际市场的竞争力与企业的信息化程度密切相关。要实现与整个国际建筑行业的信息共享，标准化建设是必能忽视的。

（2）标准化有利于节约行业成本

我国现阶段建筑行业信息化的建设已经取得了很多成果，但是，在大量投入的同时，也存在严重的重复劳动，无形中增加了信息化建设的成本。究其原因，其中很重要的一点就是系统开发与应用的标准化程度不够。因此，要避免重复开发现象就必须要加强落实工程管理信息化建设中的标准化工作，使信息系统和应用软件在统一的标准和规范下做到信息和数据的互通互联，提高信息系统和专业软件的兼容性。

（3）标准化是工程项目信息共建和共享的基础

目前，由于国内工程项目信息标准化工作还处于起步阶段，没有在行业内建立起统一的规范和标准，导致信息系统与专业软件、信息系统与信息系统之间很难做到真正的信息共享，造成了信息资源的重复开发和浪费，制约了建筑业信息化建设的发展步伐。因此，实现建筑行业信息资源建设的标准化，制定出台相关的行业标准，是一项必须在实现信息化之前完成的任务。

（4）标准化有利于提高信息系统的开发效率

随着现代化通信技术的快速发展，企业管理信息系统逐渐呈现跨行业、跨部门的特征，规模也日益扩大，促使信息系统和专业软件开发向集体协作开发方式转变。在这种开发模式下，必须要有供统一遵守的标准规范，否则就给信息系统和相关专业应用软件的可靠性和易维护性带来巨大的负面影响。

总而言之，在工程管理信息化建设过程中，标准化工作处于一个十分重要的地位，根本原因在于工程管理信息化建设的本质目标之一就是解决参与工程建设多方主体之间的信息共享与业务协作问题，只有在标准化的支持下，才可能打破各主体的组织壁垒，消除信息孤岛，使得多主体之间的信息资源共享与业务协作更有效率，最终达到降低社会成本、保障项目成功的目的。

（四）工程项目管理信息化建设标准化体系

作为一项涉及面广、复杂程度高的系统工程，工程项目管理信息化建设涉及大量的标准和规范。因此，按照内在联系把这些标准和规范进行科学的整合，形成完整的工程项目管理信息化标准体系势在必行。标准体系是编制标准、制（修）定计划的依据之一，是制定标准的蓝图，也是促进一定范围内的标准组成趋向科学合理化的手段，由标准体系框架图、标准体系表两部分组成。

四、紧随建筑企业管理信息化发展趋势

随着工程项目管理领域管理思想理念的不断更新、工程项目管理需求不断变化，信息技术的不断发展及其工程项目管理思想、方法的不断互动，未来工程项目管理信息化的发展总方向是专业化、集成化和网络化，同时强调系统的开放性和可用性。

（一）专业化趋势

工程项目管理过程中涉及成本管理、计划管理、资金管理、合同管理、质量管理、设备管理、进度管理、物资管理、会计核算、变更设计管理等内容。支持以上各类内容的信息化管理专业化软件很多，这些软件的工程更加趋于专业化，与工程项目管理理论结合更为紧密，软件功能将更加具有针对性。

（二）集成化趋势

建筑工程项目实施过程中对内涉及多个职能部门，对外需要处理项目各参与方的多方关系。通过工程项目信息的集成化管理，不仅可以实现企业内部的一体化系统运作，而且能够在各个项目参与方之间实现项目信息的充分共享和有效利用，建立平层协作的工作关系。工程项目管理信息化需要将工程前期项目开发管理、工程实施管理和工程运营维护等在时间上的集成度提高。

工程建设项目的每一项工作都需要各个项目参与方的信息沟通、协同完成，所需环节有简有繁，因此，建筑工程项目管理的信息化必须具备实现协同办公的功能。利用互联网设备，整合计算机通信技术，通过提供各种在线办公的支持手段，不但可以使得建筑企业的工程项目各参与方有效地协同作业，并能根据实际情况对业务流程做出适当的调整，塑造积极主动的协同工作流程；而且可以提高企业内部之间信息沟通和资源共享，降低了沟通成本，提高了企业协作效率。

（三）网络化趋势

建筑工程项目有其固有的特点，就是总部办公场所与工程施工现场分离，在缺乏良好的通信手段的情况下，公司总部很难时刻了解分散在各个地方的工程项目建设情况，使得这些单项目管理信息化无法实现全公司信息集成与共享。另外，在工程项目的实施过程中，不同的部门以及各项目参与方有着不同的职责和需求。随着现代化的无线网络通信技术日趋成熟，企业信息化的建设应该充分考虑不同个体的需求，建立一个涵盖企业知识和情报管理、项目多方合作、施工现场的现场及远程管理控制的多层次的企业信息管理系统，实现各种资源的信息化，做到各个环节数据信息的充分共享和有效利用，为真正意义上的建筑企业管理信息化奠定基础。

第十一章

商业地产企业融资

从2003年开始计算，我国房地产行业发展在我国大规模城市建设得带动下，经历了波澜起伏的15年，特别是在近几年，我国主要城市房地产市场经历了一波资本主导的快速上涨行情。但在一二线城市房价上涨的同时，仍有大量三四线城市库存高企，房地产市场分化明显。即使在近年经济不振的大环境下，2016年中国房地产业增加值占GDP的比重为6.5%，仍是我国经济不可替代的重要支柱产业。房地产行业可谓牵一发而动全身的行业，上下游联动行业企业众多，以及“城镇化”发展战略的带动，房地产业作为国民经济支柱产业的地位短时间内不可替代。作为融资需求巨大的行业，房地产企业的专业度越来越高，融资规模越来越大，对于融资工具的依赖度也越来越高。然而近年来，受我国房地产政策多轮具体调控的影响，开发商面临越来越复杂的政策环境，融资渠道扩宽已经势在必行，同时，企业已有的大量沉淀物业也面临市场倒逼轻资产管理的窘境。本章，笔者将带领大家就商业地产企业融资相关问题进行探讨。

第一节　房地产企业的分类及其融资

对于房地产业来说，资金就是企业的生命线，融资工具的使用，关系着企业能否持续健康发展。近年来，我国房地产调控政策对市场产生了巨大影响，土地价格上涨，融资渠道收窄，销售难度增加，众多房地产企业开始将“轻资产”作为企业长远发展的战略。在这样的大环境下，我国房地产企业特别是商业地产企业如何扩宽融资渠道，创新融资工具，利用资本市场激发资产活力，具有十分现实的意义。本节，将就房地产企业的分类及其融资相关问题进行重点介绍。

一、房地产企业的分类

随着房地产业的多年发展，我国房地产企业数量众多，国家统计局公报显示，总数多达近10万家。由于房地产行业覆盖的物业类型过于广泛，不同物业类型项目在开发建设周期、投资规模和专业化发展上区别极大，通常根据开发的物业类型进行区分企业。根据物业类型，可分为住宅地产，商业地产，办公地产、产业地产、旅游地产等。住宅地产、办公地产企业由于其产品更易分割销售，其中，本文将商业地产作为研究重点，主要是以商业卖场、购物中心等形态，提供零售餐饮消费服务的不动产物业形态。商业地产具有市场竞争激烈，投资数额大，开发运营周期长，不易分割销售，需要专业的开发和经营管理团队合作管理，通过长期租赁收益和资产增值来实现回报的特点，因为在现实中开发运营难度远远大于住宅产品。同时，随着近十几年来我国房地产市场的日趋成熟，我国各大房地产企业均沉淀了大量无法分割销售的商业物业亟待解决。

二、房地产企业融资工具的分类

房地产企业融资，是指在房地产经济活动中的，企业通过各种金融工具利用债务、信用等为企业自身融通资金的金融行为。根据资金的获取渠道、融资成本和发展历程，通常将现有市场上存在的融资工具分为两类，常规融资工具和创新融资工具。

常规融资工具指发展比较成熟、融资成本相对清晰的融资工具。包括商业银行提供的固定利率的土地抵押贷款、在建工程开发贷款、委托贷款；企业通过IPO上市或增发股权融资；企业直接资产销售或抵押的实物融资。这一类融资工具应用范围广，发展成熟，融资成本低，风险可控。创新融资工具：主要是区别于传统融资工具而言的，通过资本市场获取的新兴的资本融资工具。是房地产物业资本化的具体表现。具体包括非公开市场的前端非标融资、房地产私募股权（房地产PE）、公开市场的房地产信托投资基金（REITs）、公开市场的公司债券（ABS）、非公开市场的房地产项目信托计划等。随着资本市场的发展，新的融资工具层出不穷。

三、我国房地产企业融资现状

近年来高房价对社会造成巨大压力，导致政策导向始终以遏制房价为前提，各大商业银行对房地产企业贷款审批日趋谨慎，上市融资、发行债卷等传统方式虽然成熟规范，但对上市企业的规模实力渠道背景要求较高。大批中小型房地产企业随着项目的结束而消失，仍活跃在市场中的大型房地产企业，在充分利用传统融资渠道的同时，谋求优化融资工具、合理布局缓解运营压力。

通过查询相关数据，目前，获取国内贷款仍是我国房地产企业的主要渠道，但年度占比有明显的波动变化，说明以银行贷款为主的国内贷款受宏观政策影响明显。同时，企业自筹资金比例稳定上升，这部分资金不仅包括企业自有资金，还包括企业自行筹措的其他渠道资金，配合其他资金来源的逐年上升，反映出我国房地产企业在拓展融资渠道的道路上的探索。

由于国家权威统计并不以行业通俗惯例分类统计相关数据，我们无法获知具体的商业地产企业的融资状况。但根据企业反馈的信息，相比较而言，以销售为主的住宅、办公类开发企业因其开发周期短、开发专业度高、销售回款快、资金风险低，相对更受银行类资金的青睐，而产业地产、旅游地产企业通常更容易取得国家相关产业支撑政策而获取特殊资源，而商业地产企业在面临着开发难度大导致融资渠道窄、商业物业集中供应同质化严重、零售消费市场竞争激烈等诸多压力，加之一处商业物业的成功往往牵涉到定位、设计、经营、品牌、位置、客群等诸多因素，导致在获取融资时更是难上加难。

四、我国商业地产企业应用创新融资工具

实际上，我国很多商业地产企业也都处在相似困境，排名前百强的地产企业几乎都持有相当比例的无法快速销售的存量物业（以大规模商用物业为主），不管是主动或被动，企业都在尝试建立商用物业运营团队。而成熟的商业消费模式，也注定商用物业资产需要专业稳定的运营管理模式。凯德模式的成功，为我国商业地产企业做出示范，有相当的企业已经开始尝试。

（一）保利地产整合资源助力信保基金

信保（天津）股权投资基金管理有限公司（简称“信保基金”）是由保利集团下属的保利房地产（集团）股份有限公司（简称“保利地产”）和中信集团旗下中信证券股份有限公司（简称“中信证券”）于2010年6月1日在天津市滨海新区联合发起成立，是专注于产业投资的基金管理机构。

信保基金依托保利地产和中信证券的双平台，管理着47支基金产品，快速募集300亿元。在青岛、杭州、湖北等地的数十个个保利地产所开发的优质项目进行投资，所投资规模体量超过2400万平米，从2010年至今，总募资额逼近2000亿元，占据中国地产基金市场1/6的份额。

保利地产近年发展迅速，储备并开发了大量优质项目，而这些优质项目正是信保基金的核心资源。随着保利地产的稳健发展，信保基金的优质资产规模不断扩大。加大合作开发比例，引入信保基金在项目层面进行股权加持，是保利激越成长的关键。依托信保基金的资金平台，保利地产成功地将上市公司负债率降低。这正是股权型地产基金进驻开发企业的理想效果。目前，信保基金已经开始进行境外基金的募集和管理。在一些必须有外资参与的土地交易中，中鸿泰（香港）作为信保在境外注册的子公司，起到重要作用。考虑到保利地产企业背景，信保基金飞速发展有其特殊性，但信保基金的操作符合国家法规和市场规律，也对房地产同业者释放出明确的信号。金融资本以股权形式参与开发，物业资产的资本化将是未来企业参与行业竞争的标配。

（二）绿地集团自主金融改革

2011年，绿地集团处于企业发展的综合考虑，果断进入金融行业，迅速组建绿地金融控股集团（全资），并通过收购金融牌照、设立产业基金、探索资产证券化等手段迅速在金融行业站住脚跟。2015年7月，绿地与中金启动战略合作共设并购及创新投资基金，打造私募股权众筹平台。

2015年5月成立绿地金服，打造互联网房地产金融业务公司。同年9月，“绿地地产宝”“绿地REITs”等产品落地。其中绿地REITs正是通过将在建项目整体销售至地产基金，实现项目独立核算，快速回笼资金。2017年3月11日，绿地控股与荣耀基金在新加坡达成合作协议，共同设立酒店REIT并在新加坡证交所上市。该酒店业投资信托计划向绿地收购19家位于中国境内的酒店物业，资产总值达到人民币210亿元。这是目前为止我国房地产企业在海外发行的最大规模的REIT产品。绿地集团这一举措，充分利用了企业优质存量资产，将“轻资产战略”落地。通过优质固定资产的资本化，加强资产的资本流动性，加快资金周转率，直接缓解企业开发资金压力，为集团未来发展注入活力和动力。绿地在金融领域的一系列动作，充分说明其长期发展金融业务的目标。这与近年来多家大型房地产企业在金融领域的动作异曲同工。

从具体举措来看，绿地集团更侧重搭建自己的完整的金融产业平台，这一方式较之保利集团与成熟金融企业合作的方式，前期摸索的时间更长，成本更高。目前各大型房地产企业纷纷在金融领域有所作为，但都依托自身业务方向，以“轻资产”为核心目标。这既为未来房地产金融领域的多元化发展奠定了基础，也增加了政府探索规范化管理创新金融产品标准的难度。

五、我国地产企业应用创新融资工具的问题

（一）关联交易与道德风险

2010年之前，中国的房地产私募基金多由金融机构或者独立的第三方管理人士主导；2010年以后，由开发商主导的地产基金开始大规模出现，最具有代表性的就是由地产企业主导的信保基金。这种由地产企业主导的PE、REITs等房地产金融投资产品，从诞生之初就面临“关联交易”、“暗箱操作”的指责。这也是发展房地产金融市场必须出现的问题之一。

由于至今始终以行业自律为主，房地产金融产品中的出现的关联交易和利益冲突一直缺乏监管。一方面，如果是上市企业，当其通过私募PE获取融资时，会有投资优先权，即基金可以选择是否投资，投那些项目，然而这样做对上市企业的股东实际并不公平。另一方面，地产企业主导发起的基金，在投资企业自己开发的项目时，是否能认真、公允地进行尽职调查、风险评估和项目商业条款谈判，能否保证双方公平公正的权益地位，直接决定投资人的资金安全。同时，各地对于基金管理人（代理人）的要求标准不统一，监管不到位，管理人水平良莠不齐。目前由于政府尚未建立明确的法规体系和监管体系，只是根据情况出台有针对性的监管政策，导致投资人对于此类产品态度谨慎。关联交易的危害长期来看，对于房地产金融投资产品、开发企业乃至整个地产金融行业都是破坏性的。缺乏政策的约束和企业自身的自律，虽然在短期内获取了利益，但在投资人中丧失信用，未来必然付出更高的代价。

（二）多重代理成本

在商业地产企业，金融工具（PE、REITs等）管理人和投资人之间，形成特殊的“委托代理”关系，这一关系是双向的代理。代理成本不仅指资金成本，还包括信息成本和时间成本。首先，由于这一委托代理关系的结构，完全的信息对称几乎无法实现。其中不管是商业地产企业或者代理人，都能够利用这一专业领域的信息不对称谋利，也即等于增加了另两方的成本。

由于我国目前房地产金融市场发展起步不久，各项监管措施和行业标准都

未成熟，仅能够依靠行业自律，这在无形中增加了企业融资和金融机构寻找优质项目的成本，长期的成本叠加对于行业发展毫无益处。实际上绿地集团采取全资搭建金融平台，正是出于从长远控制代理成本的根本诉求。而保利集团采取与中信集团合作的方式，实际上是另一种通过强强联合资源互补的方式，让渡优质资产的未来预期，换取金融投资领域的信息对称，以降低未来投融资发展过程中可能出现的隐性成本。然而并非所有企业都具备这种能力，对于在规模或者资源上没有那么强悍的市场化的商业地产企业，为了避免信息不对称造成的代理成本过高等风险，则必然在项目的融资条件等资金方面作为谈判筹码，换取与金融机构的长期稳定的合作。目前多数房地产企业不愿意在房地产金融方面进行积极尝试，很大一部分原因是顾忌多重代理成本可能导致的得不偿失。

第二节 商业地产企业融资工具的问题与发展

对于商业地产企业，由于其自身行业属性和项目规模的因素，企业单纯依靠自有资金进行项目开发和运营的可能性极低。而对于稳定有力的融资渠道的开拓和企业获取融资的能力，在财务环节保证了企业现金流的安全。本节，笔者将就商业地产企业融资工具的问题与发展相关问题进行深入探讨。

一、商业地产企业传统融资工具常见问题

商业地产企业融资困难原因众多，总结主要包括以下几点：

（一）融资渠道过于单一

由于财务成本和时间成本相对明确，虽然较之住宅地产企业获取此类融资更困难，但商业地产开发企业的融资渠道仍旧首选获取银行贷款（土地抵押贷款、开发贷、委托贷款）等固定利率金融工具。因此，当房价波动过大时，政府会通过多种手段调控银行贷款利率或限制贷款规模，提高房地产企业融资成本，迫使企业调整销售策略，进而调控房价，对于非住宅类企业特别是融资需求巨大

的商业地产企业的影响更加明显。同时，对于大多数商业地产企业来说，受到盈利能力和资质审核等实力限制，选用采取上市直接融资形式门槛太高，难度巨大，较为不现实。另一方面，商业地产企业对于金融资本工具的认识和应用严重不足，在创新工具的应用上偏于保守谨慎，过多的使用传统融资工具，也限制了其拓展融资渠道的意愿。

（二）企业融资组合简单僵化

我国商业地产企业在融资工具的运用上，不仅渠道非常传统，融资工具的组合过于简单。企业过度依赖商业银行开发贷款，不愿尝试通过资本市场融资，导致大多数商业地产企业只能被动接受并且以此为前提来匹配其他融资工具，对企业的发展造成很多限制。

（三）融资风险不可控

由于地产行业受到政策影响极大，融资渠道相对单一，故其现金流是否安全，很大程度上取决于融资是否能足额到位，导致项目操作风险不可控，在政策风向改变时，企业短期融资风险巨大，加之由于惯性企业缺乏对融资工具的整体思考和筹划，市场变动时，短期内难以获取合适的融资组合，使项目开发出现无法实现预设的结果。

因此，由于商业地产项目前期需要企业投入大量资金和资源，商业银行贷款无法满足其长期滚动的融资需求的特点，根据国外成熟资本市场的经验，企业必须积极应用创新融资工具，通过资产的资本化运作拓宽融资工具，拓宽企业发展思路，决定商业地产企业发展的未来。

二、商业地产企业创新融资工具发展

（一）房地产私募股权投资基金（简称PE）

是指专门投资房地产项目和企业的私募股权投资基金。这类基金由专业性的行业专家或代理机构负责投资管理，一般投资周期在1～5年，通过选择适当时机通过公开资本市场或其他形式退出获利。私募房地产投资基金70年代出现在美国，由于经济危机的出现，优质资产折价出售，大型投资机构抄底市场获利。90年代，随着经济复苏，私募基金开始投资收益更高的地产开发环节、物业债权投融资等领域。

根据风险等级划分的私募房地产投资基金（房地产PE），其中核心型多投资于核心区位优质物业，例如办公楼、商业用房、工业用房等，这类PE风险分散，回报较低，约7～9%；追求更高回报的增值型PE更多投资需要经营改善、翻修、再造的项目，风险回报相对更高，达12～16%。房地产PE作为行业最可行的创新融资渠道之一，在我国的房地产市场中具有广阔的发展前景。由于我国对于公共资本市场的严格监管，针对公众市场的公司债、REITS等融资工具发展非常缓慢，房地产PE的自发性发展充分显示出资本市场主导的生命力，为我国的房地产市场的发展注入了新的资金和机会。随着市场的变化，行业内主动寻找优质商业资产的房地产PE机构数量呈现上升趋势。

（二）房地产信托

房地产信托是以信托投资公司为主体，发挥专业理财优势，通过实施信托计划筹集资金，用以固定收益投资具体房地产开发项目，为投资人获取收益的金融工具。通常由信托公司作为发起人从符合标准的投资者处募集资金，以固定的预期收益率作为回报，将募集资金注入具体的房地产开发项目。我国房地产信托产品的投资门槛一般是100万人民币，固定期限12～24个月，信托承诺给投资人的收益一般固定设为预期年化7～13%。资金和收益按信托定兑付。此类金融产品更乐于投资风险较低周期较短的住宅类项目。

（三）房地产投资信托基金（简称REIT）

房地产投资信托基金，最早是遵照美国1960年颁布的《房地产投资信托法》中规定的组织结构而成立的公司模式，用于投资房地产物业（特别是商业地产），其收入在公司层面不需纳税。创立REITs的目的之一是鼓励小型投资人能够通过专业化管理的公司投资房地产。由于REITs的核心优势是免税和吸纳社会零散资金，故而美国REITs的组织认定条件极其严格。包括：每年必须把至少90%的年收入分配给股东；75%以上收入必须来源于房地产投资；必须由独立的顾问和管理公司经营其物业；必须发行可转让的股票等等。

三、我国商业地产企业创新融资应用建议

（一）我国商业地产创新融资工具应用原则

虽然理论上商业地产企业在开发经营过程中可以有很多种融资方式，但实际上，不管融资方式如何变化，企业选择的核心都是基于资本逐利的本质驱动，企业在进行各种融资决策时，基本原则具有明显的共同之处。商业地产由于物业特征细分多样，企业在选择融资工具组合时，必须明确融资目标，合理预判财务成本，选择符合企业战略、融资效率优先、组合方式合理、财务风险可控和资金能够及时到位的融资工具。由于房地产融资工具的引入更多是资本与企业的双向选择的结果，不是每个商业地产企业都具备凯德集团房地产和金融双平台的优势，单一商业地产企业只有提高自身优势，才能在资本市场融资选择上更加灵活。对于资本市场中房地产相关融资工具的选择，企业除遵从上述基本原则外，还需要关注以下方面：

1.企业应对宏观经济环境和市场走势需要有前瞻性的预判，只有健康发展的市场才能保证项目正常运营。

2.企业需具备资产运营能力，且具备一定的优质项目作为筹码。为引入适当的金融资本，取得成本更低的资金，房地产企业必须具备适度的规模、持有足量的开发规模和存量资产。

3.企业应合理评估所持项目的不同阶段、物业类型、区位和规模测算项目盈利能力，灵活选择融资工具，切忌一刀切，切忌冒进。

4.为应对资本市场的灵活参与，企业必须破除行业固化思维，培养具有金融意识的资产管理团队，否则很难和投资人对话。

5.以项目公司股权为标的引入金融资本，时刻关注政府政策导向，谨慎利用金融杠杆，避免项目控制权流失。

（二）房地产金融市场宏观政策趋势

企业融资需求刺激房地产金融创新日新月异，作为金融行业的重要组成部分，房地产信托基金行业在近几年发展迅速。然而在政府遏制高房价的导向下，政策环境始终未给予有利支撑。为了遏制房地产的投资品属性，监管层正在不断更新监管政策，封堵不符合政策导向的金融工具。

2010年2月，银监会颁布《关于加强信托公司房地产信托业务监管有关问题的通知》。第三条中明确提出，信托公司只得向具备四证齐全、开发商或其控股股东具备二级资质、项目资本金比例达到国家最低要求等条件的房地产项目发放贷款，并且不得以信托资金发放土地储备贷款。

2013年6月起，私募基金纳入《新基金法》监管范畴；2014年《新国九条》的出台则对房地产私募基金的发展提供了政策上的支持。

2016年下半年以来，中央对于房企融资渠道收紧。监管指导意见要求，房地产企业不得通过再融资的方式对流动资金进行补充，再融资不能用于拿地和偿还银行贷款。房地产企业的融资门槛已经收紧，公司债发行门槛提高。12月底，监管层再次对资管产品输血房地产项目的行为加以管理和约束。对于设立私募资管计划的证券期货经营机构，其资金直接或间接投入到目前住宅市场价格飞涨的16个重点城市的普通住宅项目的，一律不予备案。

2017年2月，私募房地产基金（PE）成了监管层调控房地产市场又一通道。2月13日晚间，中国基金业协会正式发布《私募资产管理计划备案管理规范第4号》，严厉打击私募资管投资房地产住宅市场的行为，并且重点指向房地产价格上涨过快过热的16大城市。这份文件对于我国房地产私募基金领域无异于重磅炸弹，但也明确针对住宅市场，间接认可和支持了针对正常的商用物业的投资属性，打击投机，稳定市场。具体内容包括：

1.坚持“房子是用来住的，不是用来炒的”这一定位。旨在贯彻落实党中央、国务院关于房地产调控工作的指示精神，推动房地产回归其居住属性，严格规范私募资产管理业务投资住宅类房地产行为，进一步抑制热点城市住宅市场价格泡沫，促进房地产市场健康发展。

2.将私募基金管理人开展的投资房地产开发企业、项目业务一并纳入，切实避免资金违规流入房地产调控领域。

3.将重点关注和规范直接或间接投资于房地产价格上涨过热的16大城市的普通住宅项目的金融产品，明确此类产品暂不予备案。

4.禁止私募产品向开发企业提供融资，用于支付土地款、提供无明确用途的流动资金贷款，直接或间接为发放首付贷等严重违规行为的机构提供资金便利。

5.详细明确了“明股实债”的定义：明确列举了具体的投资方式，基本上禁止了现有私募资管违规进入房产项目的渠道，包括委托贷款，嵌套信托计划及其他金融产品。

根据中原地产数据检测，我国房地产企业2016年通过私募债、公司债、中票等方式融资1.14万亿元，同比增26%，并首次突破1万亿元。但是从去年10月起，由于国内融资政策收紧，房企的融资渠道阻塞，1月份，全国房企融资规模同比下滑92%，房企财务成本激增。随着整个融资环境持续收紧，依靠现有融资方式输血的企业资金链在今年下半年遭遇流动性压力，房地产企业将迎来新一轮清洗周期。

从另一个角度看，大量的投资住宅项目的私募房地产基金存在，是资本逐利的正常行为。由于目前私募房地产基金缺乏退出渠道，只能通过投资住宅项目确保收益。政府一边打压住宅项目PE，刺激私募基金转向其他物业类型，另一方面也积极推进REITs的试点工作。

尽管中国完整意义上的公募REITs还没有出现，但这是一个必然趋势：2016年6月3日，国务院办公厅发布了《关于加快培育和发展住房租赁市场的若干意见》，再一次明确提出稳步推进发展我国房地产投资信托基金(REITs)试点工作的相关意见。《意见》的出台，可以视为政府层面高度关注资产证券化，积极稳步推进房地产投资信托基金(REITs)试点的表态，对于下一步出台更细致的引导性政策和试点项目，相信将非常值得期待。一旦我国真正出台支持REITS的免税政策，为PE创造新的退出通道，持有优质资产的商业地产企业将迎来资本春天。

四、商业地产企业创新融资工具组合结构建议

（一）商业地产企业融资工具组合应用现实环境

由于相关立法和政策环境尚未成熟，我国针对房地产行业的金融创新融资工具都在经历自发摸索而后政策监管的过程。尚未有任何一项融资工具是在政府主导和完整的政策支撑下出现的。2月份《私募资产管理计划备案管理规范第4号》出台。政府对于房地产私募基金的管理更加严格和细化。这一方面打击了资金进入房地产市场的积极性，从输血端遏制了企业用高成本换取融资拿地抬高房价，同时对于非住宅类的商用物业类型项目并未采取一刀切的方式，也反映出政府对于以REITs形式对具有长期投资属性的商用物业进行资本化的金融探索的

支持。

随着地产项目的逐步开发建设完成，根据目前我国开工建设的项目规模面积反映，未来的几年，将是我国商业地产资产的集中放量阶段，大量不宜分个销售的城市优质商业资产集中入市经营，市场格局将发生巨大变化，而这也将成为我国商业资产管理运营服务企业的最佳成长发展机会。商业地产企业更多的通过手中核心地段的高品质物业，用稳定的租金回报，抵御市场波动时的风险，由单纯的开发企业转变为开发运营综合企业。

面对国家对行业的监管，在众多商业地产企业通过传统融资渠道募资困难的情况下，探索应用创新融资工具组合成为企业战略的重中之重。相比较IPO上市标准高、公司债发放受限制。结合企业自身存量资产和开发方向，积极接触房地产私募、信托基金等金融机构，谋求海内外资本的长期合作利用，更加立竿见影和现实可行。

（二）商业地产企业创新融资工具模式的建议

对于我国广大商业地产企业来说，多数已有与金融机构接触的经历。参考凯德集团的成功案例，以及国内几家代表性商业地产企业的金融探索，笔者认为，对于大多数自身不具备成熟的金融资本运营能力的商业地产开发企业，主动接触和选择资本市场中成熟专业的金融机构建立长期稳定的关系较为稳妥。即便这势必面临更苛刻的谈判条件和融资成本，但在竞争日趋激烈的大环境下，尽早建立稳固的合作关系，对双方都具有现实意义。

同时，随着目前趋紧的针对房地产信托、PE等创新融资工具的政策监管。越来越多的房地产PE和基金公司也面临着开发商一样的困境，主动接触和选择与大型品牌企业建立长期的战略合作关系，参与到项目前端甚至拿地阶段，可能承担更多的风险，但也反映出资本希望通过获取更长期稳定收益的目的。

由此可见，现阶段商业地产企业与金融资本可谓不谋而合。结合商用物业资产投资属性，企业与金融机构应针对单一物业类型进行融资工具的组合设计。前期以房地产私募基金（PE）股权类融资为主，对应解决项目公司开发阶段（3～5年）的融资需求。项目结构封顶后可通过银行开发贷或在建工程抵押贷过渡，进入稳定经营阶段后，融资方可以成熟物业的租金收入作为信托计划利息的还款来源，或通过在发行房地产信托基金实现私募PE的获利退出。由于我国尚没有针对REITs产品的税收优惠政策和具体的规范管理办法，在国内尚不具备发行REITs的条件。作为资本重要退出通道的REITs可暂时考虑在境外上市募资（新加坡交易所数据显示，我国企业在新加坡市场发行的38只房地产REITs的平均收益率为6.7%，平均总回报达到14.2%。相比之下，新加坡海峡时报指数和MSCI全球房地产投资信托指数的股息收益率，都同样是3.9%，我国REITs市场表现明显好于两大指数），待国内出台明确的税收优惠政策后再另作考虑。

这一组合应用模式，有助于房地产PE规避政策监管的影响，同时根据政策变化随时吸纳资金，通过有限合伙企业的组成，合理避税。开发商可以以土地或资金的形式灵活注入新资产，根据融资规模和行业发展动态开发新项目，并通过境外REITs上市、公募资管信托计划或受益权抵押动态获利退出。开发商也可根据自身情况在持有前期股权的同时在资本市场持有REITs股份，获得长期的租金及资产增值收益。这一组合模式的设计，保证了各方的投资收益和灵活性，突出各方的专业优势的同时强化了合作关系，是符合商业地产开发企业长期发展的有力组合。

（三）商业地产企业融资工具组合应用策略

结合目前我国房地产金融市场的政策环境和行业竞争环境。商业地产企业在应用创新型的融资工具组合时，应采取适当的融资组合策略，灵活应对，获取融资效率的最大化。

1.预判现金流策略

地产企业在拿地前制定整体开发计划时，就必须根据项目开发节点预判动态现金流波峰波谷，提前引入适当的战略金融合作机构，并提前规划详细的融资计划，保证项目融资的切实可行。

2.海内外资本市场择优策略

地产企业在应用融资工具组合时，应破除地域限制，主动了解海外资本市场，借助专业金融合作伙伴的力量，权衡政策风险和资金成本，并灵活利用汇差、利差等工具。但须现实考虑境外市场的管理费用及国家外汇管理政策等因素。

3.资产所在区域平衡匹配策略

在注入投资组合的物业资产选择上，应灵活匹配一二线城市的热点区域，规避企业为提高效率采取的单一城市公司管多个项目的组织架构，根据项目资质、盈利能力和物业类型综合匹配。避免同一城市项目全放在一个投资组合中，保证综合收益率的平衡，保证企业整体长期收益。

五、融资工具组合应用对地产企业的影响

（一）对企业发展战略的影响

创新融资工具的组合应用，根源于商业物业的资本属性和长期收益能力，稳定的储备、开发与运营项目，在保证了融资工具组合的成功运转的同时，也使得企业持有的优质资产保值增值。创新融资工具组合和企业发展战略方向必须保证高度一致，才能实现双方利益目标的共同完成。这使得选择利用资本市场创新融资工具的房地产企业未来发展必然向综合性的开发运营管理一体化的商业地产服务集团方向发展，而不再是简单的开发-销售-变现的经营模式，完成从物业驱动向资本驱动，从经营项目到经营企业的转型。

（二）对组织架构和运营管理的影响

传统开发企业的核心业务团队重点是获取土地、建设施工、销售管理环节。对于金融专业和商业资产运营专业团队搭建多出于被动。随着资本市场创新融资工具组合的应用，为实现提高资产租赁收益和长期增值的目的，商业地产企业势必将组织架构的搭建和专业人才的引入更侧重运营与管理，并建立自己的金融团队。而原有的开发环节的组织和管理水平也将向更精专的方向发展。

商业地产资本化的发展，专业的具有金融意识的地产人才也是企业发展的重点，我国传统商业地产的发展本身并不成熟，品牌、形态及运营的同质化也说明商业地产专业人才的稀缺，未来的成熟企业，兼具金融投资领域和商业地产运营领域的复合型经理人必然将十分抢手。

可以想见，资本市场创新融资工具的引入，短期看是解决企业融资渠道，但长期势必将以企业与资本共同实现双赢为目标，商业地产相关从业人员应尽快适应市场发展变化，主动了解接触活跃在房地产领域的金融资本，为行业的大变革做好准备。

第三节　国外房地产投资信托基金的发展与借鉴

通过对美国、香港、新加坡等地的资本市场地产企业融资工具应用的发展和借鉴，结合新加坡凯德集团在我国的商业地产开发运营过程中“地产+资本”的配对组合融资工具的使用的成功经验，以及我国商业地产企业正在进行的类似组合融资工具拓展的现实案例和出现的问题。笔者针对我国商业地产企业创新融资工具组合应用提出自己的建议和思考，希望对我国商业地产企业在未来的发展中灵活应用创新融资工具配对组合给出有益的借鉴。

一、美国房地产投资信托基金的发展与借鉴

自1960年开始，美国的房地产投资信托基金开始迅速发展。在经历了几轮经济起伏和政策的调整后，房地产投资信托基金在美国资本市场已占到了剧组轻重的位置。目前，全球共有30多个国家推出REITs产品，全球REITs市值从上世纪九十年代的89亿美元，增加到现在的1.8万亿美元，且仍在持续发展。

（一）美国REITs的发展

二战结束后，美国出现大量富豪持有过剩货币寻求投资，通过这一契机，房地产商业信托发展成为规避所得税的不动产投资信托组织。1960年，国会通过了《国内税收法典》，标志着美国房地产投资信托制度的正式确立。这一法案对房地产投资信托给予相当优惠的免税条件，同时认定和限制也极其严格，通过限制管理者的参与，避免损害投资人的利益。

20世纪70年代中期，美国发生经济衰退，由于REITs的收益受到利率和市场风向的影响，出现大面积的财务危机，规模不断萎缩。90年代开始REITs迎来了一波发展高潮，随着立法的放宽，更灵活的REITS形式出现。经营管理方式以及

税制的放宽，促使房地产业主纷纷转型发展REITs。截至2015年底，在美国证券及交易委员会(SEC)注册的REITs产品达到167只，并且在主要股票交易所挂牌上市。这些注册上市的REITs产品总资产超过4千7百亿美元。美国REITs市场的繁荣发展，充分说明这一金融工具符合广大投资人和房地产企业的多重需求，更为整个行业的发展带来极大的积极带动。

（二）美国REITs的借鉴

美国REITS的组织形式一般是公司形式。但实际应用中，他们往往会与房地产企业或者物业所有者组成有限合伙组织，共同持有和管理物业资产。美国REITs的组织架构，通常采取三种基本结构：传统结构、伞形合伙结构（UPREIT）、DOWNREIT结构。随着市场的发展和税法的不断变化，为了规避税法限制，充分利用税收优惠，REITS的组织形式在传统结构的基础上根据税法不断进行创新，衍生出新的合股结构和纸夹结构。分析发现，美国REITS的组织结构形式的变化，始终围绕着“扩大资产规模”和“延迟纳税，增加机会收益”这两个目的。不管是以何种形式组建合伙企业，都是围绕着吸纳的物业资产资源或经营管理资源来进行。

可以说，美国REITs的成熟发展，是基于美国税法制度变化。通过历史上的几次重大修改，美国税法努力使REITS机构成为完全意义上的不动产投资收益的传输导体，通过税法不断的完善，尽一切可能保证投资人的资金利益。从1960年标志REITs诞生的《房地产投资信托法案》，到2001年生效的《REIT现代化法案》，税法相关条令在保证投资人的利益的前提下，根据整体市场环境，不断变化，调整分配比例、放宽利润支配权限，刺激投资，激发盈利潜能。法律与资本之间的关系并非相互牵制，而更多的是在长期目标统一下的健康共赢。目前，美国上市REITs已达近两百家，总市值超过4000亿美元，美国REITs市场份额占全球市场约40%。

二、香港与新加坡地产融资工具的发展借鉴

（一）香港和新加坡地产投资信托基金的发展

美国房地产投资信托基金的迅速发展和巨大带动效应，为世界其他国家（地区）发展REITs提供了成功经验。2001年，新加坡金融管理局在《证券和期

货法则》中，对新加坡上市REITs进行了详细规定和约束。2002年7月，新加坡第一支REITs上市，截至2016年第三季度，REITs在新加坡上市36支，总市值达到了518.3亿美元。

新加坡REITS的组织结构，是由REITs向投资人发行信托单位，以所融资金购买房地产或相关资产（抵押支持证券等）。新加坡REITs没有独立法人资格，必须聘请信托管理人管理，同时聘请房地产管理公司运营管理，可以说新加坡REITs组织结构是完全的外部化管理结构。

2005年，香港证券及期货事务监察委员会发布了《房地产投资信托基金守则》，香港第一支REIT——领汇房地产投资信托基金在香港交易所上市。截至2016年第三季度，香港REITs上市10支产品，总市值达到300.9亿美元。杠杆率和分派收益率这两个财务指标是衡量REITs的重要指标。杠杆率是总负债与总资产之比，杠杆率代表企业为了进行融资所欠的债务占到总资产的比例。为了防范财务风险，主要REITs市场规范都要求单只上市REITs的杠杆率不得高于45%。分派收益率是企业将过去12个月的股息（过去一年的总派息额）与REITs的股票市价作比来衡量REITs投资价值的指标。对比股价，新加坡REITs所发放的股息要略高于香港的REITs，达到6.8%。

（二）香港和新加坡私募房地产基金的发展

新加坡私募地产基金的发展，是以新加坡第一支私募PE发行企业—新加坡凯德集团的发展为主线。根据新加坡金融管理局2016年的统计数据显示，2015年新加坡的基金公司管理的总资产较上一年增长9%，达到2.6万亿新元(1.90万亿美元)，非传统类资产管理公司的资产管理规模增长29%至4100亿新元。其中，私募股权/风投的资产管理规模增长47%至1360亿新元，而其中房地产领域的资产管理规模增长80%至690亿新元，房地产投资信托(REIT)的资产则扩大7%至850亿新元。

香港同样致力于成为亚洲区内的基金业中心。基于毗邻大陆的便利条件，大部分在香港管理的资产都投资于亚洲。目前国际投资人总投资额已达12.4万亿港元，占到香港基金管理业务总量的71%。其中，大部分在港管理的资产投资到香港和内地，总量达到3.5万亿港元。截至2014年底，经由香港管理的私募基金的资本总额已经达到1100亿美元，占到在亚洲的私募基金总额的19%。

为了鼓励基金进入，提升香港作为亚洲资管中心的竞争力，香港仍在出台新的激励政策，包括进一步缩减基金产品认可审批周期，进一步缩短处理新基金申请时间等降低门槛的举措，通过修订相关条例，鼓励离岸私募基金买卖香港境外私人公司的证券交易，豁免征收利得税，这一规定也适用于私募基金常用的特定目的工具（SPV）。

依托这一有力政策，2014年度，香港的基金所管理的资产总值飙升至9868亿港元。到2015年5月底，已有93家内地相关金融机构在香港设立了239家持金融牌照的相关机构发展业务。

三、新加坡凯德集团房地产案例分析

（一）新加坡凯德集团房地产金融业务简述

1.凯德集团房地产业务简述

凯德集团是全亚洲资产规模数一数二的房地产集团，总部设在新加坡。并在新加坡上市，是新加坡发行第一支REIT的房地产企业。企业在1994年进入中国发展地产业务。目前在我国40多座城市累计运营着超过130个项目，开发规模逾2200万平方米，核心业务涵盖住宅、写字楼、商业中心、酒店式公寓、综合体以及房地产金融业务，企业的管理资产总额已超过2000亿元人民币。

如果按照资产总市值计算，凯德集团是全亚洲最大的综合购物中心开发商、所有人及运营者之一。凯德集团的业务涵盖了商业地产的投资、开发，综合购物中心的运营、资产管理及相应的资本管理等多个范畴。凯德集团在亚洲拥有并运营的分布在五个国家53个城市的102间购物中心，其资产总值达到了1975亿元人民币，物业总建筑面积达到903万平方米。在商业方面，凯德集团在我国拥有的购物中心已达到64座，目前已正常运营的共计55座。2015年，其总物业净收入同比增长了7.4%，商业资产总的出租率高达94.2%。

2.凯德集团房地产的基金业务

凯德集团确定“轻战略”的发展方向后，凯德基金应运而生。2000年开始，企业根据战略转型目标制定具体的执行方案，经过十数年的发展，凯德集团已经构建了一个完整的金融资本平台，其中包括16只私募地产基金和5只公开发行的REITs产品。这一金融平台管理着总额达到410亿美元的资产。其中针对中国房地产业务进行投资的REITs产品有2支，房地产私募基金有12只。这些产品稳定的构成了一条连贯的资产输入输出渠道。这些专注中国市场的基金管理的总规模达到了166亿，占到集团房地产基金总规模的48%。经过多年发展，凯德在中国建立起一条完整的业务覆盖住宅、写字楼、商业综合体、酒店式公寓和房地产金融业务在内的复合房地产价值链，形成稳固的地产价值产业体系。

（二）凯德集团商业地产融资工具的应用

1.凯德集团“地产+资本”配对组合融资

商业物业由于其所有权的不可分割和后期运营管理的强制要求，体现出很强的金融属性。一个商业地产项目的开发周期通常至少3年，而其从开业到进入稳定成熟经营状态的周期更是长达五年（行业内认为年平均出租率达到90%以上才算进入稳定运营阶段），而其所贡献的租金收益现金流和资产增值的周期则长达数十年。然而，许多商业地产开发企业由于现金流压力，往往无法承受漫长的回报周期，而是采取在商业刚刚进入经营阶段时就择机出售，以便快速回笼资金。可见，对于商业物业的开发与运营，融资工具的支持和保障是企业战略的核心。

1994年，凯德置地作为凯德集团发展中国房地产业务的专业平台，最初7年里，始终处于亏损的状态。但此后，凯德中国的房地产开发业务迅速壮大，现已发展出凯德置地、凯德商用、雅诗阁服务式公寓、凯德惠居四大地产开发业务线。大量的开发业务势必形成对资金的巨大需求，成本可控，稳定持续的资本注入决定了企业能否实现既定的战略目标。作为拥有成熟经验和雄厚资源的上市企业，经过多年的探索和发展，凯德集团根据自身特征和发展目标，打造了一条可持续发展的房地产金融配对组合的融资模式。这一模式即：通过企业开发的项目物业类型，将适当的私募房地产基金和REITS进行针对性的组合配对，连贯发展，形成一个完整的融资工具组合，覆盖项目的整个开发运营生命周期。以此把控项目综合融资成本、控制融资风险，保证轻资产策略的实现。在保证项目开发思路和建设执行的连贯和精准的前提下，将追求稳定长期收益的REITS成为其物业开发成长基金（PE）的资金后盾，而成长基金(PE)则不断孵化开发新的优质项目，并向配对的REITs持续不断的输送优质的商用物业资产，由此建立良性循环，优质的资金开发优质项目，优质项目保证优质资金的持续升值。

在具体操作过程中，凯德将商业物业根据开发流程划分为培育期（项目取得阶段）、发展期（项目建设、招商、试运营阶段）和成熟期（项目稳定运营阶段）。根据房地产行业的规律，培育期和发展期的项目通常项目利润空间大（房地产开发项目毛利率水平在20～30%之间），但同时风险较大，现金流压力大。这一阶段的项目更适合私募PE投资人。稳定成熟期的经营性物业的收益通常更稳定，伴随着稳定的租户和可见的租金收益，项目年收益率通常在6～8%左右，更适合不耐风险的REITs投资人。

同时，进入运营期，资产的所有权所赋予的经营权的统一对于商业项目能否成功运营管理非常重要。凯德集团之前已经积累了丰富的商业管理经验，故此积极的利用集团多元化的投融资渠道，依托私募基金、信托基金、银行贷款等方式，积极筹措稳定的资金来源，将其注入到相应的优质商业物业中，以此方式来长期持有这些商业项目统一经营管理，得以保证这些商业项目的综合运营管理水平，保证获取稳定的租金收益和资产增值。以凯德商用中国发展基金和凯德商用中国信托（CRCT）资本构成及市场表现具体说明：凯德商用中国信托（简称CRCT）是第一只在新加坡上市的专门投资于中国商业房地产的REIT基金。基金于2006年12月挂牌交易，长期投资于由中国零售商场组成的资产组合，并进一步实现其重组、增值和出租。与CRCT搭配共同成立的，还有两只私募基金：CRCDF和CRCIF，他们分别作为CRCT的储备基金对其进行优质项目的输出。其中，CRCDF主要是为CRCT在拿地阶段储备更多优质的孵化项目，而CRCIF则定向向CRCT输送已进入成熟运营阶段的商业项目。

（1）CRCT信托的组织结构

CRCT是第一只按照我国政府在2006年签发的“171号文件”（2006年7月，六部委联合签发了名为《关于规范房地产市场外资准入和管理的意见》，业内称为“171号文件”。）而建立的房地产REIT产品。“171号文件”明确提出禁止离岸控股公司直接持有国内物业。直接否定其他国家REITs产品常用的离岸方式。同时还提高了在岸注册资本的资金门槛，也就是说，未来通过在岸公司投资国内房地产，不仅需要遵守中国政府的法规缴纳税款，还要将高额的资本长时间的留在境内使用。凯德置地计划长期在中国发展，故始终采取境内注册外商独资企业(WOFE)或者合资企业的模式操作。2006年上市时，凯德中国向CRCT注入了分属不同城市的7个已稳定运营的优质商业地产项目，其中6个都是由凯德中国百分之百持有股份，另外一个也是作为大股东来经营。同时，凯德集团在巴巴多斯分别成立了三家公司作为SPV，并由CRCT收购，而注入CRCT的这些项目所产生的权益收益，则通过这3个SPV转入资产池内，继而得以在新加坡重新包装上市。

CRCT的成功，可以理解为是房地产企业（不管是内资还是外资）在我国新的房地产市场管理政策下进行海外金融业务拓展，发行REITs产品的一种探索。企业通过离岸、在岸的两级殊目的公司(SPV)，以股权形式持有内地的优质资产，化解了离岸企业持有国内资产的限制和管理权流失的风险。这个双层控股结构虽然必须承担较为沉重的税务压力，并且直接降低了项目可分配权益收益，但是至少证明，国内资产可以实现曲线的海外上市之路。为更多企业选择这一路径提供了有力的支持。CRCT的两级结构最大的障碍就是必须需承受更多的财税成本。首先，国内税法要求，CRCT所管理的资产的年度经营净利润必须缴纳33%的企业所得税以后才能由企业进行处置，同时，多层结构的设置，势必额外产生管理成本等支出，日积月累，并非小数。

同时，正是由于这一巨额成本的发生，导致CRCT的可分配净利润被严重稀释，而这一国内税制本身所构建的环境，也与其他传统成熟的标准REITS模式发生极大违背，无法对公共资本市场的游离资金产生足够的吸引力，也无法对REITs在我国的推广起到任何有力帮助。但不管怎么说，综合目前我国房地产市场的政策限制和大环境，企业仍然坚定的选择推进这一方式进行商业地产项目的投融资，说明这一模式符合企业的发展战略并且顺应大的市场环境发展，是值得尝试和付出的。

（2）商业物业资产组合构成

2006年底IPO后，CRCT的信托资产组合从7个购物中心发展到2015年年底拥有10个高质量购物中心物业。2016年8月，CRCT发布公告宣布对成都一宗核心购物中心的收购，这几宗核心购物中心，均是由凯德地产开发建设并由凯德商用开业运营超过4年时间，已进入成熟阶段的凯德集团自有物业，其定位、开发、招商、运营均有凯德集团自有企业完成。

CRCT所管理的物业全部为商业，整体市值超过100亿人民币。超过半数以上的物业处于北京上海等一线城市的核心区域。商业经营状态稳定，区位优越，增值潜力巨大。同时，CRCT作为凯德置地的重要投资渠道，对于凯德置地旗下的房地产基金（PE）所持有的优质不动产物业具有优先购买权，通过这一优势，CRCT可以随时选择优质的成熟商用物业充实资产组合，这使得CRCT的物业资产组合的长期增长到稳定的支持，也完成了这些配对组合的房地产PE基金的退出变现。

（3）商用物业运营表现

①毛收益VS物业净收入

CRCT的配置资产集中在商业物业领域，自IPO起至2015年年末，综合毛收益年增长率和净收入年增长率均为13%，表现出较高的运营能力和收益增速，这与我国近些年零售消费领域的巨大发展紧密相关。同时，运营收入利润率始终处于65%左右的水平。这一数据间接说明，不断增长的资产组合体量尚未体现规模效应的优势，在毛收益提高的同时，运营成本未能够因为专业化的管理和集约效应得到控制，考虑到所持有物业中有两间处于调整期，且16年新增的成都项目尚未带来效益，预计这三间商业投入正常经营的两年内，利润水平会有所提升。

②租约与租户

CRCT的商用物业资产组合基本上保持了95%以上的高出租率。这在很大程度上取决于凯德商用与终端品牌商户稳定的战略合作关系。品牌商户主要集中在快时尚品牌和时尚餐饮品牌为主，大型零售及娱乐主力店品牌同样定位中档时尚消费人群。商业、品牌与消费人群的定位的高度统一，保证了商用物业的高出租率。固定的品牌组合与商户构成，实际是基于项目开发前期企业对于整体消费客群和消费结构的预判，定位与客户的稳定在保证收益的同时，也锁定了商用物业的租金水平和收益上限。数据体现，大部分租约到期均在2019年之后。综合评判其较长的租约期限，以及在此条件下的租金跳点水平（合同期内行业租金增幅多为年5%以下），我们可以预判在接下去的几年CRCT的资产组合会有一个稳定的出租率，无需担忧空置对于物业造成的收益损失。可见，CRCT更追求通过长期租约来获得稳定的可见的租金收益增长。

（4）资本结构与盈利能力

①杠杆比率

作为规范管理的限制条件，新加坡金融管理局对于REITs的杠杆率要求是不高于45%，CRCT一般将其杠杆比率保持在30%左右，处于相当安全的范围。适度放宽REITs负债水平上限，使得在购置物业时，可以更多的利用金融杠杆工具而不需要增发摊薄股权。换言之，在有效风控的前提下，适度运用金融杠杆，利用负债提升资产配置组合配比，提升资产价值，也拓展其吸纳优质资产的空间。

②派息表现与资产净值

参考美国REITs发展数十年的平均12%的收益水平，新加坡REITs的整体收益率由2011年的10%缓慢地降至2015年的7%并趋于稳定。同一时期内，CRCT的收益率经历了一段时间的起伏波动后最终也稳定在6%至7%之间。考虑到CRCT的净利润实际已扣除了在我国境内征收的33%所得税及运营成本，假定我国针对REITs产品可以免税优惠，CRCT的收益率实际可达到9%，高于新加坡市场同类产品水平。

在IPO之后CRCT的基金单位价格经历了几个月的飞速增长，在2007年的第二季度由IPO价格每单位1.13新元上涨至每单位3.16新元，增幅179%，在金融危机之后，CRCT的基金单位价格逐步回升，最终在2015年年底报收每单位1.50新元。相反地，每单位资产净值的变化则更为平稳得多。每单位资产净值从最早的每单位0.98新元平稳上升至每单位1.55新元。以上数据说明，CRCT无论从资产增值、派息分红角度，或者从资本市场的股价收益角度，均为投资者带来可预期可接受的资产增值，同时也完成了其作为私募房地产基金的退出通道的使命，成功实现集团旗下商业地产项目的投资和退出。

2.凯德集团选择“地产+资本”模式成因

依托于集团覆盖不同领域的专业平台，凯德集团构建了一条完整的从商业地产开发到私募基金再到REITs融资和退出的价值链，以地产PE+REITs基金为融资核心工具的持有型商业物业孵化通道。“地产开发+资本运作”的组合模式已成为凯德集团在中国大陆进行商业地产开发运营管理的核心价值体现。对于凯德集团打造的“地产+资本”的配对组合融资模式的成因，我们可以总结以下几点：

（1）金融资本与地产开发互补

凯德集团的发展，始终伴随着资本。作为一家管理全球上千亿资产的房地产企业，凯德集团在金融资本领域的成熟业绩，核心还是企业坚持依托其源源不断的开发运营优质物业资产。对于凯德集团“地产+资本”配对组合融资工具的成功，既要看到凯德集团在资本运作和资本管理方面的经验和能力，更要看到房地产开发业务对于企业的始终不可动摇的核心地位，只有明确两者相辅相成的关系和地位，才不会在具体的业务管理中有所偏废。

（2）企业发展方向决定融资模式的组合侧重

从地产开发的角度，选择融资组合主要依据物业特征和企业战略的匹配，例如住宅项目可以依靠传统融资工具，但需要通过持有来统一所有权的商业物业，更需要企业进行运营管理获取租金收益和资产增值，这就需要创新型的融资组合来提供稳定长期的支持。而资本市场的私募股权投资基金、房地产信托投资基金等金融工具对优质资产低风险稳定收益的需求正好与开发企业盘活资产，提高资金周转率的需求吻合。

（3）合理的盈利预期设定控制资产泡沫

从凯德旗下管理的私募基金和REITs的年度数据可以看到，其对金融杠杆的应用和对于资产规模的控制相对保守，相比较美国REITs动辄12%的分红收益，CRCT年6%～7%的收益水平并不抓人眼球。但企业并没有为迎合资本市场的而制造资产价值虚高，管理团队更强调租金收益的分享和管理费的提成，关注项目收益实际的增长。例如CRCT签署的管理协议中提到，对于项目业绩提成的约定是“每年净物业收入的4%”，而非总收益的提成。管理收入和项目真实业绩紧密挂钩，使得企业必须苦练内功提升管理能力，更关注项目长期收益，也保证投资人不需要担心代理成本的虚高或者管理团队的中饱私囊等现实问题。

（4）灵活细致的专业管理思路

凯德集团的核心业务始终是房地产业务。通过对房地产业务的全价值链拆解和深耕，建立起专业、灵活、理性、稳定的房地产开发运营平台，并在此基础上细分市场建立专业团队，再利用金融领域的经验配对针对性极强的金融产品。这就对房地产平台的开发运营管理团队和金融资本平台的投资运营团队提出极高的要求，虽然隶属于同一集团，但各自都采取市场化的运营管理模式，进而练就了行业标杆的团队“品牌”。同时，对于市场而言，品牌化的管理团队通过项目运作的成功构建了完整的“专业形象”，品牌认知度和品牌号召力在投资人和消费者心理上加分。

结束语

我国建筑行业在社会主义经济的推动下取得了很多较为显著的成果，其地位也有了显著的上升。不过，建筑行业本就属于附加值低的劳动密集型产业，这是一项不争的事实。国家宏观调控对其产生了严重的影响，而且，该行业的竞争也愈演愈烈，因此，现阶段有很多不足之处存在于建筑行业发展的过程中。

比如说我国建筑行业的运营体系现阶段还并不完善，因为建筑行业在我国的入门门槛并没有太高的要求，而且房地产企业为了减少开支，对建筑企业并不会有太高的要求，使得我国很多的建筑公司都没有太大的规模，不仅管理体系不够完善，而且后备资金也比较缺乏，只能将报价降低或者是“走后门”才能够获得建筑项目。虽然说这些建筑公司使我国的劳动力就业问题得到了解决，不过却从整体上降低了建筑水平。有很多建筑公司不具备相应的创新意识，也没有延伸产业链，使得外来力量成了公司发展的主要依靠，目前我国的经济发展比较快，该问题短时间内是很难表现出来的，不过，这种弊端的存在对于公司未来的发展来说是极为不利的。

但同时也表现出来巨大的潜力。最近几年，我国的经济处于快速增长的阶段，在此背景下，对基础设施的需求也是越来越大，而建筑行业也因此得到了显著的发展。不过，因为我国大多数的建筑公司都没有太长的成立时间，也不具备太大的规模，所以有很多的建筑企业都比较缺乏技术性人才，农民工的文化水平都并不高，虽然建筑公司雇用这样的员工可以节约很多成本，但是却并不利于公司日后更好发展。虽然说建筑工作是建筑公司主要的工作内容，不过，现阶段，创新是时代发展的主题，而最基础的条件则是大力引进创新型人才，而建筑公司因为受到了自身员工知识水平的影响，很难将自身的瓶颈突破，对公司的突破和转变也造成了不利的影响。

建筑行业之所以缺乏自主性，主要是因为自身没有足够的产业链，因此，建筑行业必须要抓好产业链延伸的工作。在建筑行业中实施绿色建筑工程的力度要加强，大力应用环保型材料和环保技术。与此同时，在进行建筑的过程中还需要尽量减少破坏周围环境的行为，大力加强回收和利用废弃物的力度。想要促进该行业整体质量的提高，则需要将政府的特殊作用充分发挥出来，将宏观调控工作做好，进而监督和推动建筑行业的发展，不仅要规范化管理建筑行业，还需要适当提高行业门槛，进而促进建筑行业可持续发展的实现。在建设的过程中，建筑行业还需要不断提高认识房屋的程度，与此同时，还需要了解其中的每一个环节，如此一来，建筑行业则可以得到全面的发展。建筑行业自身和施工过程连接成为一条产业链，不仅可以将中间成本减少，还可以促进整体实力的提高，有助于自身瓶颈的突破。

我国劳动力优势虽然在最近几年开始逐渐地降低，不过在建筑成本和建筑水平方面的优势还是比较大的。随着经济全球化的趋势日益明显，我国建筑企业可以将这一机遇充分利用起来，走出国门，走向世界，不仅要促进企业效益的增加，还需要对西方发达国家的一些建筑技术和理念加以学习，进而不断强化自身：因为现阶段我国建筑行业还不具备较高的科技水平，而且缺乏专业型人才，所以需要对相关管理人才和专业人才加大引进的力度，有效提高建筑企业的专业水平和规范化管理；我国建筑企业虽然比较多，但是真正走出国门的却少之又少，为了加大对风险抵御的力度，同水平的建筑企业可以联合起来承接订单，不仅有助于企业效益的增加，还有助于自身视野的拓展，进而实现可持续发展；作为我国政府，对于走出国门的建筑企业需要加大负责的力度，因此，建筑行业也可以将政府的一些有利政策充分利用起来，进而保证自身在国际上能够谋求更好的发展。

总而言之，在我国国民经济中，建筑行业有着极为重要的影响和地位，因此，社会各界以及相关政府部门都应该给予大力的支持，进而促进其稳健的发展。虽然在现阶段我国建筑行业面临着比较大的考验，但是，在社会各界的支持和帮助下，一定能够顺利地度过瓶颈期，进而得到更好的发展。同时也希望通过本书的介绍，广大的读者能够对建筑设计和建筑施工组织管理有所了解，对我国建筑行业的发展有所帮助。

参考文献

[1] 王聪.面向云计算的数据中心网络体系结构设计[J].计算机研究与发展，2014:286–293.

[2] 高常水，王忠.我国物联网技术与产业发展研究[J].中国科学基金，2012:205–209.

[3] 姚丽娜，李振鹏.基于云计算的创新管理服务平台研究[J].科学管理研究，2015:17–20.

[4] 张英菊.基于信息技术的制造企业ERP/SCM的整合研究[J].冶金信息导刊，2015:30–33.

[5] 刘玮.浅析工程项目管理软件的应用风险[J].光盘技术，2012:41.

[6] 王春明，蒋伟.工程项目管理软件P3E/C在企业中的推广应用[J].建设监理，2010:14–15.

[7] 张淑军.计算机技术在施工项目管理中的应用与发展[J].甘肃科技纵横，2016:111–112.

[8] 江文年.企业知识管理方法论研究[M].北京:科学出版社，2016:56–60.

[9] 陈嶷.基于多Agent的协同商务协调机制[J].计算机集成制造系–CIMS，2013:390–394.

[10] 程刚，王志荣.我国企业管理信息化模式的选择[J].科学管理研究，2013（5）:50–54.

[11] 程刚.推进我国企业管理信息化的对策研究[J].情报杂志，2014（3）:79–81.

[12] 刘晓冰.MTS–MTO混合型企业管理信息化研究[J].制造技术与机床，2010，（7）:87–90.

[13] 何谦，纪一峰.商业企业管理信息化研究[J].商业研究，2015，（5）:166–169.

[14] 李勇.论企业管理信息化的竞争优势[J].生产力研究，2014，（5）:162–164.

[15] 李敏，程刚.论企业管理信息化[J].情报杂志，2014，12（5）:62–63.

[16] 沈晓健.企业管理信息化动态规划的策略研究[J].科技进步与对策，2010，（3）:101–103.

[17] 房培玉.企业管理信息化的价值诉求[J].商场现代化，2014，（20）:86–87.

[18] 安春明.企业管理信息治理对策与发展趋势[J].现代情报，2015，（3）:185–186.

[19] 梁玉红.层次分析法在ERP绩效评价中的应用[J].中国管理信息化，2010，（12）:20–23.

[20] 崔惠钦.建筑企业信息化技术的开发应用[J].施工技术，2010，（11）:109–114.

[21] 蒋明炜.当前企业管理信息化热点问题探讨[J].企业管理，2014，（6）:89–92.

[22] 张小强，刘欣.对现代城市道路景观设计的思考[J].现代园艺，2013，（18）:115–116.

[23] 查磊，徐宏武.浅谈现代城市道路景观设计存在的若干问题[J].建筑工程技术与设计，2014，（21）:39–40.

[24] 顾丹.浅议现代城市道路景观设计的几点思考[J].城市建设理论研究（电子版），2014，（36）:4151–4152.